国家出版基金项目
NATIONAL PUBLICATION FOUNDATION

矿区生态环境修复丛书

矿冶污染场地治理与生态修复

杨志辉 杨卫春 柴立元 著

科 学 出 版 社
龙 门 书 局
北 京

内 容 简 介

本书围绕国家重金属污染场地修复的重大需求，针对矿冶场地重金属污染特征及治理技术现状，基于作者多年来的研究成果，系统地介绍矿冶污染场地土壤修复的最新理论与技术成果，包括重金属污染场地土壤微生物淋洗修复技术、重金属污染场地土壤化学固定修复技术、砷污染土壤微生物氧化–化学固定联合修复技术等。全书共 5 章，分别为矿冶场地土壤重金属污染特征、矿冶污染场地土壤化学/微生物淋洗修复、矿冶污染场地土壤化学固定修复、砷污染土壤微生物氧化–化学固定修复和铅锌冶炼污染场地修复工程案例。

本书可供从事矿冶污染场地土壤修复的科研工作者和工程技术人员使用，也可作为高校和科研院所研究生的教材和参考书。

图书在版编目(CIP)数据

矿冶污染场地治理与生态修复/杨志辉，杨卫春，柴立元著. —北京：龙门书局，2020.9

（矿区生态环境修复丛书）

国家出版基金项目

ISBN 978-7-5088-5790-9

Ⅰ. ①矿… Ⅱ. ①杨… ②杨… ③柴… Ⅲ. ①金属矿–场地–环境污染–污染防治 ②金属矿–场地–环境污染–生态恢复 Ⅳ. ①X753

中国版本图书馆 CIP 数据核字（2020）第 139892 号

责任编辑：李建峰 杨光华 刘 畅/责任校对：高 嵘
责任印制：彭 超/封面设计：苏 波

科 学 出 版 社 出版
龙 门 书 局
北京东黄城根北街 16 号
邮政编码：100717
http://www.sciencep.com

武汉精一佳印刷有限公司印刷
科学出版社发行 各地新华书店经销

*

开本：787×1092 1/16
2020 年 9 月第 一 版 印张：12 1/2
2020 年 9 月第一次印刷 字数：300 000

定价：159.00 元
（如有印装质量问题，我社负责调换）

"矿区生态环境修复丛书"

编 委 会

"矿区生态环境修复丛书"序

我国是矿产大国，矿产资源丰富，已探明的矿产资源总量约占世界的 12%，仅次于美国和俄罗斯，居世界第三位。新中国成立尤其是改革开放以后，经济的发展使得国内矿山资源开发技术和开发需求上升，从而加快了矿山的开发速度。由于我国矿产资源开发利用总体上还比较传统粗放，土地损毁、生态破坏、环境问题仍然十分突出，矿山开采造成的生态破坏和环境污染点多、量大、面广。截至 2017 年底，全国矿产资源开发占用土地面积约 362 万公顷，有色金属矿区周边土壤和水中镉、砷、铅、汞等污染较为严重，严重影响国家粮食安全、食品安全、生态安全与人体健康。党的十八大、十九大高度重视生态文明建设，矿业产业作为国民经济的重要支柱性产业，矿产资源的合理开发与矿业转型发展成为生态文明建设的重要领域，建设绿色矿山、发展绿色矿业是加快推进矿业领域生态文明建设的重大举措和必然要求，是党中央、国务院做出的重大决策部署。习近平总书记多次对矿产开发做出重要批示，强调"坚持生态保护第一，充分尊重群众意愿"，全面落实科学发展观，做好矿产开发与生态保护工作。为了积极响应习总书记号召，更好地保护矿区环境，我国加快了矿山生态修复，并取得了较为显著的成效。截至 2017 年底，我国用于矿山地质环境治理的资金超过 1 000 亿元，累计完成治理恢复土地面积约 92 万公顷，治理率约为 28.75%。

我国矿区生态环境修复研究虽然起步较晚，但是近年来发展迅速，已经取得了许多理论创新和技术突破。特别是在近几年，修复理论、修复技术、修复实践都取得了很多重要的成果，在国际上产生了重要的影响力。目前，国内在矿区生态环境修复研究领域尚缺乏全面、系统反映学科研究全貌的理论、技术与实践科研成果的系列化著作。如能及时将该领域所取得的创新性科研成果进行系统性整理和出版，将对推进我国矿区生态环境修复的跨越式发展起到极大的促进作用，并对矿区生态修复学科的建立与发展起到十分重要的作用。矿区生态环境修复属于交叉学科，涉及管理、采矿、冶金、地质、测绘、土地、规划、水资源、环境、生态等多个领域，要做好我国矿区生态环境的修复工作离不开多学科专家的共同参与。基于此，"矿区生态环境修复丛书"汇聚了国内从事矿区生态环境修复工作的各个学科的众多专家，在编委会的统一组织和规划下，将我国矿区生态环境修复中的基础性和共性问题、法规与监管、基础原理/理论、监测与评价、规划、金属矿冶区/能源矿山/非金属矿区/砂石矿废弃地修复技术、典型实践案例等已取得的理论创新性成果和技术突破进行系统整理，综合反映了该领域的研究内容，系统化、专业化、整体性较强，本套丛书将是该领域的第一套丛书，也是该领域科学前沿和国家级科研项目成果的展示平台。

本套丛书通过科技出版与传播的实际行动来践行党的十九大报告"绿水青山就是金山银山"的理念和"节约资源和保护环境"的基本国策，其出版将具有非常重要的政治意义、理论和技术创新价值及社会价值。希望通过本套丛书的出版能够为我国矿区生态环境修复事业发挥积极的促进作用,吸引更多的人才投身到矿区修复事业中,为加快矿区受损生态环境的修复工作提供科技支撑,为我国矿区生态环境修复理论与技术在国际上全面实现领先奠定基础。

干 勇 胡振琪 党 志
柴立元 周连碧 束文圣
2020 年 4 月

前　言

　　有色金属工业是制造业的重要基础产业之一，与国民经济的产业关联度高达 90%以上，是支撑国民经济发展的重要物质基础。有色行业的发展给我国带来巨大的经济效益，同时也带来严重的生态破坏、环境污染问题。金属矿山的开采和冶炼排放大量重金属，给矿冶周边地区带来严重的环境污染与健康威胁。我国受采矿污染的土壤面积至少有 200 万公顷，矿山开采破坏土地 743 万公顷，且每年仍以 4 万公顷的速度递增；有的矿区由于采矿、冶炼及尾矿污染，上百千米的河段受到严重污染；同时，部分采选冶企业由于受资源枯竭、工艺技术相对落后、生态环境容量饱和等因素约束，已经、正在或即将退役、转型、搬迁，遗留大面积的采选冶场地和污染土壤。矿冶污染场地治理与生态修复迫在眉睫。

　　矿冶区土壤的污染以重金属污染为主，重金属污染土壤的修复主要有两种途径：一是改变重金属的存在状态，降低其活性，使其固定，脱离食物链，减小其毒性；二是通过种植超富集植物将土壤中重金属带出土体，然后将该植物去除，或用工程技术将重金属变为可溶态、游离态，再经过淋洗，然后收集淋洗液中重金属，从而达到回收重金属和减少土壤中重金属的双重目的。针对矿冶场地污染重、污染物复杂、高碱度或高酸度、生态破坏极为严重、治理与生态修复难度大等问题，围绕极端环境胁迫下微生物对重金属超强耐受性及氧化、还原或浸出重金属特异功能，以及多基团对重金属固定原理，团队发明了分别适用于铅锌、镉铅、砷等污染土壤修复的固定剂及其制备方法，开发了多项矿冶场地重金属污染土壤治理与生态修复新工艺。

　　本书的研究工作得到了国家科技支撑计划项目"矿区重金属污染土壤生态修复技术及示范"（2012BAC09B04），国家自然科学基金"砷污染土壤微生物氧化–生物成因施氏矿物钝化协同修复机制"（51774338），国家科技惠民计划项目"清水塘重金属污染区绿色家园生态恢复重建技术应用示范"（2012GS430203）、"资兴市重金属污染区居民健康保障技术应用示范"（2012GS430201），湖南省科技重大专项"湘江流域镉污染控制关键技术研究与示范"（2012FJ1010），湖南省重点研发计划项目"重金属冶炼污染场地土壤钝化/固定修复技术与装备"（2018SK2043）等项目的资助，在此表示感谢。另外，还要感谢团队的博士研究生廖映平、邓新辉及硕士研究生刘琳、李倩、张志、吴宝麟、张淑娟、吴瑞萍等为本书所做的贡献。书中所引用文献资料统一列在了参考文献中，部分做了取舍、补充或变动，而对于没有说明之处，敬请原作者或原资料引用者谅解，在此表示衷心的感谢。

　　由于作者水平所限，书中疏漏之处在所难免，敬请读者批评指正。

作　者

2020 年 1 月

目　　录

第 1 章　矿冶场地土壤重金属污染特征

我国是世界有色金属生产第一大国，从 2002 年至今，10 种有色金属产量连续居世界第一，我国有色金属产量超过全球年产量的四分之一。在金属矿产采、选、冶过程中，产生大量的含重金属废渣、废水、废气，导致重金属以多种形式进入并污染环境。大部分重金属通过废渣、颗粒沉降及水体流动等形式最终进入土壤，造成土壤重金属污染。目前我国有色金属冶炼污染场地数以万计，污染面积达数百万平方米，且近年来随着大量工业企业的搬迁或停产、倒闭，遗留的大量污染场地遍及全国各地，此外我国重金属冶炼废渣堆场数以千计，污染面积达数百万平方米，如规模以上铅锌冶炼废渣堆场 500 个以上，面积超过 $150 \times 10^6 \ m^2$。已成为我国政府部门和公众高度关注的重大民生问题。

1.1　铅锌矿冶场地土壤污染特征

1.1.1　表层土壤重金属含量分析

湖南某铅锌冶炼废渣堆场表层土壤中重金属质量分数（表 1.1）分别为：铅（Pb）1 889.60 mg/kg、锌（Zn）5 682.00 mg/kg、镉（Cd）48.40 mg/kg、铜（Cu）1 848.60 mg/kg、锰（Mn）3 045.00 mg/kg 和铬（Cr）103.99 mg/kg，距离废渣堆场 10 m 处表层土壤中 Pb、Zn、Cd、Cu、Mn 和 Cr 的质量分数分别为 641.00 mg/kg、1 509.60 mg/kg、38.45 mg/kg、1 240.10 mg/kg、2 310.60 mg/kg 和 85.30 mg/kg；距离废渣堆场 1 000 m 处表层土壤中 Pb、Zn、Cd、Cu、Mn 和 Cr 的质量分数分别为 309.80 mg/kg、685.70 mg/kg、8.80 mg/kg、875.10 mg/kg、1 859.30 mg/kg 和 59.70 mg/kg。因此，铅锌冶炼废渣堆场内土壤中重金属的含量均高于废渣堆场旁各区域，从各重金属在水平距离上的分布规律来看，离废渣堆场越远的地区重金属含量越低。其中废渣堆场内的 Pb 含量超出国家《土壤环境质量建设用地土壤污染风险管控标准》（GB 36600—2018）中的第一类用地筛选值 4.7 倍。

表 1.1　表层土壤重金属含量

重金属	废渣堆场表层土壤		距离废渣堆场 10 m 处表层土壤		距离废渣堆场 1 000 m 处表层土壤	
	质量分数/（mg/kg）	标准误差	质量分数/（mg/kg）	标准误差	质量分数/（mg/kg）	标准误差
Pb	1 889.60	0.01	641.00	0.01	309.80	0.01
Zn	5 682.00	0.01	1 509.60	0.02	685.70	0.01
Cd	48.40	0.01	38.45	0.01	8.80	0.01
Cu	1 848.60	0.02	1 240.10	0.01	875.10	0.02
Mn	3 045.00	0.01	2 310.60	0.01	1 859.30	0.01
Cr	103.99	0.01	85.30	0.01	59.70	0.01

1.1.2 表层土壤重金属污染评价

采用单项污染指数法对废渣堆场及其周围地区重金属 Pb、Cd、Cu 的污染程度进行评价，见表 1.2。

表 1.2 废渣堆场及其周围地区土壤单项污染指数法评价结果

事项		废渣堆场表层土壤	距离废渣堆场 10 m 处表层土壤	距离废渣堆场 1 000 m 处表层土壤	对照组表层土壤
污染指数	Pb	4.70	1.60	0.80	0.06
	Cd	2.40	1.90	0.40	0.10
	Cu	0.90	0.60	0.40	0.32
污染评价	Pb	III	II	I	I
	Cd	II	II	I	I
	Cu	I	I	I	I
污染程度	Pb	中度污染	轻度污染	未污染	未污染
	Cd	轻度污染	轻度污染	未污染	未污染
	Cu	未污染	未污染	未污染	未污染

废渣堆场表层土壤中重金属的单项污染指数分别为 Pb 4.70，Cd 2.40 和 Cu 0.90；Pb 为中度污染，Cd 为轻度污染，Cu 为未污染。

距废渣堆场 10 m 处表层土壤各重金属的单项污染指数分别为 Pb 1.60，Cd 1.90 和 Cu 0.60，在距废渣堆场 10 m 处表层土壤中 Pb 为轻度污染，Cd 为轻度污染，Cu 为未污染。

距废渣堆场 1 000 m 处表层土壤各重金属的单项污染指数分别为 Pb 0.80，Cd 0.40，Cu 0.40，在距废渣堆场 1 000 m 处表层土壤中各重金属的污染程度均为未污染。

1.1.3 废渣堆场土壤重金属纵向分布规律

1. Pb 的纵向分布规律

对照土壤样品的 Pb 质量分数为 20 mg/kg，废渣堆场下 0～20 cm 土壤中 Pb 质量分数为 1 889.6 mg/kg，20～40 cm 土壤中 Pb 质量分数为 1 584.2 mg/kg，40～60 cm 土壤中 Pb 质量分数为 1 634.3 mg/kg，60～80 cm 土壤中 Pb 质量分数为 1 000.6 mg/kg，80～100 cm 土壤中 Pb 质量分数为 663.6 mg/kg，如图 1.1 所示废渣堆场中重金属 Pb 含量很高，与《土壤环境质量建设用地土壤污染风险管控标准》（GB 36600—2018）中的第一类用地筛选值标准对比发现，0～20 cm 土壤中 Pb 质量分数为该标准的 4.7 倍，20～40 cm 土壤中 Pb

质量分数为该标准的 4.0 倍，40～60 cm 土壤中 Pb 质量分数为该标准的 4.1 倍，60～80 cm 土壤中 Pb 质量分数为该标准的 2.5 倍。对照土壤样品的 Pb 含量均未超标，且在各纵向剖面上的含量均相等，废渣堆场各纵向剖面的 Pb 含量随土层深度的增加而减少，因此越下层的土壤，其 Pb 含量越低。在 40～60 cm 深度处，废渣堆场下土壤 Pb 含量略有增加，这可能与土壤的其他理化性质，如有机质含量、阳离子交换量等有关，但其变化的总趋势不变（邓新辉，2013）。

2. Zn 的纵向分布

废渣堆场重金属 Zn 的含量在各个剖面上均远远超出对照土壤样品（图 1.2），对照土壤样品中各剖面 Zn 的质量分数均为 53.4 mg/kg，而废渣堆场各剖面 Zn 的质量分数从上到下依次为 5 682 mg/kg（0～20 cm）、4 842 mg/kg（20～40 cm）、4 952.1 mg/kg（40～60 cm）、3 534.1 mg/kg（60～80 cm）和 3 000.2 mg/kg（80～100 cm）。重金属 Zn 随着土壤深度的增加其整体含量呈下降趋势，只在 40～60 cm 处略有增加，说明重金属 Zn 在迁移转化过程中呈现出随土层深度增加而减少的规律。

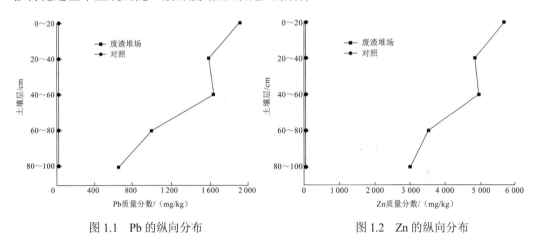

图 1.1　Pb 的纵向分布　　　　　图 1.2　Zn 的纵向分布

3. Cd 的纵向分布

重金属 Cd 在冶炼废渣堆场的含量远远大于对照土壤样品中 Cd 的含量（图 1.3）。废渣堆场各采样点土层 Cd 质量分数：0～20 cm 为 48.4 mg/kg，20～40 cm 为 35.3 mg/kg，40～60 cm 为 37.1 mg/kg，60～80 cm 为 29.5 mg/kg，80～100 cm 为 20.1 mg/kg，Cd 含量在 40～60 cm 剖面层略有增加。从上到下 Cd 含量依次先减少后增加再减小，说明冶炼废渣堆场及其周围地区的土壤已严重遭受 Cd 的浸透，需要对周边土壤进行治理。

4. Cu 的纵向分布

Cu 在废渣堆场各土壤层剖面的分布情况如图 1.4 所示，对照土壤样品中的 Cu 质量分数为 32 mg/kg。废渣堆场各剖面 Cu 质量分数从上到下依次为：1 848.6 mg/kg（0～20 cm）、1 342.1 mg/kg（20～40 cm）、1 459.6 mg/kg（40～60 cm）、950.3 mg/kg（60～80 cm）

和 765.4 mg/kg（80～100 cm）。类似的，Cu 含量也在 40～60 cm 剖面层略有回升，但不影响废渣堆场各剖面 Cu 含量随土层深度的增加呈递减的总趋势。

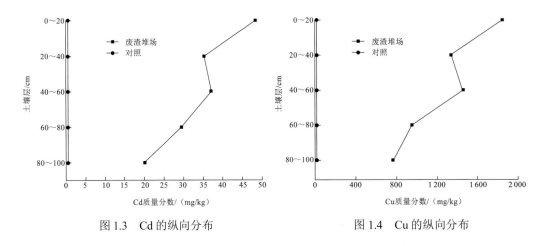

图 1.3　Cd 的纵向分布　　　　　图 1.4　Cu 的纵向分布

Pb、Zn、Cd 和 Cu 4 种重金属在表层（0～20 cm）土壤中的含量均高于表层以下各土壤层的含量，说明这 4 种重金属在纵向上迁移较小，这是由重金属本身的难溶解性决定的。土壤溶液中的重金属含量较少，大部分重金属均吸附在土壤胶体表面，即使有重力的作用，重金属的迁移量还是较少。另外，Pb、Zn、Cu 和 Cd 在 40～60 cm 土壤层中的含量都会略有增加，这可能是因为该剖面层土壤对重金属的吸附能力较强，也可能是在该剖面层中生存着嗜好重金属的微生物，使得重金属在这一剖面层里相对累积（Pascual et al.，2000；穆从如 等，1982）。

1.1.4　废渣堆场土壤重金属水平分布规律

在 0～100 cm 土壤任一剖面，重金属 Pb、Cd 和 Cu 的含量在水平分布上都是以废渣堆场为中心往外扩散，其含量逐渐减少（图 1.5～图 1.8）。Pb 的含量在废渣堆场与距废渣堆场 10 m 处有一个较大的落差，这是因为废渣中 Pb 的含量非常高，所以废渣堆场土壤中 Pb 的含量高。Cd 和 Cu 的含量在废渣堆场与距废渣堆场 10 m 处落差较小（图 1.7 和图 1.8），在 80～100 cm 剖面层，废渣堆场土壤 Cd 的含量少于距废渣堆场 10 m 处的含量，其余各个层面均呈现出废渣堆场的含量略高于距废渣堆场 10 m 处的含量。废渣堆场重金属在水平方向上的扩散迁移随着迁移距离的增加而减少。重金属在土壤中的迁移受大气、土壤水分、pH、阳离子交换量、土壤胶体及土壤生物等多种条件影响，其中大气因素对重金属在水平方向上的迁移影响较大（赵永鑫 等，2011）。

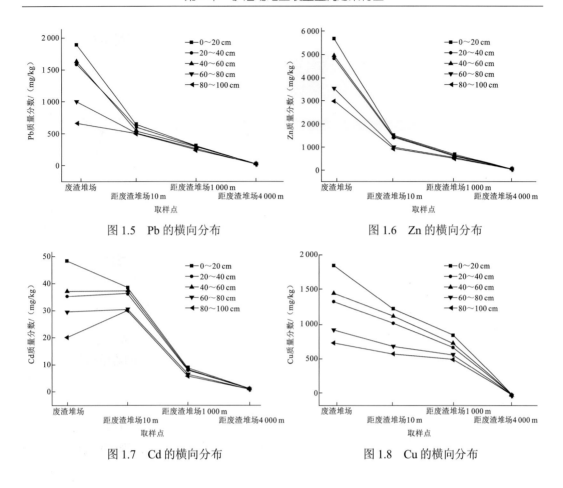

图 1.5　Pb 的横向分布

图 1.6　Zn 的横向分布

图 1.7　Cd 的横向分布

图 1.8　Cu 的横向分布

1.2　砷矿冶场地土壤污染特征

1.2.1　表层土壤砷污染特征

1. 表层土壤总 As 污染特征

我国某雄黄矿场及周边表层土壤总 As 含量空间分布如图 1.9 所示。总 As 含量随着距砷矿加工区（冶炼厂）和采矿区远近存在明显的差异。以冶炼厂为中心向四周扩散，离中心越远总 As 含量逐渐降低。冶炼厂附近特别是残留大量 As 渣堆积的地区土壤 As 质量分数在 4 000 mg/kg 以上。采矿区土壤 As 质量分数为 2 000～3 000 mg/kg，目前矿井被封很多年，矿井周边存在很多外来客土，但是被封的矿井口渗出的水溶液中 As 质量浓度为 23.09～120.63 mg/L，水污染严重导致矿井周边土壤 As 污染严重。矿区加工区表层（0～20 cm），土壤 As 质量分数平均值为 2 858.7 mg/kg。其中有的取样点 As 质量分数最大值达到 5 240.8 mg/kg，其土壤 pH 为 6.8（表 1.3）。与《土壤环境质量建设用地土壤污染风险管控标准》（GB 36600—2018）中的第一类用地筛选值比较，矿区加工区表层土平均 As 质量分数超标 142.9 倍。

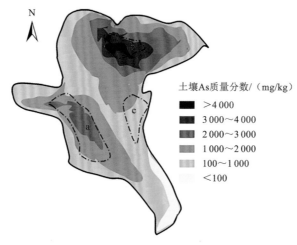

图 1.9　表层土壤 As 污染空间分布图

a 为采矿区；b 为加工区；c 为农业用地

表 1.3　表层土壤总 As 含量　　　　　（单位：mg/kg）

统计参数	加工区（n=20）	采矿区（n=6）	农业用地（n=4）	对照区（n=3）
中值	3 071.2	1 669.1	958.7	35.3
最小值	1 363.4	953.0	475.4	25.9
最大值	5 240.8	2 812.5	1 229.3	40.2
平均值	2 858.7	1 542.6	905.5	33.8

注：n 为样品数

而采矿区表层土壤 As 质量分数为 953.0～2 812.5 mg/kg，其最大 As 质量分数与《土壤环境质量建设用地土壤污染风险管控标准》（GB 36600—2018）中的第一类用地筛选值比较，其表层土壤 As 质量分数远远超过相应的限值 20 mg/kg，超标 140.6 倍。农业用地表层土壤 As 平均质量分数为 905.5 mg/kg；其最大 As 质量分数与《土壤环境质量建设用地土壤污染风险管控标准》（GB 36600—2018）中的第一类用地筛选值比较，其表层土壤 As 质量分数远远超过相应的限值 20 mg/kg，超标 61.5 倍。对照区表层土壤 As 质量分数为 25.9～40.2 mg/kg，中值为 35.3 mg/kg，平均质量分数为 33.8 mg/kg。矿区表层土壤 As 含量远远高于非矿区对照土壤。而总 As 含量分布规律为加工区>采矿区>农业用地>对照区，表明该雄黄矿区及周边土壤已受到了严重的 As 污染。

2. 表层土壤水溶性 As 分布特征

我国某雄黄矿区表层土壤水溶性 As 和 As（III）含量见表 1.4。三个污染区域相比，表层土壤水溶性 As 和水溶性 As（III）含量：加工区＞采矿区＞农业用地。砷矿加工区表层土壤水溶性 As 的最高质量分数为 109.0 mg/kg，其对应样品的总 As 质量分数为 4 840.8 mg/kg；水溶性 As 大约占总 As 质量分数的 2.3%，水溶性 As（III）约占水溶性 As 质量分数的 45%。土壤中的 As 主要以砷酸盐［As（V）］和亚砷酸盐［As（III）］的形式存在，但砷酸盐比亚砷酸盐容易被土壤吸附，因而亚砷酸盐在土壤中的活动性更大、毒性更强（Smith et al.，1998）。加工区土壤水溶性 As 平均质量分数高达 68.1 mg/kg，水溶性 As（III）平均质量分数高达 30.5 mg/kg。说明加工区土壤 As 污染严重，且因土壤亚砷酸盐带来的潜在风险很大，土壤亟待修复处理。砷矿采矿区表层土壤水溶性 As 的平均质量分数为 38.6 mg/kg，大约占总 As 质量分数的 2.1%，水溶态 As（III）约占水溶性总 As 质量分数的 44.8%。与加工区相比，采矿区土壤 As 污染程度相对较低（廖映平，2015）。

表 1.4　表层土壤总 As 及水溶性 As 含量　　　（单位：mg/kg）

采样区		平均值	最小值	最大值	标准差
加工区（n=4）	总 As	2 938.6	1 847.5	4 840.8	1 328.5
	水溶性 As	68.1	36.9	109.0	31.2
	水溶性 As（III）	30.5	17.4	49.1	13.3
采矿区（n=4）	总 As	1 875.4	1 258.3	2 612.4	579.3
	水溶性 As	38.6	27.4	63.7	17.6
	水溶性 As（III）	17.3	12.1	28.5	7.6
农业用地（n=4）	总 As	845.6	476.0	1 128.8	275.4
	水溶性 As	22.3	11.9	28.22	7.2
	水溶性 As（III）	11.4	6.2	13.4	3.1
对照区（n=3）	总 As	33.8	25.9	40.2	7.2
	水溶性 As	0.5	0.4	0.63	0.12
	水溶性 As（III）	0.08	0.08	0.13	0.03

注：n 为样品数

矿区农业用地表层土壤水溶性 As 的平均质量分数为 22.3 mg/kg，尽管矿区农业用地土壤水溶性 As 相对较低，但其水溶性 As 占总 As 的比例达到 2.5% 以上，而水溶性 As（III）约占水溶性 As 质量分数的 46%～52%。

3. 表层土壤 As 污染评价

与我国《土壤环境质量建设用地土壤污染风险管控标准》（GB 36600—2018）中的第一类用地筛选值相比，砷矿加工区和砷矿采矿区总 As 平均含量分别是此标准的 146.9 倍和 93.8 倍。从样品个体来看，砷矿加工区和采矿区土壤样品 As 超标率为 100%。污染最重的土壤样品总 As 含量是此标准的 242 倍。矿区农业用地采集的 4 个土壤样品中，4 个样品全超过《土壤环境质量建设用地土壤污染风险管控标准》（GB 36600—2018）中的第一类用地筛选值标准，并且污染最重的土壤样品是此标准的 56.4 倍（表 1.5）。

砷矿加工区和砷矿采矿区土壤中 As 的单项污染指数 p_i 平均值分别为 146.9 和 93.8，属重度污染；农业用地土壤 As 的 p_i 平均值为 42.3，属重度污染（表 1.6）。

表 1.5　各采样区土壤总 As 污染状况

采样区	样点	超标数	超标率/%
加工区	20	20	100
采矿区	6	6	100
农业用地	4	4	100
对照区	3	0	0

表 1.6　各采样区土壤单项污染指数法评价结果

采样区	单项污染指数 p_i	分级	污染程度
加工区	146.9	IV	重度
采矿区	93.8	IV	重度
农业用地	42.3	IV	重度

从三个采样区总 As 平均值来看，砷矿加工区土壤污染最严重，其次是砷矿采矿区土壤，与砷矿加工区相比，矿区农业用地土壤 As 污染程度相对较低，但总体超标仍然比较严重。

1.2.2　土壤砷垂直分布特征

我国某雄黄矿区砷矿加工区土壤总 As 和有效态 As 垂直迁移特征如图 1.10 所示。砷矿加工区土壤剖面不同层次有效态 As 占总 As 含量的平均百分比随着土壤剖面深度的增加而降低，亦即随着土层深度增加，土壤 As 的生物有效性呈降低趋势。4.64%（0～20 cm）>4.30%（20～40 cm）>3.4%（40～60 cm）>2.8%（60～100 cm），可能是由于

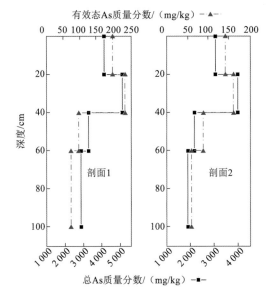

图 1.10　矿区土壤剖面 1 和剖面 2 总 As 及有效态 As 分布

As 在向土壤深层迁移过程中，不稳定态 As 转化为稳定态 As，有效态 As 所占比例降低。当外源 As 进入土壤后将发生一系列的物理、化学、生物学的迁移、转化，导致 As 在土壤中的赋存形态发生变化，从而改变 As 在土壤剖面的分布。随着 As 进入土壤时间的延长，土壤较稳定态 As 占总 As 的百分量增加，而不稳定态 As 占总 As 的百分量呈降低趋势（Williams et al.，2005）。因此，进入土壤深层的 As 历经的迁移转化路径和时间越长，土壤 As 的生物有效性越低。

　　我国某雄黄矿区砷矿采矿区土壤砷垂直迁移特征如图 1.11 所示。从图 1.10 和图 1.11 可以看出，采矿区土壤 As 污染程度明显比砷矿加工区轻。在土壤剖面 3 中 100 cm 范围内，总 As 和有效态 As 含量随土壤深度的增加而递减，且有效态 As 随总 As 含量降低而降低。在 0～20 cm 表层处总 As 和有效态 As 含量最高；0～40 cm 其含量随剖面深度增加而降低；40～60 cm 其含量明显比 20～40 cm 处高，但在 40～100 cm 其含量又随剖面深度增加而降低。在土壤剖面 4 中 20～40 cm 处总 As 含量最高（1 853 mg/kg），但在 0～20 cm 表层处有效态 As 含量最高（70.7 mg/kg）。就总 As 含量而言，40～60 cm 处的明显比 60～100 cm 处的高；但有效态 As 含量分布却相反。说明在同一土壤剖面有效态 As 与总 As 含量不一定呈现正相关。砷矿采矿区土壤剖面不同层次有效态 As 占总 As 含量的比例为：5.50%（60～100 cm）＞4.28%（0～20 cm）＞4.08%（40～60 cm）＞4.00%（60～100 cm）。

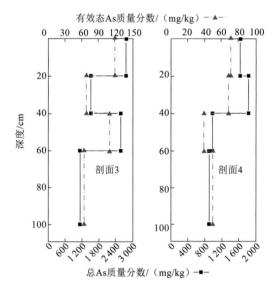

图 1.11　矿区土壤剖面 3 和剖面 4 总 As 及有效态 As 分布

　　与砷矿加工区和采矿区的剖面土壤相比，矿区附近的农业用地剖面土壤总 As 和有效态 As 含量呈现不同的分布规律（图 1.12），其表层总 As 含量最高，并随土壤剖面深度增加而减少。矿区附近农业用地剖面不同层次土壤明显比砷矿加工区和采矿区土壤总 As 含量低。但其土壤剖面不同层次有效态 As 占总 As 含量的平均百分比均在 5.0%以上，明显比砷矿加工区和采矿区高。这可能是由于化肥和有机肥频繁使用，As 在土壤表层富集。

据报道,有机肥的施用对土壤中 As 的淋洗和吸附的影响可能与土壤 pH 有关,在偏酸性条件下,由于 As 被有机质吸附,有效态 As 和植物吸收 As 含量减少;在中性土壤中施用有机肥促使 As(V)还原为 As(III),增加 As 的活性和有效性(陈同斌,1995)。矿区附近农业用地土壤 pH 偏中性,且施肥一般作用于表层,因此表层土壤有效态 As 含量较高。

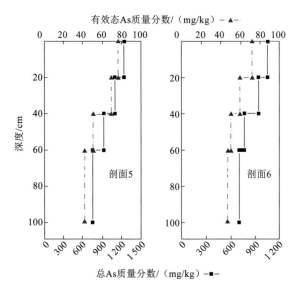

图 1.12　矿区土壤剖面 5 和剖面 6 总 As 及有效态 As 分布

1.2.3　土壤中砷的赋存形态

1. 表层土壤 As 污染特征

利用塞丽等(2010)改进的连续提取土壤 As 结合形态方法分析得到我国某雄黄矿区表层土壤 As 结合形态含量如图 1.13 所示。砷形态分为松散结合态砷(LB-As)、铝合态砷(Al-As)、铁合态砷(Fe-As)、钙合态砷(Ca-As)、铁闭蓄态砷(FeO-As)、有机结合态砷(Org-As)和残渣态砷(Es-As)。在矿区的加工区、采矿区及农业用地污染土壤 As 主要以铁合态、铝合态、残渣态三种形态为主,三者占 As 总量 80%以上,各形态 As 含量随着土壤总 As 含量的增加而明显增加。有研究报道随着外源 As 加入量的增加,土壤中各形态 As 含量都明显增大,且土壤铁型砷、铝型砷、钙型砷和残渣态等较稳定态 As 会逐渐增加,而水溶态砷、交换态砷和活性砷等不稳定态砷会逐渐向稳定态砷转变(和秋红等,2010)。酸性土壤中以铁合态砷占优势,而碱性土壤以钙合型砷占优势(宋书巧 等,2004)。雄黄矿区土壤偏中性,铁合态砷和铁闭蓄态砷(FeO-As)占总量的 70%左右。

矿区土壤松散结合态 As 百分含量:农业用地>加工区>采矿区。矿区农用土壤松散结合态 As 百分含量相对较高,可能是农业生产过程中肥料的施用造成了土壤松散结合态 As 含量的增加。如研究发现磷肥的施用可在一定程度上提高土壤 As 活性(耿志席 等,2009)。矿区土壤有机结合态 As 百分含量:农业用地>采矿区>加工区,农业用地有机结合态 As 百分含量相对较高,可能是由于农业用地土壤有机质含量相对较高。有机质含量可影响土壤 As 的吸附固定，农业用地施用的堆肥等有机质中含有大量活性基团（羧基、铵基、酚羟基、甲氧基等）可与土壤 As 氧阴离子结合形成有机结合态 As（彭韬，2012）。

利用 Wenzel 等（2001）改进的连续提取土壤 As 结合形态方法分析得到的我国某雄黄矿区表层土壤 As 结合形态含量如图 1.14 所示，各形态 As 含量随着土壤总 As 含量的增加而明显增加，与通过蹇丽等（2010）改进的连续提取方法分析结果一致。土壤 As 主要以非晶型铁铝氧化物结合态、晶型铁铝氧化物结合态、残渣态三种形态为主，三者总和占 As 总量 94% 以上。矿区土壤的非晶型铁铝氧化物结合态和晶型铁铝氧化物结合态之和占总 As 的 82% 左右，土壤 As 主要以铁铝氧化物结合态为主。

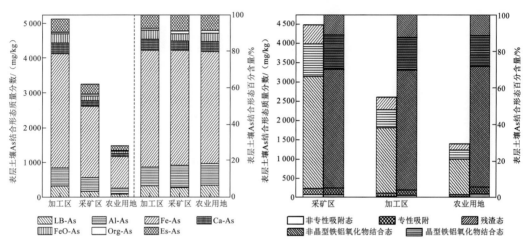

图 1.13　矿区表层土壤 As 形态分布（一）　　　　图 1.14　矿区表层土壤 As 形态分布（二）

矿区土壤非专性吸附态 As 百分含量：农业用地>加工区>采矿区。相对而言，农业用地土壤 As 不稳定态 As 所占比例较大。加工区、采矿区和农业用地总 As 质量分数，分别为 4 753.0 mg/kg、2 793.0 mg/kg 和 1 250.0 mg/kg。利用 Wenzel 等（2001）改进的连续提取方法获得的加工区、采矿区和农业用地 As 质量分数分别为 4 486.2 mg/kg、2 605.4 mg/kg 和 1 397.1 mg/kg，加工区和采矿区 As 质量分数分别比实际总 As 质量分数低 5.6% 和 6.7%，但农业用地比实际总 As 质量分数高 11.8%。而利用蹇丽等（2010）改进的连续提取方法获得的加工区、采矿区和农业用地 As 质量分数分别为 5 132.0 mg/kg、3 256.0 mg/kg 和 1 485.0 mg/kg，分别比各区实际总 As 质量分数高出 7.97%、16.6% 和 18.8%。两种连续提取土壤 As 结合形态方法比较，Wenzel 等（2001）改进的连续提取土壤 As 结合形态方法更适合于本研究区域 As 污染土壤 As 形态分析。

2. 土壤 As 结合形态垂直分布特征

我国某雄黄矿区土壤 As 结合形态垂直分布特征如图 1.15 所示，土壤 As 结合形态主要以非晶型铁铝氧化物结合态、晶型铁铝氧化物结合态、残渣态三种形态为主，其中非晶型铁铝氧化物结合态含量最高大约占 65% 左右。矿区加工区土壤非专性吸附态（活性最强）As 百分含量随土层深度增加呈现减少的趋势，而晶型铁铝氧化物结合态和残渣态砷

（稳定性较强）百分含量随土层深度增加而增加。加工区土壤 20～40 cm 总 As 含量最高，可能该区域 Fe 和 Al 化合物含量高，结合大量 As 累积于此处，20～40 cm 土壤非晶型铁铝氧化物结合态 As 百分含量最高，占总 As 含量的 68.9%。

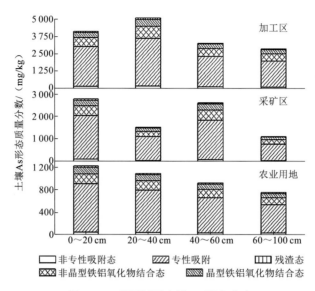

图 1.15　矿区剖面土壤 As 形态分布

采矿区土壤非专性吸附态 As 随土层深度增加而呈减少趋势。土壤剖面非专性吸附态 As 分布：2.4%（0～20 cm）＞2.2%（20～40 cm）＞2.0%（40～60 cm）＞1.93%（60～100 cm），而专性吸附态 As 分布呈现：0～20 cm＞60～100 cm＞40～60 cm＞20～40 cm，残渣态 As 随土层深度增加而增加。

矿区农业用地土壤剖面 As 结合形态以非晶型铁铝氧化物结合态、晶型铁铝氧化物结合态和残渣态为主，三者占总 As 含量的 93% 以上。其中非晶型铁铝氧化物结合态 As 分布呈现：70.0%（0～20 cm）＞69.2%（20～40 cm）＞68.4%（40～60 cm）＞67.0%（60～100 cm），而晶型铁铝氧化物结合态 As 分布与非晶型铁铝氧化物结合态 As 分布相反。残渣态 As 随土层深度增加而增加，具体分布为：9.2%（0～20 cm）＜9.3%（20～40 cm）＜9.8%（40～60 cm）＜10.4%（60～100 cm）。表明随土层深度增加，土壤中 As 活性和有效 As 含量逐渐降低。

1.2.4　土壤砷化学形态分布特征

采用广延 X 射线吸收精细结构（extended X-ray absorption fine structure，EXAFS）方法分析获得的土壤样品的 X 射线吸收近边结构（X-ray absorption near edge structure，XANES）图谱如图 1.16 所示。我国某雄黄矿区污染土壤样品中 As 的化学形态主要为亚砷酸盐（As^{3+}）和砷酸盐（As^{5+}）。采矿区土壤中 As 的 K 边 XANES 谱中，在 11 867.5 eV、11 869.6 eV、11 872.2 eV 和 11 875.7 eV 处存在吸收峰，说明采矿区土壤中 As 主要由毒砂

（FeAsS）、雄黄（As₄S₄）、亚砷酸盐（As³⁺）和砷酸盐（As⁵⁺）4 种形态组成。XANES 拟合结果分析表明土壤样品中不同形态的 As 含量：砷酸盐（86%）>毒砂（8%）>亚砷酸盐（4%）>雄黄（2%）。加工区土壤中 As 的 K 边 XANES 谱中，存在雌黄、亚砷酸盐和砷酸盐吸收峰，含量关系：砷酸盐（94%）>亚砷酸盐（4%）>雌黄（2%）。农业用地土壤中 As 的 K 边 XANES 谱中，在 11 872.2 eV 和 11 875.7 eV 附近存在吸收峰，说明农业用地土壤中 As 主要由亚砷酸盐和砷酸盐两种化学形态组成。XANES 拟合结果分析表明砷酸盐（97%）远高于亚砷酸盐（3%）含量。综合以上结果，采矿区土壤中存在毒砂和雄黄。加工区土壤中存在雌黄可能是由于 As 冶炼过程中产生大量含 As 硫矿渣和尾砂矿而造成土壤污染。农业用地土壤中几乎不存在毒砂、雄黄和雌黄，可能是由于农业用地离采矿区和加工区较远。

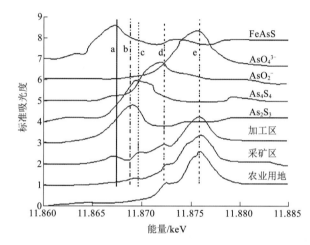

图 1.16　土壤样品中 As 的 K 边 XANES 谱

a, b, c, d, e 分别为 FeAsS、As₂S₃、As₄S₄、NaAsO₂、Na₂HAsO₄ 白边峰位置

参 考 文 献

陈同斌, 1995. 砷毒田中有机肥对水稻生长和产量的影响. 生态农业研究(3): 17-20.

邓新辉, 2013. 铅锌冶炼废渣堆场土壤产黄青霉菌 F1 浸出修复研究. 长沙: 中南大学.

耿志席, 刘小虎, 李莲芳, 等, 2009. 磷肥施用对土壤中砷生物有效性的影响. 农业环境科学学报, 28(11): 2338-2342.

和秋红, 曾希柏, 李莲芳, 等, 2010. 好气条件下不同形态外源砷在土壤中的转化. 应用生态学报, 12: 3212-3216.

廖映平, 2015. 微生物与生物合成的次生铁矿物联合修复砷污染土壤研究. 长沙: 中南大学.

穆从如, 李森照, 王立军, 等, 1982. 铬在水体、土壤和作物中的迁移转化规律. 中国环境科学, 2(1): 19-23.

彭韬, 2012. 城市污泥中重金属的稳定化研究. 长沙: 湖南农业大学.

宋书巧, 周永章, 周兴, 等, 2004. 土壤砷污染特点与植物修复探讨. 热带地理, 24(1): 6-9.

赵永鑫, 徐争启, 滕彦国, 等, 2011. 攀钢冶炼废渣中重金属地球化学特征及其环境效应. 广东微量元素科学, 18(7): 63-70.

塞丽, 黄泽春, 刘永轩, 等, 2010. 采矿业污染河流底泥及河漫滩沉积物的粒径组成与砷形态分布特征. 环境科学学报, 30(9): 1862-1870.

PASCUAL J A, GARCIA C, HERNANDEZ T, et al., 2000. Soil microbial activity as a biomarker of degradation and remediation processes. Soil Biology & Biochemistry, 32(13): 1877-1883.

SMITH E, NAIDU R, ALSTON A M, 1998. Arsenic in the soil environment: A review. Advances in Agronomy, 64: 149-195.

WENZEL W W, KIRCHBAUME R N, PROHASK A T, et al., 2001. Arsenic fractionation in soils using an improved sequential extraction procedure. Analytica Chimica Acta, 436(2): 309-323.

WILLIAMS P N, PRICE A H, RAAB A, et al., 2005. Variation in arsenic speciation and concentration in paddy rice related to dietary exposure. Environmental Science & Technology, 39(15): 5531-5540.

第2章　矿冶污染场地土壤化学/微生物淋洗修复

　　金属采选冶生产过程产生大量含重金属废渣,并被弃置于环境,导致渣场及附近土壤重金属污染严重,废渣堆场重金属污染土壤治理是国内外研究的焦点,我国尤为迫切。修复铅锌冶炼废渣堆场重金属污染土壤的途径一般有两种:第一种是重金属被提取出土壤,减少土壤中重金属的含量,如淋洗技术;第二种是重金属仍留在土壤中,通过隔离、稀释、固定和氧化还原等方式达到降低重金属毒性的目的,如化学固定修复技术。其中淋洗法主要是通过逆转土壤吸持重金属的反应机制,把重金属从土壤固相转移到液相中,最终达到修复土壤的目的。对于只靠静电引力被土壤吸持的金属离子,通常采用高离子强度的溶液置换;而以配位键、共价键与土壤紧密结合的金属离子则需要络合能力强的螯合剂。化学淋洗技术因其快速性和广泛的适用性已被广泛研究并被应用于实际场地修复中,特别是对小面积的重污染土壤修复效果较好。常用的淋洗剂有无机淋洗剂、有机酸、人工螯合剂及表面活性剂。微生物淋洗技术利用微生物的代谢产物将重金属从土壤中浸出,可降低土壤中重金属的浓度,不存在二次污染,且成本低,浸出时间短,浸出液中的重金属还可回收。

2.1　镉铅污染土壤化学淋洗修复

2.1.1　淋洗剂的筛选及淋洗工艺参数优化

1. 淋洗剂的筛选

1) 无机酸对 Cd、Pb 的去除效果

　　利用 0.1 mol/L 的三种无机酸 [盐酸(HCl)、硝酸(HNO_3)、硫酸(H_2SO_4)] (L/S=10:1) 对污染土壤 Cd、Pb 的淋洗效果见图 2.1。三种无机酸对 Cd 都有较好的去除效果,去除效率都在 60%以上,这与土壤中 Cd 以较不稳定的形态存在有关。相比其他无机酸,H_2SO_4 对 Cd 的去除效果最好,对有效态 Cd 和总 Cd 的去除率分别为 71%、81.94%,这是因为相同浓度下 H_2SO_4 能提供更多的 H^+ 与土壤中重金属交换,且硫酸镉极易溶于水,淋洗过程中很容易从土壤固相中转移到水溶液中。HCl、HNO_3 对有效态 Cd 去除率分别为 62.98%、64.11%,对总 Cd 的去除率分别为 66.32%、62.46%。

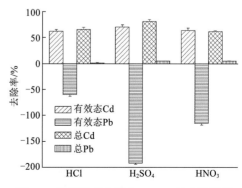

图 2.1　无机酸对土壤中 Cd、Pb 的去除效果

　　三种无机酸对总 Pb 的去除率都很低,最高去除率仅为 5.42%,这可能是因为污染土壤中 Pb 主要以铁锰氧化物结合态、残渣态和碳酸盐结合态存在有关。三种无机酸对 Pb 的去除效率为 $HNO_3 > H_2SO_4 > HCl$。土壤 pH 是影响酸溶液淋洗效果的关键因素,土壤只有被酸化到一定程度,重金属才能从土壤中解吸出来,但是土壤酸度过低会使土壤丧失其基本功能并破坏土壤的团聚体结构。事实上,黏土矿物边缘的官能基团如羟基具有两性,能根据外部溶液的 pH 决定伊利石和蒙脱石等矿物的电性(Aşçi et al.,2008)。在酸性条件下羟基会吸附质子,使土壤表面可吸附重金属的阴离子相应减少,从而重金属得以释放。HNO_3 不能取得较好的去除效果可能是因为其自身的氧化性质,从而形成不溶性的重金属化合物。H_2SO_4 对铅洗出效果不明显主要是因为形成不溶性硫酸铅($PbSO_4$)[Ksp($PbSO_4$)$=1.82 \times 10^{-8}$](Moutsatsou et al.,2006)。三种无机酸均在一定程度上增加了有效态 Pb 的含量,HCl 使有效态 Pb 的含量增加了 59.02%,对土壤中 Pb 的活化作用最小,HNO_3 和 H_2SO_4 淋洗分别使土壤中有效态 Pb 含量增加了 115.01% 和 191.49%。这与无机酸的作用机理有关,无机酸洗脱重金属的主要机理是通过降低土壤 pH 促进重金属的解吸,包括吸附于土壤胶体表面和包含于矿物颗粒内的重金属。Cl^- 与 Pb 通过络合作用形成的可溶性盐可以随淋洗液冲洗下来,SO_4^{2-}、NO_3^- 与重金属形成不溶性盐而不能随淋洗液向下移动。

　　2)有机酸对 Cd、Pb 的去除效果

　　有机酸能和重金属形成中等稳定的络合物,促进重金属从土壤中解吸,从而增加重金属的移动性。其螯合能力不如人工螯合剂,但是它们是天然产物,可生物降解,在应用上与人工螯合剂相比,绿色环保无二次污染。

　　利用 0.1 mol/L 的三种有机酸[醋酸(CH_3COOH)、柠檬酸($C_6H_8O_7$)、草酸($H_2C_2O_4$)](水土比 10:1)对污染土壤 Cd、Pb 的淋洗效果见图 2.2。0.1 mol/L 的 $C_6H_8O_7$ 和 $H_2C_2O_4$ 对有效态 Cd 的去除效果较好,去除率分别为 75.85% 和 76.83%,而 CH_3COOH 对有效态 Cd 的去除率只有 49.64%。CH_3COOH 和 $C_6H_8O_7$ 对总 Cd 的去除率分别为 56.89% 和 57.31%,$H_2C_2O_4$ 对总 Cd 的去除率为 45.15%。$H_2C_2O_4$ 对有效态 Pb 能取得较好效果,其去除率达到 56.61%,CH_3COOH 和 $C_6H_8O_7$ 均增加了土壤中有效态 Pb 含量,其增加率分别为 75.40% 和 132.01%。$C_6H_8O_7$ 对总 Pb 的去除率最高,为 11.97%,$H_2C_2O_4$ 次之,去除率为 9.18%,CH_3COOH 对总 Pb 的去除效果最差,只有 1.64%。

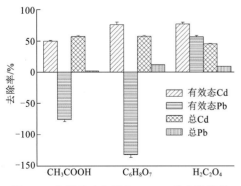

图 2.2　有机酸对土壤中 Cd、Pb 的去除效果

　　三种有机酸对 Cd 都有较好的去除效果可能与 Cd 在土壤中的存在形态有关,污染土壤中 Cd 主要以碳酸盐结合态为主,碳酸盐结合态主要以沉淀和共沉淀的形式赋存在碳酸盐中,其与土壤结合能力较弱,在酸性条件下容易被洗脱出来。三种有机酸对土壤重金属

的去除率均是 Cd>Pb，这可能与重金属在污染土壤中的存在形态和溶解度有关，土壤中 Pb 主要以铁锰氧化物结合态存在，碳酸盐结合态只占 17.10%，酸性条件只能促进其中一小部分的重金属溶解。通常土壤中可溶性 Pb 含量很低，迁移较弱。CH_3COOH 对 Pb 的去除几乎没有效果，这是因为醋酸根离子的结合能力较差，易产生再吸附，不适用于处理碱性土壤。$C_6H_8O_7$ 对重金属离子有较好的去除效果，它一方面可以与重金属形成可溶的螯合物，另一方面还能促进氧化物中固定的重金属的释放。$H_2C_2O_4$ 对总 Pb 去除率低的原因可能是 $H_2C_2O_4$ 与 Pb 形成难溶的草酸铅，因此对总 Pb 的去除率低，但其有效态 Pb 的去除率较高。

3）人工螯合剂对 Cd、Pb 的去除效果

人工螯合剂有较宽的 pH 适用范围，能和大部分金属离子形成稳定的螯合物，不仅能促进土壤中重金属离子的解吸，也能沉淀或吸附土壤中的重金属离子，降低其毒性（可欣等，2004）。在其他条件相同的情况下，螯合剂对各种离子的洗出，取决于螯合剂与金属离子之间的稳定常数，但土壤中不同重金属的种类、含量、分布情况及其在土壤中存在的形态不一样会导致不同螯合剂有不相同的去除率。图 2.3 比较了三种人工螯合剂［乙二胺四乙酸二钠（Na_2EDTA）、二乙烯三胺五乙酸五钠（Na_5DTPA）、氨三乙酸三钠（Na_3NTA）］（浓度为 0.02 mol/L，$L/S=10$）对污染土壤中 Cd、Pb 的去除效果。Na_2EDTA 对各元素的去除率分别为：有效态 Cd 73.78%，有效态 Pb 60.71%，总 Cd 72.77%，总 Pb 55.78%。与 Na_5DTPA、Na_3NTA 相比，Na_2EDTA 能与大多数重金属离子形成更稳定的螯合物，Na_5DTPA、Na_3NTA 对 Cd 的去除效果差异不大，Na_5DTPA 对有效态 Cd 和总 Cd 的去除率分别为 60.27% 和 62.95%，Na_3NTA 对有效态 Cd 和总 Cd 去除率分别为 52.66% 和 40.56%。Na_2EDTA 对 Pb 的去除能力显著高于 Na_5DTPA、Na_3NTA。三种人工螯合剂对 Cd、Pb 的去除效果为 Na_2EDTA>Na_5DTPA>Na_3NTA。

2. 淋洗工艺参数优化

1）EDTA 种类

三种 EDTA 盐对有效态 Cd、Pb 的去除率见图 2.4。总体来说，三种 EDTA 盐对 Cd 的去除效果均好于 Pb，这与两种金属同 EDTA 的络合常数之间的差别并没有很好吻合（Cd-EDTA 的 $\log K$ 为 16.4，Pb-EDTA 的 $\log K$ 为 17.9）。造成这种差异的原因可能是：①重金属与土壤组分的结合紧密程度不同，造成其形态分布差异较大；②土壤中部分常量元素如 Ca、Fe 等与重金属的竞争作用。三种 EDTA 盐中，Na_2EDTA 对两种重金属的去除效果最好，对 Cd 和 Pb 的去除效率分别为 77.51% 和 64.16%。Na_4EDTA 对 Cd 的去除效果较好，Pb 的去除率却只有 4.34%，这可能是因为 Na_4EDTA 自身的 pH 为碱性，不利于重金属的解吸（所用 Na_4EDTA 的 pH 为 11.87）。EDTA 纯酸对 Cd 的去除率最高，达 87.2%，但是其却使土壤有效态 Pb 含量增加了 90.44%，Pb 去除率低的原因可能与 EDTA 纯酸的溶解度有一定关系。

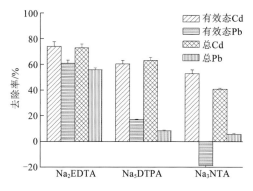

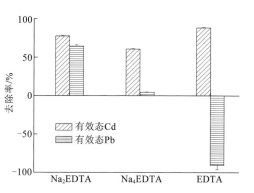

图 2.3　人工螯合剂对土壤中 Cd、Pb 的
　　　　去除效果

图 2.4　三种类型 EDTA 对有效态 Cd、Pb
　　　　去除效果

2）Na₂EDTA 浓度

Na₂EDTA 能与大部分金属离子形成稳定的螯合物，其与大部分重金属螯合的物质的量比为 1:1。因此修复过程中 Na₂EDTA 的摩尔浓度应大于土壤中重金属的摩尔浓度。但是，高浓度的 Na₂EDTA 可能造成土壤堵塞，增加其对土壤中植物和微生物的毒性（Grčman et al.，2001）。如图 2.5 所示，有效态 Cd、Pb 的去除率随着 Na₂EDTA 浓度的增加而增加。

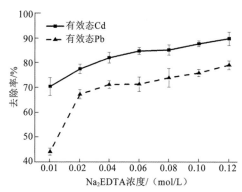

随着 Na₂EDTA 浓度从 0.01 mol/L 增加到 0.12 mol/L，有效态 Cd、Pb 的去除率分别从 70.4%、44.2%增加到 89.7%、79.0%。对有效态 Pb 而言，Na₂EDTA 浓度从 0.01 mol/L 增加到 0.04 mol/L 时，去除率从 44.2%增加到 71.2%，但当浓度从 0.06 mol/L 增加到 0.12 mol/L 时，去除率从 71.2%增加到 79%，浓度增加对有效态 Cd 的去除率影响已经不大。这与 Palma 等（2005）的研究结果一致。这个现象可以解释可交换的重金属在前面都已被洗出，继续淋洗只能洗出一

图 2.5　不同浓度 Na₂EDTA 对有效态 Cd、Pb
　　　　去除效果（L/S=10）

些非活性态的重金属（铁锰氧化物结合态、有机物结合态、残渣态）。因此，Na₂EDTA 的最佳浓度为 0.04 mol/L。

3）水土比

对于有效态 Cd、Pb，增加水土比其去除率也明显增加（图 2.6）。当水土比从 2 增加到 8 时，有效态 Cd、Pb 的去除率稳定增加，有效态 Cd、Pb 的去除率分别从 53.47%、24.09% 增加到 84.40%、73.51%。但继续增加水土比，去除率增幅不再明显。因此采用 8:1 的水土比较为合适。

4）淋洗液 pH

淋洗液 pH 是影响土壤重金属去除率的一个重要因素。一般而言，淋洗液 pH 越低，

其对重金属的去除效果越好。但为防止淋洗过程中对土壤理化性质的破坏，实际应用中一般不会采用太酸或者太碱的 pH 条件。当淋洗液的 pH 从 3 增加到 5 时，有效态 Cd、Pb 的去除率随 pH 的增加而增加（图 2.7）。有效态 Cd 的去除率从 70.10%增加到 78.57%，增幅不明显，有效态 Pb 的去除率从 50.05%增加到 69.35%，增幅较大。在 pH<3 时，Na_2EDTA 溶液会形成部分结晶沉淀，溶解度降低，从而使有效的 Na_2EDTA 浓度降低。有效态重金属的去除率在 pH 为 4 或 5 时淋洗效果较好。继续增加淋洗液 pH，重金属的去除率呈现下降趋势，这可能是因为淋洗液 pH 增加，重金属与 EDTA 的螯合物会发生水解，使 EDTA 对重金属离子的活化能力降低（Peters，1999）。

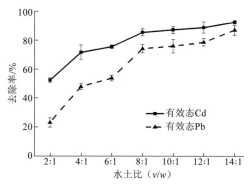

图 2.6　不同水土比对有效态 Cd、Pb　　　图 2.7　不同 pH 条件下 Na_2EDTA 对有效态
　　　　去除效果　　　　　　　　　　　　　　　　　　Cd、Pb 的去除效果

2.1.2　淋洗液回收及循环利用

1. 淋洗液回收方法比较

Na_2EDTA 具有很强的螯合能力，能和大部分的金属离子发生螯合作用，被认为是最有效的人工螯合剂。但是 Na_2EDTA 价格昂贵、淋洗废液需要后续处理等阻碍了 Na_2EDTA 在工程中大规模应用。如果 Na_2EDTA 能被有效回收并重复使用，就能解决这些问题。

目前处理 Na_2EDTA 洗出液的方法大致可以分为三类：①用零价金属置换 EDTA 络合物中的重金属，从而使重金属沉淀，EDTA 也重新释放（Gylienė et al.，2004）；②在电解槽中电解分离重金属和 EDTA，两级之间用离子交换膜分隔，来阻止带负电的 EDTA 在阳极溶解（Juang et al.，2000）；③添加合适的化学试剂使 EDTA 螯合物发生解离，从而沉淀重金属（Juang et al.，2000）。因具有成本低、应用范围广等优点，化学沉淀法成为目前应用最普遍的方法。氢氧化钠（NaOH）、氢氧化钙（$Ca(OH)_2$）、氯化铁（$FeCl_3$）、硝酸铁（$Fe(NO_3)_3$）、磷酸二氢钠（NaH_2PO_4）、磷酸氢二钠（Na_2HPO_4）和硫化钠（Na_2S）等是最常用的沉淀试剂。

比较 $Na_2S+Ca(OH)_2$ 和 $FeCl_3+NaOH$ 两种方法对 Na_2EDTA 淋洗液的沉淀效果。$Na_2S+Ca(OH)_2$ 沉淀法的作用机理是 $Ca(OH)_2$ 中大量的 Ca^{2+} 与 EDTA 螯合物中的重金属存在竞争，使螯合物中的 Cd、Pb 得到释放，同时，Na_2S 提供阴离子 HS^-、S^{2-} 与 EDTA 竞争

形成硫化物并沉淀下来。$FeCl_3$+NaOH 沉淀法主要是依据 EDTA 与 Fe^{3+}、Pb^{2+}、Cd^{2+}三种金属离子具有不同的络合常数，在极酸条件下，Fe-EDTA 的络合常数大于 Pb-EDTA 和 Cd-EDTA，Fe^{3+}与 Pb^{2+}、Cd^{2+}发生置换从而使 Pb^{2+}、Cd^{2+}得到释放并在碱性条件下和 OH^- 生成氢氧化物沉淀。

1）Na_2S+Ca(OH)$_2$ 回收法

不同 pH 条件下加入不同剂量 Na_2S（[Na_2S]/[Cd+Pb]=5、10、20）后洗出液中 Cd、Pb 的去除效果见图 2.8。Na_2S 能很好地沉淀洗出液中的 Cd、Pb。当[Na_2S]/[Cd+Pb]=5 时，随着洗出液 pH 从 8 增加到 13，Cd、Pb 的去除率分别从 95.0%、60.5%增加到 99.2%、99.6%，在 pH=10 时，洗出液中大部分的 Cd、Pb 都已被去除。当 pH<10、[Na_2S]/[Cd+Pb]=10 和 20 时，Cd、Pb 的去除率均达到 99%以上，明显高于[Na_2S]/[Cd+Pb]=5。但是在 pH>10 时，Na_2S 投加量对 Cd、Pb 的去除率的影响减少。因此，在 pH=10、[Na_2S]/[Cd+Pb]=5 时，Cd、Pb 的去除率较理想，洗出液中残留的 Cd、Pb 质量浓度分别为 0.047 mg/L 和 0.878 mg/L，满足了《污水综合排放标准》（GB 8978—1996）规定的限值。

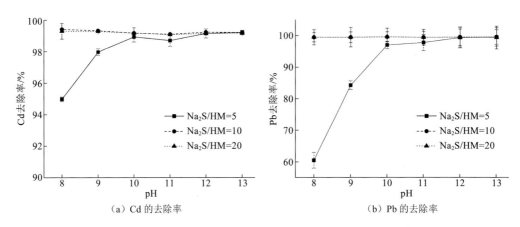

（a）Cd 的去除率　　　　　　　　　　（b）Pb 的去除率

图 2.8　不同 pH 条件下 Na_2S 的加入量对洗出液中 Cd、Pb 的去除率（HM 代表 Cd、Pb）

2）$FeCl_3$+NaOH 回收法

用 HNO_3 调节洗出液 pH<3，然后分别按[$FeCl_3$]/[Cd+Pb]为 5、10、20 三种比例加入 $FeCl_3$ 进行处理，再用 NaOH 调节 pH 分别为 8~13。不同 pH 条件下，$FeCl_3$ 对 Cd、Pb 的处理效果不同（图 2.9）。当 pH=8~10 时，无论采用何种比例添加 $FeCl_3$，其洗出液中 Cd、Pb 的去除率都相当低，最高只有 7.7%的 Cd 和 7.9% Pb 被去除。继续增加洗出液的 pH，Cd、Pb 的去除率显著增大，在 pH=13 时，Cd、Pb 的去除率达到最大，此时增加 $FeCl_3$ 的投放量，Cd 的去除率明显增大，从 32.61%增大到 56.95%，Pb 的去除率在[$FeCl_3$]/[Cd+Pb]=5 已达 87.93%，继续增加 $FeCl_3$ 投放量，其去除率缓慢增加，显然，在 pH=13 时，Pb 的去除率远远高于 Cd。虽然在 pH=13 时，Cd、Pb 去除率都有大幅上升，但是其 Cd、Pb 最大去除率也只有 56.95% 和 93.79%。尽管 $FeCl_3$+NaOH 对重金属沉淀有一定效果，但是其处理效果远远不如 Na_2S 沉淀法。

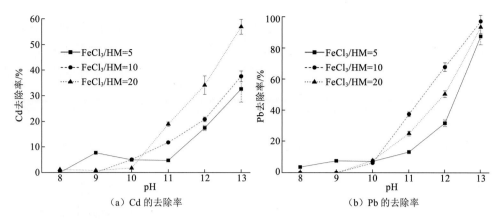

（a）Cd 的去除率　　　　　（b）Pb 的去除率

图 2.9　不同 pH 条件下 FeCl$_3$ 的加入量对洗出液中 Cd、Pb 的去除率（HM 代表 Cd、Pb）

2. Na$_2$EDTA 循环淋洗

1）土壤最优淋洗次数

通过两种处理方法的对比，Na$_2$S 沉淀法明显比 FeCl$_3$ 沉淀法处理效率高，采用 FeCl$_3$ 方法需将洗出液 pH 调到强碱范围，对土壤的理化性质破坏性较强。Na$_2$S 法操作更为简单且去除效率更好。收集每次循环淋洗的滤液，采用 Na$_2$S 法沉淀滤液中的重金属，Na$_2$S 的加入量以滤液中 Cd、Pb 含量能达到《污水综合排放标准》为准。将 Na$_2$EDTA 循环淋洗 5 次，随着淋洗次数的增多，土壤中有效态 Cd、Pb 的去除率也相应增加，对有效态 Cd，

在循环淋洗 3 次时，土壤中有效态 Cd 含量随淋洗次数的增加而增加，其去除率从 38.79% 增加到 82.70%，到第 4 次循环时，有效态 Cd 去除率有少量下降，继续增加淋洗次数，土壤中有效态 Cd 去除率呈下降趋势，第 5 次淋洗时，有效态 Cd 去除率从 81.11% 降至 66.6%。有效态 Pb 去除率在前 4 次淋洗时都随淋洗次数的增加而增加，其去除率从 11.4% 增加到 69.29%，增幅较显著。在第 5 次淋洗时，其去除率也有少量下降（图 2.10）。出现这种情况的原因可能与土壤 pH 不断升高有关，Cd 的

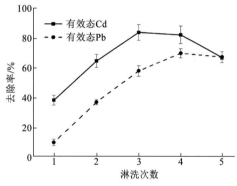

图 2.10　4 次回收后洗出液对土壤中有效态 Cd、Pb 的去除

浸提率在弱酸性至中性范围内效率最高，pH 再升高或降低其浸提率都会下降，Pb 的浸提率则与 pH 的变化无明显关系（罗璐瑕，2008）。

2）多次循环淋洗洗出液中 Cd、Pb 的去除效果

Na$_2$EDTA 循环淋洗几次后其回收液仍具有一定的螯合能力，可将回收 Na$_2$EDTA 循环淋洗不同批次的土壤，从而最大限度地利用 Na$_2$EDTA 洗出液。每次淋洗时洗出液中 Cd、Pb 含量及回收添加 Na$_2$S 后 Cd、Pb 的去除率见表 2.1。

表 2.1 不同批次淋洗洗出液中 Cd、Pb 的去除效果

淋洗批次		淋洗滤液		加 Na₂S·9H₂O 后去除率/%	
		Cd 累积量/（mg/L）	Pb 累积量/（mg/L）	Cd	Pb
1 批	1 次	6.73	98.80	99.97	99.50
	2 次	1.96	34.68	99.39	98.29
	3 次	0.86	13.92	99.30	94.51
	4 次	0.64	7.34	85.94	87.71
2 批	1 次	5.75	64.33	99.79	99.07
	2 次	1.42	31.61	98.61	98.06
	3 次	0.79	8.44	97.34	92.18
	4 次	0.68	8.60	92.21	91.02
3 批	1 次	4.05	32.61	99.38	98.72
	2 次	4.53	55.34	99.65	99.15
	3 次	0.77	11.63	96.88	95.60
	4 次	0.44	6.25	95.68	88.18

淋洗 1 批循环 4 次洗出液中 Cd 累积量达 10.19 mg/L，Pb 累积量达 154.74 mg/L。第 2 批和第 3 批洗出液中 Cd 和 Pb 累积量分别为 8.64 mg/L、9.79 mg/L 和 112.98 mg/L、105.83 mg/L。显然淋洗 1 批中洗出 Cd、Pb 量最大。说明经过多次回收后 Na₂EDTA 溶液的螯合能力有所降低。同一批淋洗过程中洗出液中 Cd、Pb 含量随循环次数的增多而减少。淋洗 1 次洗出液中的 Cd、Pb 含量通常较高，土壤中易被提取的形态优先被洗出，继续循环淋洗，洗出液中 Cd、Pb 含量明显下降，这可能是因为剩余在土壤中的 Cd、Pb 和土壤结合较紧密，难以被提取，导致 Na₂EDTA 溶液有效利用率降低。此外同一批土壤的 4 次循环淋洗过程中，滤液中 Cd、Pb 的去除率随淋洗次数的增加而出现不同程度的下降，其中淋洗 1 批 1 次滤液中 Cd、Pb 的去除率最大，分别为 99.97% 和 99.50%，此后 Cd、Pb 去除率呈下降趋势。这可能是因为多次淋洗后，洗出液中 Cd、Pb 含量降低，减少了 Cd、Pb 与 S^{2-} 的接触面积和碰撞机会，而且溶液中 Cd、Pb 含量降低，溶液 pH 和其他因素对 S^{2-} 与 Cd、Pb 反应的影响增大，从而使 Cd、Pb 的去除率下降。

3）循环淋洗土壤有效态 Cd、Pb 去除效果

图 2.11 是回收 Na₂EDTA 循环淋洗不同批次 Cd、Pb 污染土壤的处理效果，循环淋洗第 1 批中土壤中有效态 Cd 去除率达 80.1%，接近于对照组的 81.3%，但是在淋洗 2 批和 3 批中，有效态 Cd 的去除率比对照组下降了 26.2% 和 20.2%。有效态 Pb 在各批次淋洗过程中去除率分别降低了 9.7%、33.0% 和 41.1%。显然，Na₂EDTA 溶液多次回收后对 Cd、Pb 的淋洗效果有所降低。去除率下降可能是因为淋洗过程中部分 Na₂EDTA 被土壤吸附截留，使参与反应的 Na₂EDTA 减少。对淋洗一次后洗出液回收并测定其中 Na₂EDTA 浓度，其浓度从淋洗前的 0.04 mol/L 降低到 0.037 mol/L，滤液体积则减少了 16.7%。因此用回收 Na₂EDTA 溶液淋洗土壤，其去除率会因 Na₂EDTA 的损失而降低。

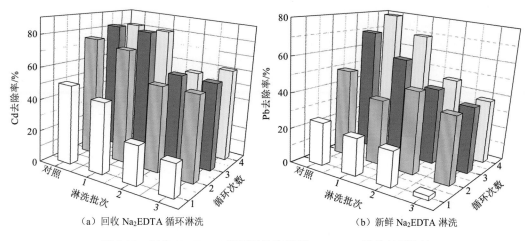

（a）回收 Na₂EDTA 循环淋洗　　　　　　　（b）新鲜 Na₂EDTA 淋洗

图 2.11　回收 Na₂EDTA 循环淋洗和新鲜 Na₂EDTA 淋洗效果比较

3. 淋洗液循环淋洗的成本效益分析

Na_2EDTA 是一种昂贵的重金属污染土壤修复剂，回收 Na_2EDTA 并循环利用能有效减低药剂成本。表 2.2 比较了新鲜 Na_2EDTA 和回收 Na_2EDTA 循环淋洗 1 批 4 次土壤所消耗药剂的成本。回收过程的成本包括 Na_2S 和调滤液 pH 所用的 $Ca(OH)_2$ 成本。在不回收情况下，每吨土壤消耗 Na_2EDTA 质量为 104.23 kg，按照工业级 Na_2EDTA 的市场价格 15 000 元/t，其成本为 1 562.00 元/t 土。而在回收情况下需要新鲜 Na_2EDTA 质量为 29.77 kg/t 土，成本为 446.69 元/t 土。淋洗一批土壤回收需加 Na_2S 6.06 kg/t 土，工业级 Na_2S 的市场价格为 1 800 元/t，成本为 10.91 元/t 土；调滤液 pH 需加 $Ca(OH)_2$ 3.7 kg/t 土，工业级 $Ca(OH)_2$ 市场价格为 400 元/t，成本为 1.5 元/t 土。在回收条件下，各试剂成本总共为 459.1 元/t。较新鲜 Na_2EDTA 淋洗节省了 70.6%。

表 2.2　新鲜 Na₂EDTA 和回收 Na₂EDTA 淋洗成本比较

试剂		质量/(kg/t 土)	价格/(元/t 试剂)	费用/(元/t 土)	总费用/元
新鲜 Na₂EDTA 淋洗		104.23	15 000	1 562.00	1 562
回收 Na₂EDTA 淋洗	Na₂EDTA	29.77	15 000	446.69	459.1
	Na₂S	6.06	1 800	10.91	
	Ca(OH)₂	3.70	400	1.50	

2.1.3　修复后土壤脱盐及理化性质的改良

土壤中钠离子含量能显著影响土壤的渗透能力，王雪等（2009）的研究表明，土壤的累积入渗量随土壤中 Na^+ 含量的增加而降低，这是因为土壤胶体吸附过高的交换性 Na^+ 会增大其水化度，胶体的电动点位和扩散双电层（diffused double layer）厚度都会增加，从而使土壤的分散度增加，导致土体的结构性变差，土壤水力传导系数降低。土壤中 Na^+ 含量过高也会对植物产生毒害作用，一方面盐碱土提供的高渗环境会妨碍植物根系对水分的吸收，从而使植物细胞"失水"死亡；另一方面，Na^+会破坏植物细胞内离子平衡并抑制其代谢过程，使植物的光合作用减弱并最终死亡。针对 Na_2EDTA 淋洗后土壤中 Na^+ 含量高的现象，需要进行脱盐，评估土壤质量变化（包括土壤中重金属的形态变化及各肥力指标的变化）。

1. 淋洗后土壤脱盐工艺

土壤脱盐的主要目的是降低土壤中水溶性和交换性钠含量。但是土壤中 Na 含量并不是越低越好，适当浓度的 Na 元素可以增大植物细胞的渗透势，提高植物吸水吸肥的能力；Na 元素可以提高细胞原生质的亲水性，植物吸收部分 Na 元素后，细胞内的电解质会增加，组成原生质的胶体发生膨胀，从而提高原生质体与水的亲和力，提高细胞的保水潜力，在一定程度上可以降低植物的蒸腾作用；可以促进细胞体积增大和细胞数目增多，使植物生长得更快，发育更好；调节叶片的气孔开闭及提高光合作用。植物缺 Na 会造成干重下降、叶绿素含量下降，所以往往表现出叶片失绿或坏死，甚至不能开花的症状。

1）土壤脱盐试剂选择

钙盐是最常用的土壤改良剂，Ca^{2+}能置换土壤中的 Na^+并使 Na^+随淋洗液淋洗出来。另外，铵盐也被证明能降低土壤中的水溶性和交换性钠，NH_4^+可以增加水在盐碱土中的流动性并通过水解作用置换土壤中的 Na^+。土壤中的碳酸钠（Na_2CO_3）和碳酸氢钠（$NaHCO_3$）通常不易被淋洗掉，需将其转化成易被淋洗的盐类。不同土壤改良剂对水溶性钠和交换性钠的去除效果见图 2.12。Na_2EDTA 淋洗后土壤中的水溶性钠和交换性钠含量都相当高，分别达到 1 402.4 mg/kg 和 1 357.5 mg/kg，远远高于原土中的 293.0 mg/kg 和 201.9 mg/kg。经过脱盐处理后土壤中水溶性钠和交换性钠都显著降低。总体而言，6 种脱盐试剂的去除效果顺序为：$(NH_4)_2HPO_4 > (NH_4)_2SO_4 > CaSO_4·2H_2O > NH_4AC > Ca(H_2PO_4)_2·H_2O > H_2O$。铵盐的去除效果普遍要优于钙盐，其中$(NH_4)_2HPO_4$ 去除效果最好，但是硫酸氢氨（$(NH_4)_2HPO_4$）价格较贵，是硫酸铵（$(NH_4)_2SO_4$）价格的几倍，而且$(NH_4)_2SO_4$ 是一种常用的农业氮肥可以补充土壤中的氮肥，采用$(NH_4)_2SO_4$ 作为后续脱盐试剂，其反应如下：

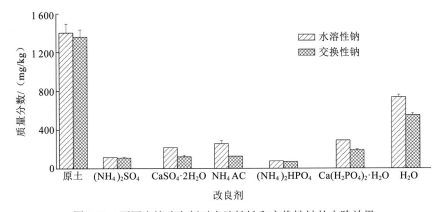

图 2.12　不同土壤改良剂对水溶性钠和交换性钠的去除效果

$$Na_2CO_3+(NH_4)_2SO_4 \longrightarrow (NH_4)_2CO_3+Na_2SO_4 \tag{2.1}$$

$$NaHCO_3+(NH_4)_2SO_4 \longrightarrow NH_4HCO_3+Na_2SO_4 \tag{2.2}$$

2）土壤脱盐条件优化

土壤脱盐效果主要受三个因子影响,即脱盐剂的浓度,淋洗过程中的水土比及对同一土壤的淋洗次数。不同浓度及水土比条件下$(NH_4)_2SO_4$的处理效果见图 2.13。当$(NH_4)_2SO_4$浓度从 0.01 mol/L 增加到 0.08 mol/L 时（L/S=3），土壤中水溶性钠和交换性钠的去除率分别从 67.77%和 88.62%增加到 92.87%和 95.00%。交换性钠的去除率高于水溶性钠去除率,这可能是因为土壤中交换性钠与 NH_4^+ 反应发生置换作用后转化成水溶性钠。继续增加$(NH_4)_2SO_4$ 浓度到 0.1 mol/L,Na^+的去除率并没有相应增加,因此 0.08 mol/L 可作为$(NH_4)_2SO_4$ 后续淋洗的最佳浓度。

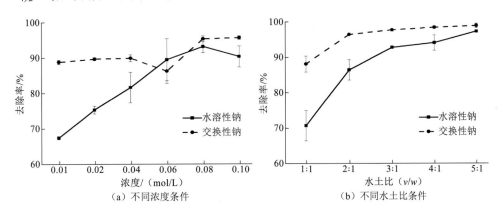

图 2.13　不同浓度及水土比条件下$(NH_4)_2SO_4$对水溶性钠和交换性钠的去除率

增加$(NH_4)_2SO_4$的水土比（浓度为 0.08 mol/L）,Na^+去除率也显著增加,水溶性钠去除率从 70.92%增加到 96.72%,交换性钠去除率从 87.84%增加到 98.3%。水土比从 1:1 增加到 3:1 时,水溶性钠和交换性钠去除效果增加显著,继续增加水土比,去除率只是略微上升,改良剂投加量和 Na^+的去除率并不成正比,而且土壤中 Na^+含量比不是越低越好,适当含量的 Na^+有助于植物的生长发育,采用 3:1 水土比淋洗后,土壤中水溶性钠和交换性钠质量分数分别为 112.2 mg/kg、38.96 mg/kg,适宜植物的生长发育。

3）土壤有效态 Cd、Pb 含量变化

表 2.3 比较了原土、回收 Na_2EDTA 循环淋洗 4 次及土壤脱盐后的土壤中有效态 Cd、Pb 含量的变化。经过 Na_2EDTA 循环淋洗后,土壤中有效态 Cd、Pb 含量都有大幅度的下降,有效态 Cd 质量分数降为 1.925 mg/kg,有效态 Pb 质量分数降为 28.07 mg/kg,其去除率分别达 83.85%和 68.11%。对淋洗后土壤进行脱盐处理,土壤中有效态 Cd、Pb 含量并无多大变化,有效态 Cd 质量分数为 1.965 mg/kg,较脱盐前基本无变化,有效态 Pb 质量分数降为 23.46 mg/kg,较淋洗后有效态 Pb 质量分数下降了 4.61 mg/kg。NH_4^+能和 Cd 形成配合物从而降低土壤对 Cd^{2+}的吸附（宋正国,2006）,土壤中有效态 Pb 含量下降可能

是因为淋洗后土壤中仍存在少量水溶态和交换态 Pb，在土壤脱盐过程中其被脱盐溶液冲洗下来。因此对淋洗后土壤进行脱盐处理，一方面可以减少 Na$^+$ 对土壤性质及植物的迫害作用，还可将土壤截留的易被提取的重金属冲洗下来，有效避免处理后土壤中重金属对地下水的潜在污染。

表 2.3 修复前后土壤中有效态重金属含量变化

土样	Cd		Pb	
	质量分数/（mg/kg）	去除率/%	质量分数/（mg/kg）	去除率/%
原土	11.72	—	88.04	—
淋洗后土壤	1.925	83.85	28.07	68.11
脱盐后土壤	1.965	83.23	23.46	73.35

2. 修复后 Cd、Pb 形态的变化

1）化学淋洗对 Cd、Pb 形态分布的影响

原土中 Cd 主要以碳酸盐结合态存在，铁锰氧化物结合态、残渣态与交换态含量也相当高，水溶态及有机结合态含量较低。这很好地解释了酸溶液淋洗土壤时，Cd 去除率较高的原因（表 2.4）。用新鲜 Na$_2$EDTA 淋洗后，除了水溶态 Cd，土壤中各种形态 Cd 含量均有下降。碳酸盐结合态 Cd 与交换态 Cd 含量大幅下降，分别从 14.44 mg/kg、3.82 mg/kg 降到 2.30 mg/kg、0.65 mg/kg，降幅均在 80% 以上。其次，铁锰氧化物结合态 Cd 以及残渣态 Cd 降幅也较为明显，分别从 6.61 mg/kg、4.83 mg/kg 降到 2.70 mg/kg、2.81 mg/kg。对于 Cd，Na$_2$EDTA 表现出较强的提取能力。水溶态 Cd 增加可能是因为其他形态的转化，最可能转化为水溶态的有交换态和碳酸盐结合态。用回收 Na$_2$EDTA 淋洗，淋洗 1 批中，土壤中各形态 Cd 洗出量同新鲜 Na$_2$EDTA 淋洗相差不大，说明经过 3 次回收后 Na$_2$EDTA 的萃取能力和新鲜 Na$_2$EDTA 萃取能力相差不大。淋洗 2、3 批中，各形态 Cd 含量的洗出量都略微降低，这可能是因为多次回收后溶液中有效 Na$_2$EDTA 含量降低，对 Cd 的螯合能力下降。

表 2.4 淋洗后土壤中 Cd 形态含量变化 （单位：mg/kg）

处理	水溶态	交换态	碳酸盐结合态	铁锰氧化物结合态	有机结合态	残渣态
原土	0.34	3.82	14.44	6.61	0.27	4.83
Na$_2$EDTA 淋洗 4 次	1.88	0.65	2.30	2.70	0.01	2.81
Na$_2$EDTA 循环淋洗 1 批	1.91	0.72	2.93	2.63	0.31	1.80
Na$_2$EDTA 循环淋洗 2 批	2.26	0.91	2.97	2.87	0.53	2.96
Na$_2$EDTA 循环淋洗 3 批	2.30	0.63	3.32	3.02	0.68	1.28

Pb 在原土中主要以铁锰氧化物结合态及残渣态存在，碳酸盐结合态 Pb 及有机结合态 Pb 含量也较高，水溶态 Pb 及交换态 Pb 含量相当低，说明土壤中 Pb 与土壤黏土矿物牢固

结合或与土壤形成了稳定的晶体结构（表 2.5）。经过新鲜 Na_2EDTA 淋洗后，土壤中铁锰氧化物结合态 Pb、有机结合态 Pb 及碳酸盐结合态 Pb 都大幅下降，分别从 209.86 mg/kg、86.70 mg/kg、87.02 mg/kg 降到 51.67 mg/kg、23.48 mg/kg、18.07 mg/kg。残渣态 Pb 也从 108.31 mg/kg 降到 84.00 mg/kg。说明淋洗过程中伴随着大量的 Fe/Mn 同时被萃取，最终导致铁锰氧化物结合态 Pb 的大量降低，同时，Na_2EDTA 溶液的低 pH 有利于提取碳酸盐结合态 Pb 和有机结合态 Pb。残渣态 Pb 含量的降低说明部分 Pb 可能伴随硅酸盐的分散作用而被萃取。Na_2EDTA 淋洗后土壤中水溶态 Pb 和交换态 Pb 含量都有增加。回收 Na_2EDTA 较新鲜 Na_2EDTA 对各形态 Pb 的萃取能力都有不同程度的降低。

表 2.5　淋洗后土壤中 Pb 形态质量分数变化　　　　　　（单位：mg/kg）

处理	水溶态	交换态	碳酸盐结合态	铁锰氧化物结合态	有机结合态	残渣态
原土	0.00	17.12	87.02	209.86	86.70	108.31
Na_2EDTA 淋洗 4 次	13.31	21.46	18.07	51.67	23.48	84.00
Na_2EDTA 循环淋洗 1 批	20.87	28.05	27.45	75.49	30.25	93.69
Na_2EDTA 循环淋洗 2 批	31.32	34.00	34.26	95.68	36.21	93.57
Na_2EDTA 循环淋洗 3 批	25.39	16.30	20.91	86.02	26.23	74.70

各批次回收 Na_2EDTA 及新鲜 Na_2EDTA 淋洗前后土壤中重金属形态的变化见图 2.14。Na_2EDTA 淋洗后，土壤中交换态 Cd、碳酸盐结合态 Cd 所占比例有所下降，新鲜 Na_2EDTA 淋洗后，土壤中碳酸盐结合态 Cd 占比从 47.64% 下降到 22.18%，降幅较为明显，交换态 Cd 占比从 12.60% 降到 6.33%。尽管土壤中铁锰氧化物结合态 Cd、残渣态 Cd 含量减少较多，其百分含量却有所增长。新鲜 Na_2EDTA 淋洗后，铁锰氧化物结合态 Cd、有机结合态

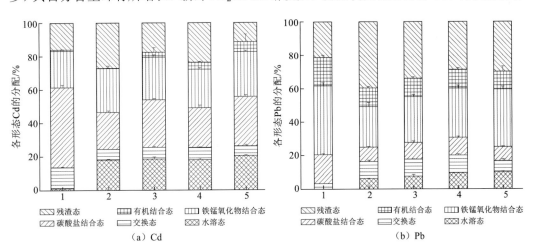

（a）Cd　　　　　　　　　　　　　　　（b）Pb

图 2.14　各批次回收 Na_2EDTA 及新鲜 Na_2EDTA 淋洗前后土壤中重金属形态的变化

1 为原土；2 为新鲜 Na_2EDTA 淋洗；3 为 Na_2EDTA 循环淋洗 1 批；

4 为 Na_2EDTA 循环淋洗 2 批；5 为 Na_2EDTA 循环淋洗 3 批

Cd 百分含量略有上升，分别从 21.80%、0.90%上升到 26.09%、0.14%，水溶态 Cd 及残渣态 Cd 百分含量明显增加，分别从 1.12%、15.96%增加到 18.12%，27.14%。这也间接说明土壤中残渣态 Cd、有机结合态 Cd 及铁锰氧化物结合态 Cd 较其他形态较难被提取。用回收 Na₂EDTA 淋洗土壤时，除残渣态 Cd 所占比例相差较大外，其余形态 Cd 的提取效率相差不大。

原土中 Pb 主要分布在铁锰氧化物结合态（41.23%）和残渣态（21.28%），碳酸盐结合态 Pb 及有机结合态 Pb 的百分含量也相当高，分别为 17.10%和 17.03%，交换态 Pb（93.36%）和水溶态 Pb（0%）只占很少一部分。用新鲜 Na₂EDTA 淋洗后，土壤中铁锰氧化物结合态 Pb、碳酸盐结合态 Pb 及有机结合态 Pb 的百分含量都降低，三种形态 Pb 质量分数分别从 209.86 mg/kg、87.02 mg/kg、86.70 mg/kg 降低到 51.67 mg/kg、18.07 mg/kg、23.48 mg/kg，其百分含量却只降低了 16.86%、8.58%、5.96%。说明淋洗过程中这三种形态重金属都有转化成其他形态。残渣态 Pb 实际含量降低但其百分含量却升高了，残渣态是最稳定的形态，相对其他形态其最难被提取，因此其相对提取率较低。水溶态 Pb 和交换态 Pb 含量升高说明 Na₂EDTA 淋洗后，土壤中部分重金属被活化变成易提取形态，该部分重金属不够稳定，当土壤酸化或外界条件改变时，容易被冲洗出来。回收 Na₂EDTA 淋洗后土壤中各形态重金属 Pb 含量百分比同新鲜 Na₂EDTA 相比区别并不大，说明回收 Na₂EDTA 同样具有较强的螯合能力。

2）土壤脱盐对 Cd、Pb 形态分布的影响

脱盐处理后土壤中交换态 Cd、碳酸盐结合态 Cd 和铁锰氧化物结合态 Cd 的含量和百分含量基本没变化，水溶态 Cd 和残渣态 Cd 含量变化明显，水溶态质量分数从 2.12 mg/kg 降低到 0.43 mg/kg（表 2.6）。土壤中水溶态 Pb 质量分数从 18.49 mg/kg 降低到检出限以下，交换态 Pb 和碳酸盐结合态 Pb 含量也部分下降，铁锰氧化物结合态 Pb 和残渣态 Pb 质量分数则分别从 77.67 mg/kg、93.88 mg/kg 上升到 83.75 mg/kg、113.11 mg/kg（表 2.7）。土壤脱盐后形态变化表明脱盐更有利于土壤中重金属的稳定。土壤中残渣态含量上升，这可能是淋洗过程中土壤的 Eh 升高，从而促进了 Cd 的共沉淀作用。但是值得注意的是，(NH₄)₂SO₄ 淋洗后土壤中总 Cd 含量基本没变，总 Cd 质量分数从 10.95 mg/kg 降低到 10.31 mg/kg，只有 0.64 mg/kg 的降幅。

表 2.6 土壤脱盐前后 Cd 形态变化

形态		原土	化学淋洗后	土壤脱盐后
水溶态	C_w/（mg/kg）	0.34	2.12	0.43
	‰w/%	1.12	19.36	4.17
交换态	C_w/（mg/kg）	3.82	0.78	0.64
	‰w/%	12.60	7.12	6.21
碳酸盐结合态	C_w/（mg/kg）	14.44	3.03	2.77
	‰w/%	47.64	27.67	26.87

续表

形态		原土	化学淋洗后	土壤脱盐后
铁锰氧化物结合态	C_w/（mg/kg）	6.61	2.70	2.56
	‰$_w$/%	21.80	24.66	24.83
有机结合态	C_w/（mg/kg）	0.27	0.41	0.04
	‰$_w$/%	0.90	3.74	0.39
残渣态	C_w/（mg/kg）	4.83	1.91	3.87
	‰$_w$/%	15.95	17.44	37.55

注：C_w 为土壤中 Cd 各形态质量分数；‰$_w$ 为土壤中 Cd 各形态百分含量

表 2.7　土壤脱盐前后 Pb 形态变化

形态		原土	化学淋洗后	土壤脱盐后
水溶态	C_w/（mg/kg）	0.00	18.49	0.00
	‰$_w$/%	0.00	6.61	0.00
交换态	C_w/（mg/kg）	17.12	27.74	16.64
	‰$_w$/%	3.36	9.91	6.31
碳酸盐结合态	C_w/（mg/kg）	87.02	26.56	20.87
	‰$_w$/%	17.10	9.49	7.92
铁锰氧化物结合态	C_w/（mg/kg）	209.86	77.67	83.75
	‰$_w$/%	41.23	27.76	31.76
有机结合态	C_w/（mg/kg）	86.70	35.44	29.26
	‰$_w$/%	17.03	12.67	11.10
残渣态	C_w/（mg/kg）	108.31	93.88	113.11
	‰$_w$/%	21.28	33.55	42.90

注：C_w 为土壤中 Pb 各形态质量分数；‰$_w$ 为土壤中 Pb 各形态百分含量

3. 修复后土壤主要养分变化

1）土壤有机质及 pH 变化

土壤有机质主要由土壤中一系列结构和组成不均一碳氮有机化合物组成，动植物和微生物残体及施入的有机肥等是其主要来源。土壤有机质能有效改善土壤的物理性质，提供土壤养分等。有机质可以通过促进土壤团聚体构成来改善土壤的可耕性和透水性。土壤有机质是土壤中各速效养分的重要来源，有机质的矿化能释放易被植物吸收的氮、磷、硫等微量元素。有机质的吸水能力很强，可以增加土壤的抗水蚀和风蚀能力。有机质含量降低会对土壤养分、可耕性、透气性等造成不良影响，从而使土壤质量下降。

pH 是土壤最重要的化学性质，是土壤化学性质的综合反映。其主要是通过三种途径对土壤中重金属的转化和存在形态产生影响：①通过改变土壤表面的电荷性质而影响土壤对重金属吸附和解吸作用，随着 pH 的增大，土壤对 Cd、Pb 的吸附量增大；②通过影响重金属的沉淀和溶解平衡促进重金属的释放；③通过影响土壤中有机质的溶解度间接影响重金属的存在形态。土壤 pH 与土壤中微生物的活动、营养元素的释放与转化、有机质的合成与分解及土壤养分的保持能力都有关系。我国土壤酸碱度主要分为 5 级：pH 小于 5 为强酸性土壤，pH 在 5.0～6.5 为酸性土壤，pH 在 6.5～7.5 为中性土壤，pH 在 7.5～8.5 为碱性土壤，pH 大于 8.5 为强碱性土壤。大多数植物在 pH 大于 9 或小于 2.5 时都难以生长。

修复前后土壤中有机质及 pH 的变化如表 2.8 所示。用回收 Na_2EDTA 循环淋洗后，土壤 pH 提高超过 1 个单位，达到 8.63，显然该 pH 条件不利于植物的生长。用 $(NH_4)_2SO_4$ 淋洗后土壤 pH 从 8.63 降为 7.81，土壤从强碱性转变为弱碱性，其 pH 降低的原因是施入铵态氮肥后，土壤中 NH_4^+ 含量迅速增加，并将在土壤中发生硝化作用释放 H^+ 离子，短期内使 pH 明显减小。同时，在脱盐处理后的土壤中种植植物也可能吸收 NH_4^+，根系分泌 H^+ 从而使根系周围土壤酸化，土壤 pH 减小。原土中有机质百分含量为 1.68%，经过 Na_2EDTA 循环淋洗后其有机质百分含量增加到 1.95%，这是因为 Na_2EDTA 中含有大量碳元素，淋洗过程中土壤会吸附一部分 Na_2EDTA 使土壤中有机碳含量增加，从而使有机质含量增加。对土壤进行脱盐处理后土壤中有机质会有部分流失，其百分含量降为 1.59%。西北地区土壤有机质百分含量通常在 0.7%～1.5%，以此为标准，脱盐处理后土壤中有机质足以保证正常的农业生产。

表 2.8　修复前后土壤中有机质及 pH 的变化

土样	pH	土壤有机质百分含量/%
原土	7.31	1.68
淋洗后土壤	8.63	1.95
脱盐后土壤	7.81	1.59

2）土壤氮素变化

土壤速效氮是指可被植物直接吸收利用的含氮物质，因此一般用来衡量土壤肥力的高低，交换性 NH_4^+、溶液中的 NO_3^- 和 NH_4^+ 最易被植物吸收，具有重要的农学意义。通常速效氮质量分数大于 120 mg/kg 即为肥力较高土壤，介于 60～120 mg/kg 为中等肥力土壤，低于 60 mg/kg 为肥力低下土壤。土壤中增施氮肥，其含氮量必然会增加，如表 2.9 所示，原土中土壤全氮百分含量为 0.153 5%，水解性氮质量分数为 72.04 mg/kg，属于较肥沃的土壤，远远高于黄土高原平均含氮量，这可能与当地农民的施肥量有关。Na_2EDTA 淋洗对土壤基质具有冲刷作用，淋洗后土壤中全氮含量显著降低，为原土含量的 40%，水解性氮质量分数也从 72.04 mg/kg 降为 58.13 mg/kg，降幅较全氮小，这可能是因为部分非水解性氮转换成水解性氮。用 $(NH_4)_2SO_4$ 淋洗土壤中全氮和水解性氮都显著增加，全氮百分含量从 0.061 4% 增加到 1.382%，水解性氮质量分数从 58.13 mg/kg 增加到 1 069.64 mg/kg。较高的氮素含量往往被称为土壤肥沃程度的重要标志，一般认为肥沃水稻土的全氮质量分数为 1.3～2.3 g/kg，修复后土壤较为肥沃，利于植物生长。

表 2.9　修复前后土壤中氮素含量

土样	土壤全氮百分含量/%	土壤水解氮质量分数/（mg/kg）
原土	0.153 5	72.04
淋洗后土壤	0.061 4	58.13
脱盐后土壤	1.382 0	1 069.64

3）土壤速效钾及速效磷变化

原土中速效钾质量分数为 244.15 mg/kg，属于较肥沃土壤，用回收 Na_2EDTA 淋洗后，其速效钾含量略微下降，变为 223.29 mg/kg（表 2.10），说明物理冲刷对土壤中速效钾含量并无明显影响。但是用$(NH_4)_2SO_4$淋洗脱盐后，土壤中速效钾含量显著下降，由淋洗前的 223.29 mg/kg 降为 42.70 mg/kg，降幅达 80.87%，这是因为土壤对 NH_4^+ 和 K^+ 具有相同的吸附效应，当用大量铵态氮肥淋洗土壤时，土壤中 K^+ 被大量置换并随淋洗剂被冲刷下来，淋洗后土壤中速效钾含量丰度较低，需考虑补充钾肥。

表 2.10　修复前后土壤中速效钾和速效磷含量

土样	速效钾质量分数/（mg/kg）	速效磷质量分数/（mg/kg）
原土	244.15	2.86
淋洗后土壤	223.29	6.91
脱盐后土壤	42.70	5.77

我国土壤中速效磷等级分布为:小于 5 mg/kg 为低,5～15 mg/kg 为中等,大于 15 mg/kg 为高。从表 2.10 可以看出，原土中磷质量分数只有 2.86 mg/kg，属于较贫瘠土壤，用回收 Na_2EDTA 淋洗后，速效磷质量分数增加至 6.91 mg/kg，提高了 1.4 倍。土壤中速效磷含量增加可能是因为 Na_2EDTA 强螯合能力使部分磷酸盐矿物溶解，稳定形态的磷素被释放出来变成速效磷。用$(NH_4)_2SO_4$淋洗脱盐后，速效磷质量分数又开始下降，降为 5.77 mg/kg，这可能是部分溶解在土壤液相中的磷素被淋洗液冲洗出来。修复后土壤中有效磷含量为中等水平，其有效磷含量约为原土的 2 倍，适于植物的生长繁殖。

2.2　铅锌冶炼废渣堆场土壤产酸微生物淋洗修复

长期生活在极端环境（比如有毒、高盐、高碱）中的微生物，为适应其恶劣的环境，在形态和生理方面常产生一些变异以对抗不利的因素，即对恶劣环境的抗逆性。根据微生物的抗逆性和重金属胁迫机制，在重金属污染严重的地方，比如皮革制造、电镀及合金等行业的污水排放处及冶炼废渣堆场的土壤中，常常生存着一些能耐受高浓度重金属毒性的微生物，其中有的耐受菌不但可以在重金属存在的环境中生存,还可以分泌有机酸等小分子有机物与重金属螯合或溶解浸出土壤中重金属。利用产酸菌来浸出重金属修复污染土壤是一种快速、高效、廉价和环保的治理技术。

2.2.1 产酸微生物的分离筛选及生长特性

1. 重金属抗性菌株的分离筛选

1) 重金属抗性菌株的形态

从铅锌冶炼废渣堆场分离筛选出 6 株重金属耐受菌，6 株菌的菌落形态特征见图 2.15 和表 2.11，其中 2# 和 3# 菌的菌落表面光滑湿润，无毛；4# 菌的菌落颜色呈白色，菌落表面粗糙，有毛。

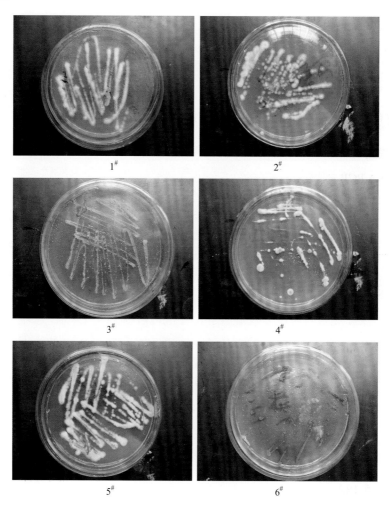

图 2.15　重金属耐受菌菌落形态

表 2.11　菌落形态特征

菌落编号	颜色	表面湿润程度	形态
1#	白色	菌落表面干燥	菌落表面粗糙，有毛
2#	米白色	菌落表面湿润	菌落表面光滑，无毛
3#	米黄色	菌落表面湿润	菌落表面光滑，无毛

续表

菌落编号	颜色	表面湿润程度	形态
4#	白色	菌落表面干燥	菌落表面粗糙,有毛
5#	白色	菌落表面干燥	菌落表面粗糙,有毛
6#	深咖啡色	菌落表面干燥	菌落表面粗糙,有毛

2) 重金属抗性菌株的生理特性

由于有机酸的产生可以导致培养基 pH 的降低,可通过培养基 pH 来初步判断微生物在代谢过程中是否产生了有机酸。6 株菌中,只有 4# 菌能明显将培养基的 pH 降低(图 2.16、表 2.11),第 1 天培养基初始 pH 为 6.7,第 3 天降到 4.87,第 5 天降到 4.03,第 7 天、第 9 天和第 11 天 pH 依次为 2.85、3.07 和 3.17。其余 5 株菌只能将培养基 pH 从最初的 6.7 降低到 5.0～6.0。由此可以认为 4# 菌为产酸菌,可用于浸出修复重金属污染土壤。

2. 产酸菌菌种鉴定

1) 产酸菌 18S rDNA 和 ITS 聚合酶链式反应

18S rDNA PCR 扩增产物的条带大小在 1 200～2 000 bp,ITS PCR 扩增产物的条带大小在 500～800 bp(图 2.17),经测序产酸菌 4# 菌的 18S rDNA 序列的长度为 1 566 bp,ITS 序列的长度为 559 bp,这表明该扩增产物是目的 DNA 片段。

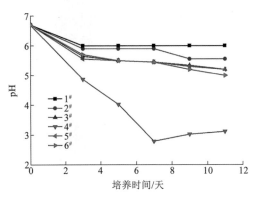

图 2.16　重金属耐受菌培养基 pH 的变化

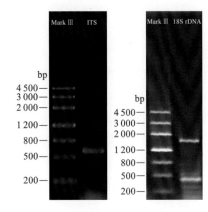

图 2.17　PCR 扩增后 ITS 和 18S rDNA 电泳图

2) 产酸菌 18S rDNA 和 ITS 测序

18S rDNA 的序列:扩增鉴定产酸菌的 18S rDNA 基因,并对其进行序列的测定,序列长度为 1 566 bp,结果为

```
1    TGTCTCAGATTAGCCATGCATGTCTAAGTATAAGCAACTTGTACTGTGAA
51   ACTGCGAATGGCTCATTAAATCAGTTATCGTTTATTTGATAGTACCTTAC
101  TACATGGATACCTGTGGTAATTCTAGAGCTAATACATGCTAAAAACCCCG
151  ACTTCAGGAAGGGGGTGTATTTATTAGATAAAAAACCAACGCCCTTCGGGG
```

201 CTCCTTGGTGAATCATAATAACTTAACGAATCGCATGGCCTTGCGCCGGC

251 GATGGTTCATTCAAATTTCTGCCCTATCAACTTTCGATGGTAGGATAGTG

301 GCCTACCATGGTGGCAACGGGTAACGGGGAATTAGGGTTCGATTCCGGAGAG

351 GGAGCCTGAGAAACGGCTACCACATCCAAGGAAGGCAGCAGGCGCGCAAA

401 TTACCCAATCCCGATACGGGGAGGTAGTGACAATAAATACTGATACGGGG

451 CTCTTTTGGGTCTCGTAATTGGAATGAGAACAATTTAAATCCCTTAACGA

501 GGAACAATTGGAGGGCAAGTCTGGTGCCAGCAGCCGCGGTAATTCCAGCT

551 CCAATAGCGTATATTAAAGTTGTTGCAGTTAAAAAGCTCGTAGTTGAACC

601 TTGGGTCTGGCTGGCCGGTCCGCCTCACCGCGAGTACTGGTCCGGCTGGA

651 CCTTTCCTTCTGGGGAACCTCATGGCCTTCACTGGCTGTGGGGGGAACCA

701 GGACTTTTACTGTGAAAAAATTAGAGTGTTCAAAGCAGGCCTTTGCTCGA

751 ATACATTAGCATGGAATAATAGAATAGGACGTGTGGTTCTATTTTGTTGG

801 TTTCTAGGACCGCCGTAATGATTAATAGGGATAGTCGGGGGCGTCAGTAT

851 TCAGCTGTCAGAGGTGAAATTCTTGGATTTGCTGAAGACTAACTACTGCG

901 AAAGCATTCGCCAAGGATGTTTTCATTAATCAGGGAACGAAAGTTAGGGG

951 ATCGAAGACGATCAGATACCGTCGTAGTCTTAACCATAAACTATGCCGAC

1001 TAGGGATCGGACGGGATTCTATAATGACCCGTTCGGCACCTTACGAGAAA

1051 TCAAAGTTTTTGGGTTCTGGGGGGAGTATGGTCGCAAGGCTGAAACTTAA

1101 AGAAATTGACGGAAGGGCACCACAAGGCGTGGAGCCTGCGGCTTAATTTG

1151 ACTCAACACGGGGAAACTCACCAGGTCCAGACAAAATAAGGATTGACAGA

1201 TTGAGAGCTCTTTCTTGATCTTTTGGATGGTGGTGCATGGCCGTTCTTAG

1251 TTGGTGGAGTGATTTGTCTGCTTAATTGCGATAACGAACGAGACCTCGGC

1301 CCTTAAATAGCCCGGTCCGCATTTGCGGGCCGCTGGCTTCTTAGGGGGAC

1351 TATCGGCTCAAGCCGATGGAAGTGCGCGGCAATAACAGGTCTGTGATGCC

1401 CTTAGATGTTCTGGGCCGCACGCGCGCTACACTGACAGGGCCAGCGAGTA

1451 CATCACCTTAACCGAGAGGTTTGGGTAATCTTGTTAAACCCTGTCGTGCT

1501 GGGGATAGAGCATTGCAATTATTGCTCTTCAACGAGGAATGCCTAGTAGG

1551 CACGAGTCATCAGCT

ITS4 的序列：扩增鉴定产酸菌的 ITS4 基因，并对其进行序列的测定，序列长度为 559 bp，结果为

1 ATCGAGGTCACCTGGATAAAAATTTGGGTTGATCGGCAAGCGCCGGCCGG

51 GCCTACAGAGCGGGTGACAAAGCCCCATACGCTCGAGGACCGGACGCGGT

101 GCCGCCGCTGCCTTTCGGGCCCGTCCCCCGGGATCGGAGGACGGGGCCCA

151 ACACACAAGCCGTGCTTGAGGGCAGAAATGACGCTCGGACAGGCATGCCC

201 CCCGGAATACCAGGGGGCGCAATGTGCGTTCAAAGACTCGATGATTCACT

251 GAATTTGCAATTCACATTACGTATCGCATTTCGCTGCGTTCTTCATCGAT

301 GCCGGAACCAAGAGATCCGTTGTTGAAAGTTTTAAATAATTTATATTTTC

351 ACTCAGACTACAATCTTCAGACAGAGTTCGAGGGTGTCTTCGGCGGGCGC

401 GGGCCCGGGGGCGTAAGCCCCCCGGCGGCCAGTTAAGGCGGGCCCGCCGA

451 AGCAACAAGGTAAAATAAACACGGGTGGGAGGTTGGACCCAGAGGGCCCT

501 CACTCGGTAATGATCCTTCCGCAGGTTCACCTACGGAAACCTTGTTACTT

551 TTACTTCCC

ITS5 序列:扩增鉴定产酸菌的 ITS5 基因,并对其进行序列的测定,序列长度为 559 bp,结果为

1 TTACCGAGTGAGGGCCCTCTGGGTCCAACCTCCCACCCGTGTTTATTTTA

51 CCTTGTTGCTTCGGCGGGCCCGCCTTAACTGGCCGCCGGGGGGCTTACGC

101 CCCCGGGCCCGCGCCCGCCGAAGACACCCTCGAACTCTGTCTGAAGATTG

151 TAGTCTGAGTGAAAATATAAATTATTTAAAACTTTCAACAACGGATCTCT

201 TGGTTCCGGCATCGATGAAGAACGCAGCGAAATGCGATACGTAATGTGAA

251 TTGCAAATTCAGTGAATCATCGAGTCTTTGAACGCACATTGCGCCCCTG

301 GTATTCCGGGGGGCATGCCTGTCCGAGCGTCATTTCTGCCCTCAAGCACG

351 GCTTGTGTGTTGGGCCCCGTCCTCCGATCCCGGGGGACGGGCCCGAAAGG

401 CAGCGGCGGCACCGCGTCCGGTCCTCGAGCGTATGGGGCTTTGTCACCCG

451 CTCTGTAGGCCCGGCCGGCGCTTGCCGATCAACCCAAATTTTTATCCAGG

501 TTGACCTCGGATCAGGTAGGGATACCCGCTGAACTTAACCATATCAATAA

551 TCGGAGGAA

3) 产酸菌序列比对

将 4#菌的 18S rDNA、ITS4 和 ITS5 序列提交到 Genbank(http://www.ncbi.nlm. nih.gov/)数据库中,利用 BLAST 软件与 Genbank 数据库中已知菌株的 18S rDNA、ITS4 和 ITS5 序列进行比对。

18S rDNA 比对序列长度为 1 566 个碱基对,比对结果见表 2.12,4#菌 18S rDNA 基因序列与 *Penicillium camemberti* strain ATCC10387、*Penicillium chrysogenum* strainATCC 10002、*Penicillium commune* strainMA09-AL、*Penicillium glabrum* isolatePenA、*Penicillium*

表 2.12　4#菌的 18S rDNA 基因序列同 Genbank 数据库中其他相应序列的同源性

菌株	登记号	长度/bp	相似性/%
Penicillium camemberti strain ATCC 10387	GQ458039.1	1 566	100
Penicillium chrysogenum strain ATCC 10002	GQ458038.1	1 566	100
Penicillium commune strain MA09-AL	GQ458026.1	1 566	100
Penicillium glabrum isolate PenA	FJ717698.1	1 566	100
Penicillium griseofulvum strain 3.5190	EF608151.1	1 566	100
Penicillium sp. CCRBC4.1-S3	DQ304714.1	1 566	100
Penicillium expansum	AB028137.1	1 566	100

griseofulvum strain3.5190、*Penicillium* sp.CCRBC4.1-S3 和 *Penicillium expansum* 的相似度均为 100%，因此，该产酸菌是青霉属（*Penicillium*）菌株。

ITS4 比对序列长度为 559 个碱基对，比对结果见表 2.13，与 *Penicillium* sp.F6、*Penicillium dipodomyicola* strain ACBF 002-3、*Penicillium* sp.Z-2-20、*Penicillium* sp.MX9、*Penicillium chrysogenum* strain P11.7、*Penicillium* sp.BF14 和 *Penicillium* sp.Psf-2 的相似度为 99%。

表 2.13　4#菌 ITS4 基因序列同 Genbank 数据库中其他相应序列的同源性

菌株	登记号	长度/bp	相似度/%
Penicillium sp. F6	GU566250.1	559	99
Penicillium dipodomyicola strain ACBF 002-3	GQ161752.1	559	99
Penicillium sp. Z-2-20	FJ872070.1	559	99
Penicillium sp. MX9	FJ176474.1	559	99
Penicillium chrysogenum strain P11.7	EU833212.1	559	99
Penicillium sp. BF14	AM901677.1	559	99
Penicillium sp. Psf-2	EF660439.1	559	99

ITS5 序列与 Genbank 数据库中其他菌株的比对结果见表 2.14，ITS5 比对序列长度为 559 个碱基对，与菌 *Penicillium* sp.J-18、*Penicillium chrysogenum* strain ATCC 11709、*Penicillium* sp.2557 和 *Penicillium* sp.Psf-2 的相似度为 100%。在 18S rDNA 序列比对基础上，综合分析 ITS4 和 ITS5 两种序列的比对结果，最后确定 4#产酸菌为产黄青霉（*Penicillium chrysogenum*），命名为 F1。

表 2.14　使用 BLAST 得到 4#菌的 ITS5 基因序列同 Genbank 数据库中其他相应序列的同源性

菌株	登记号	长度/bp	相似度/%
Penicillium sp. J-18	HM535390.1	559	100
Penicillium chrysogenum strain ATCC 11709	HQ026731.1	559	100
Uncultured fungus clone	GQ999347.1	559	100
Uncultured fungus clone	GQ999156.1	559	100
Penicillium sp. 2557	FJ008995.1	559	100
Penicillium sp. 121	FJ228200.1	559	100

4）产酸菌株形貌

产酸菌 F1 在光学显微镜下观察到菌丝体具有帚状枝（图 2.18），分生孢子梗表面光滑，长 150～350 μm，宽 3～3.5 μm，顶端稍膨大，有 2～3 个分枝，帚状枝不对称，有长短不等的副枝，其上长出梗基和小梗。小梗 4～6 个轮生，其上产生分生孢子链，分生孢子链稍叉开而成疏松的柱状。分生孢子椭圆形，表面光滑，此形态与青霉菌在光学显微镜下的形态完全一致（邓新辉，2013）。

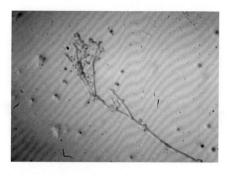

图 2.18　光学显微镜下产黄青霉菌 F1 形态（20×20）

5）产酸菌株系统发育树

基于产黄青霉 ITS5 序列，根据测定的产黄青霉 ITS5 序列，由计算机排序，使各分子的序列同源位点一一对应，进行细菌遗传距离的计算，然后计算相似性或进化距离。在此基础上，使用 MEGA2.1 中的 Neighbor Joining 法绘制系统发育进化树。图 2.19 是根据产黄青霉 ITS5 序列与相关属种 ITS5 序列构建的系统无根发育树。由图 2.19 可知，4#菌与 *Penicillium* sp.FJ228200.1 位于同一分枝上，进一步证实 4#菌为青霉属菌株。

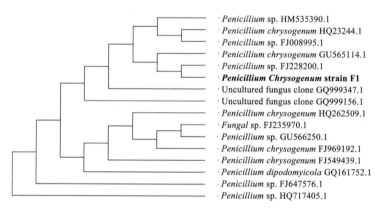

图 2.19　产黄青霉菌 F1 的系统发育树（来自 ITS5）

3. 产黄青霉菌 F1 生长的影响因素

1）pH

各种微生物都有其生长的最低、最适和最高 pH，即微生物生长 pH 的三个基点。当培养基 pH 低于最低或超过最高微生物生长 pH 时，微生物生长受抑制或导致死亡。不同的微生物最适生长的 pH 不同，根据微生物生长的最适 pH，将微生物分为三类：一类为嗜碱微生物，如硝化细菌、尿素分解菌、多数放线菌和耐碱微生物如许多链霉菌；二类是中性微生物，如绝大多数细菌，一部分真菌；三类是嗜酸微生物，如硫杆菌属和耐酸微生物（如乳酸杆菌、醋酸杆菌等）。同一种微生物在不同的生长阶段和不同生理生化过程中，对环境 pH 要求不同。虽然微生物生活的环境 pH 范围较宽，但是其细胞内的 pH 却相当稳定，一般都接近中性。细胞内 pH 维持在中性范围内，能够保持细胞内各种生物活性分子的结构稳定和细胞内酶所需要的最适 pH。微生物胞内酶的最适 pH 一般为中性，胞外酶的最适 pH 接近环境 pH。微生物的生长 pH 范围极广，从 pH 小于 2.0 到大于 8.0 都有微生物能生长。

产黄青霉菌 F1 在不同 pH 培养基中的生长速率不同（图 2.20），当培养基 pH 在 5.0～11.0 时，产黄青霉菌 F1 的生长规律一致，即均呈现先快速后慢速生长的规律。而随着培养基 pH 的升高，产黄青霉菌 F1 的生长速率呈降低趋势，即 pH 5.0>pH 7.0>pH 9.0>pH 11.0，当 pH=5.0 时，产黄青霉菌 F1 的生长速率最大，当 pH=11.0 时，产黄青霉菌 F1 的生长速率最小，与 pH=5.0 时产黄青霉菌 F1 的生长速率相比，pH=11.0 时产黄青霉菌 F1 的生长速率减小了 25%～30%。产黄青霉菌 F1 在中性偏酸性环境中生长良好，碱性环境中的生长受到影响。

在培养基中添加土壤浸出期间，培养基 pH 呈现先降低后升高的趋势（图 2.21），以第 20 天为分界，在 20 天之前，培养基 pH 降低，在 20 天之后，培养基 pH 呈升高趋势。对照样培养基 pH 变化幅度较大，在培养的第 5 天，从最初的 6.7 降低至 2.7 左右，随后缓慢上升，在第 20 天达到 5.3 左右，之后 pH 维持在 5.3～5.5，添加土壤的培养基 pH 的降低程度小于未添加土壤培养基 pH 的降低程度，且随着土液比的增大，培养基 pH 呈升高趋势。在浸出初期，由于产黄青霉菌 F1 代谢产生的有机酸导致了培养基 pH 的降低，有机酸的产生使土壤中的重金属溶解或螯合，引起培养基 pH 的升高，从而使得培养基 pH 呈现先降低后升高的趋势，由于土壤 pH 及土壤成分溶解的影响，随着土液比的增大，培养基 pH 呈升高趋势。

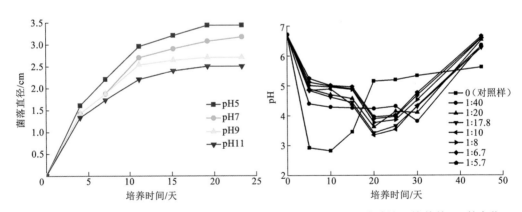

图 2.20　不同 pH 下产黄青霉菌 F1 的生长速率对比　　图 2.21　不同土液比下培养基 pH 的变化

环境 pH 对微生物生长的影响主要体现在三个方面：一是通过影响膜表面电荷的性质及膜的通透性，进而影响对物质的吸收能力；二是可以改变酶活、酶促反应的速率及代谢途径，如酵母菌在 pH 4.5～5.0 产乙醇，在 pH 6.5 以上产甘油和酸；三是影响培养基中营养物质的离子化程度，从而影响营养物质吸收，或有毒物质的毒性。真菌生长的最适 pH 范围是中性偏酸性，当产黄青霉菌 F1 培养在碱性环境下，高的 pH 影响了产黄青霉菌 F1 酶的活性，导致在碱性条件下产黄青霉菌 F1 的生长速率下降。

2）重金属

真菌在重金属胁迫下的生长可分为 5 个时期：滞后期、快速生长期、缓慢生长期、相似生长期和绝对生长期（Anahida et al., 2011）。滞后期是指接种后很短时间内没有生长或生长速度非常慢，快速生长期是滞后期之后菌株生长速度猛增，当菌株的生长达到一定速度后开始下降进入缓慢生长期，当实验样（培养基中含重金属）和对照样（培养基中不含重金属）中菌株的生长速率相等时称为相似生长期，最后是实验样生长速率高于对照样的绝对生长期。有学者研究了重金属 Cd、Cu、Pb、Mn、Ni 和 Co 对真菌 *Phanerochaete chrysosporium* 生长的影响，发现随着重金属浓度的增加，*Phanerochaete chrysosporium* 的生长速率下降了，当各重金属质量浓度为 200 μg/mL 和 300 μg/mL 时，含 Cd 培养基中 *Phanerochaete chrysosporium* 的生物量与对照样相比下降了 45%，含 Cu 培养基中下降了30%，含 Pb 培养基中下降了 60%，含 Mn 培养基中下降了 46%，含 Ni 培养基中下降了 37%，含 Co 培养基中下降了 28%；当各重金属质量浓度为 400 μg/mL，含 Cd、Cu、Pb、Mn、Ni 和 Co 培养基中 *Phanerochaete chrysosporium* 的生物量与对照样相比分别下降了 67%、65%、70%、73%、82%和69%（Abdullah, 1997）。

抗性指数是指含重金属培养基中微生物的生长速率与同时期对照样中（不含重金属）微生物的生长速率之比，该指数可以用来衡量重金属毒性对微生物生长的影响程度，同时也可反映出微生物对相应重金属的耐受程度。重金属对产黄青霉菌 F1 的毒性也可以通过抗性指数反映出来。产黄青霉菌 F1 的抗性指数随培养基中重金属浓度增大而减小（图 2.22），当土液比为 1:20 时，抗性指数最大，当土液比为 1:8 时，产黄青霉菌 F1 的生长产生了瓶颈效应，因此当土液比为 1:8 时产黄青霉菌 F1 不能生长。同时，产黄青霉菌 F1 的生长滞后期随着重金属浓度的增大而延长，当土液比分别为 1:20 和 1:13.3 时的生长滞后期为 1 天，当土液比为 1:10 时的生长滞后期为 3 天。在快速生长期，随着重金属浓度的增大，产黄青霉菌 F1 的抗性指数从 0.6 降到 0.03，而在相似生长期，产黄青霉菌

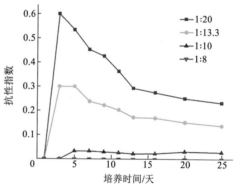

图 2.22　不同浓度重金属胁迫下产黄青霉菌 F1 的抗性指数

F1 的抗性指数从 0.27 降到了 0.02。因此，重金属对产黄青霉菌 F1 的生长产生了毒性效应。

3）土液比

异养型真菌的生长受土壤有机质、动植物残体及固体废弃物等多方面因素的影响，如土壤被重金属污染，那么生活在此环境中的真菌既受到土壤中有机质的影响，还将受到重金属的影响（Valix, 2001），生活在被重金属污染土壤中的真菌生物量的大小能反映土壤重金属的毒性大小（Abdullah, 1997）。当土液比在 1:20～1:5.7 时，产黄青霉菌 F1 的生物量大于未添加土壤时的生物量，当土液比为 1:5 时，产黄青霉菌 F1 不能生长，因此，产黄青霉菌 F1 能耐受的最大土液比为 1:5.7（图 2.23）。土壤中的有机质为产黄青霉菌 F1 的生长提供了营养，促进了产黄青霉菌 F1 的生长。

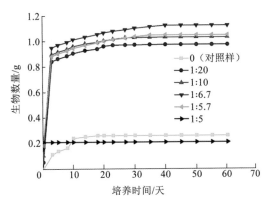

图 2.23　不同土液比下产黄青霉菌 F1 的生物量

4. 产黄青霉菌 F1 生长与 SGompertz 增长模型拟合

Chetan 等（1998）用一个简单的非结构性模型描述了连续培养过程中产黄青霉的动态生长，采用非线性回归统计方法，用高斯方程的完整形式描述了产黄青霉生长的动力学参数，取得了很好的效果，并且用已有数据对模型进行了论证，效果良好。常用于描述某些植物生长或经济活动规律的三参数 S 形模型有 SGompertz 模型和 Logistic 模型两种，它们的相同点在于其增长率都大于零，都有唯一的拐点和一条水平渐近线，它们的形态与参数都有着类似的密切关系。重金属的毒性效应可以从产黄青霉菌 F1 的生长速率与 SGompertz 生长模型的拟合程度反映出来（图 2.24）。当土液比在 0～1:13.3，产黄青霉菌

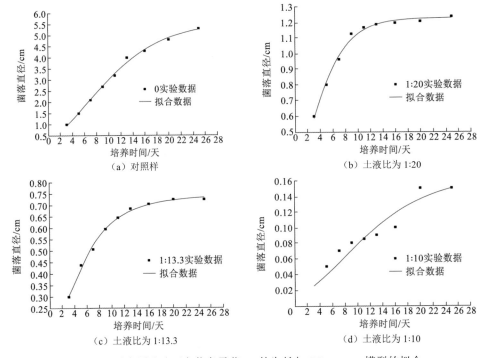

图 2.24　重金属胁迫下产黄青霉菌 F1 的生长与 SGompertz 模型的拟合

F1 的生长符合 SGompertz 模型,其拟合系数分别为 R_0=0.992、$R_{1:20}$=0.991、$R_{1:13.3}$=0.995,当土液比为 1:10 时,F1 菌的生长不符合 SGompertz 模型,拟合系数 $R_{1:10}$=0.87。

2.2.2　产酸微生物淋洗修复工艺

1. 微生物淋洗修复工艺流程

产酸微生物淋洗修复工艺流程如图 2.25 所示。淋滤菌液为 *Penicillium chrysogenum* F1 孢子液,将培养好的菌液淋滤到破碎、筑堆的重金属污染土壤中,通过固液分离回收浸出液中的金属,上清菌液循环喷淋至筑堆中。

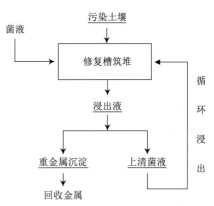

图 2.25　产酸微生物淋洗修复工艺流程示意图

2. 微生物淋洗修复工艺参数

1)碳源

不同碳源时的重金属浸出率见图 2.26。以葡萄糖为碳源时重金属的浸出率均高于以蔗糖为碳源时的浸出率,当浸出时间为 15 天时,在 90 mg/L 葡萄糖质量浓度下,Pb、Zn、Cd 和 Cu 的浸出率分别为 1.9%、41.8%、64.8%和 24.6%;当葡萄糖质量浓度为 60 mg/L 时,Pb 的浸出率为 1.3%,Zn 的浸出率为 35.6%,Cd 的浸出率为 58.3%,Cu 的浸出率为 15%;葡萄糖质量浓度为 120 mg/L 时 Pb、Zn、Cd 和 Cu 的浸出率分别为 2.4%、43.2%、60.6%和 10.2%。因此,90 mg/L 葡萄糖对 Pb、Zn、Cd 和 Cu 的浸出率高于 60 mg/L 和 120 mg/L 时的浸出率。

有机酸的产生与培养基中可利用碳源的供应相关,产黄青霉菌通过代谢能产生青霉素、葡萄糖氧化酶、葡萄糖酸和柠檬酸(刘超等,2010),当碳源不同时,催化氧化碳源的酶也不同。葡萄糖可直接被葡萄糖氧化酶氧化分解,而蔗糖是一种双糖,它必须先水解为葡萄糖和果糖,果糖经过同分异构再转化为葡萄糖,然后才被葡萄糖氧化酶氧化分解产生有机酸(王镜岩 等,2002a)。在浸出 15 天的期限内,当葡萄糖作为碳源时,需要有葡

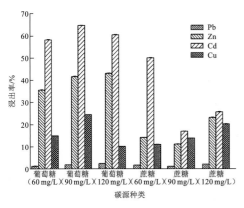

图 2.26　不同碳源时的重金属浸出率
(28℃,土液比 1:20,pH7.0)

萄糖氧化酶的催化,当以蔗糖为碳源时,需要有蔗糖酶的参与,而产黄青霉菌具备产生葡萄糖氧化酶的优势和能力。因此,产黄青霉菌对葡萄糖氧化分解程度比蔗糖更彻底,从而使葡萄糖的浸出率高于蔗糖。葡萄糖质量浓度为 120 mg/L 的浸出率低于 90 mg/L 时的浸出率,在高的碳氮比下,产黄青霉菌 F1 的新陈代谢效率受到影响,葡萄糖没有被充分氧化分解,导致有机酸的产量受到影响。

2）氮源

微生物对不同形态和种类氮的利用不一样。铵态氮(NH_4^+-N)与硝态氮(NO_3-N)相比，NH_4^+-N 被微生物固定的速率更快，但是 NO_3-N 的矿化速率要快于 NH_4^+-N，由于微生物种群质的差异，两种氮源的固定和矿化速率不一致，也可能是由于硝化作用受环境中各种盐的影响，而促使微生物机体利用 NH_4^+-N（Herrmann et al.，2005）。

以无机氮（氮源 A）、硝酸铵（NH_4NO_3）和(NH_4)$_2SO_4$为氮源时产黄青霉菌对重金属的浸出率明显高于有机氮（牛肉膏、蛋白胨和酵母浸膏）（图 2.27）。在无机氮中，氮源 A 培养时，重金属浸出率高于 NH_4NO_3 和(NH_4)$_2SO_4$：当氮源为 A 时，Pb、Zn、Cd 和 Cu 的浸出率分别为 20.0%、52.4%、63.0% 和 35.3%；以 NH_4NO_3 为氮源时 Pb、Zn、Cd 和 Cu 的浸出率分别为 1.8%、25.9%、40.6% 和 23.1%；Pb、Zn、Cd 和 Cu 在(NH_4)$_2SO_4$为氮源时浸出率分别为 1.6%、38.2%、85.5% 和 22.8%。不同氮源对同一重金属的浸出率不同，对 Cd 来说，以(NH_4)$_2SO_4$为氮源时的浸出率是 85.5%，而以氮源 A 和 NH_4NO_3 为氮源时，Cd 的浸出率分别是 63.0% 和 40.6%，因此，Cd 污染土壤产黄青霉菌浸出时适宜用(NH_4)$_2SO_4$为氮源。Cu 和 Pb 的浸出率从大到小顺序依次为氮源 A>NH_4NO_3>(NH_4)$_2SO_4$，Zn 的浸出率顺序为氮源 A>(NH_4)$_2SO_4$>NH_4NO_3，Pb、Zn 和 Cu 的浸出率均是以 A 为氮源时最高。

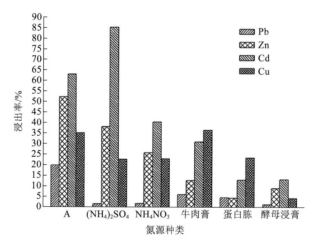

图 2.27　不同氮源时的重金属浸出率（28℃，土液比 1:20，pH7.0）

有机氮中不但含有丰富的蛋白质、肽类和游离氨基酸，还含有少量的糖类、脂肪和生长因子。有机氮源营养丰富，微生物在含有机氮源的培养基中常表现出生长旺盛、菌体浓度增长迅速等特点。当以有机氮为氮源时，产黄青霉菌 F1 迅速增长繁殖，培养基中的碳源主要用于后代个体的生长和繁殖。当以无机氮为氮源时，产黄青霉菌 F1 的繁殖速度较慢，剩余的能源物质有利于有机酸的产生，因此无机氮源的浸出率高于有机氮源的浸出率（Reyes et al.，1999）。

3）pH

生物浸出通过酸化和溶解土壤中的重金属达到治理的目的。培养基 pH 对重金属浸出率的影响主要体现在两个方面：一是 pH 直接影响土壤中重金属的溶解；二是通过影响浸出微生物的活性来实现，pH 过高或过低都将影响微生物的新陈代谢过程和代谢产物的产生，代谢产物少，意味着能与重金属螯合的基团少，从而影响重金属离子的溶解，最终导致浸出率的降低（Fang et al., 2011）。中性培养基有利于产黄青霉菌 F1 新陈代谢产生大量有机酸使土壤中更多的重金属离子溶解或螯合。

当 pH=7.0 时重金属离子的浸出率最高，Pb、Zn、Cd 和 Cu 的浸出率达 21.4%、63.7%、66.7% 和 42.8%。不同重金属离子在不同 pH 下的浸出率不同，Pb 的浸出率按此顺序依次降低：pH 7.0>pH 6.7>pH 3.0>pH 9.0>pH 5.0；Zn 的浸出率顺序是：pH 7.0>pH 3.0>pH 5.0>pH 9.0>pH 6.7；Cu 的浸出率顺序为：pH 7.0>pH 3.0>pH 9.0>pH 5.0>pH 6.7；pH 对 Cd 的浸出率影响没有其他三种离子明显（表 2.15）。

表 2.15　不同 pH 条件下重金属的浸出率

pH	Pb		Zn		Cd		Cu	
	浸出率/%	标准差	浸出率/%	标准差	浸出率/%	标准差	浸出率/%	标准差
9.0	17.0	0.047	55.2	0.168	57.8	0.002	37.1	0.072
7.0	21.4	0.047	63.7	0.168	66.7	0.002	42.8	0.072
6.7	19.7	0.047	54.5	0.168	66.7	0.002	19.9	0.072
5.0	13.0	0.047	56.5	0.168	62.0	0.002	34.0	0.072
3.0	19.1	0.047	61.1	0.168	62.0	0.002	40.9	0.072

注：温度为 28℃，土液比为 1:20

4）温度

当温度为 20℃时，Pb、Zn、Cd 和 Cu 的浸出率分别为 28.9%、71.9%、75.6% 和 45.1%；当温度为 30℃时，Pb 的浸出率为 19.7%，Zn 的浸出率为 54.5%，Cd 的浸出率为 66.7%，Cu 的浸出率为 19.9%；当温度为 40℃时，只有 0.5% 的 Pb、2.2% 的 Zn、4.4% 的 Cd 和 6.1% 的 Cu 被浸出（图 2.28）。在不同温度下的浸出率呈现出 20℃>30℃>40℃ 的变化规律，温度超过 40℃，影响产黄青霉菌 F1 菌体内代谢酶的活性，从而使其新陈代谢受到影响，培养基中葡萄糖没有被充分氧化，有机酸的产量不高，最终导致浸出率的降低（Madeja，2011）。

5）土液比

在土液比为 1:20 时，Cd、Cu、Zn 和 Pb 的浸出率均高于 1:13.3 和 1:10 时的重金属浸出率（图 2.29）。不同土液比下各重金属离子的浸出率不同，每种重金属离子的浸出率均按次序（1:20、1:13.3、1:10）呈递减趋势。在 1:20 的土液比下，不同重金属离子的浸出率呈以下趋势变化：Cd>Cu>Zn>Pb；当土液比为 1:13.3 和 1:10 时，各重金属的浸出率顺序均为 Cd>Zn>Cu>Pb。随着土液比的增大，土壤悬浊液中重金属总含量增大，直接影响了浸出率（Hamel et al., 1998）；浸出体系中重金属总含量随着土液比的增大而增大，导致浸出液中重金属毒性的增大，从而影响了产黄青霉菌 F1 体内代谢酶的活性，导致有机酸产量和浸出率的降低。

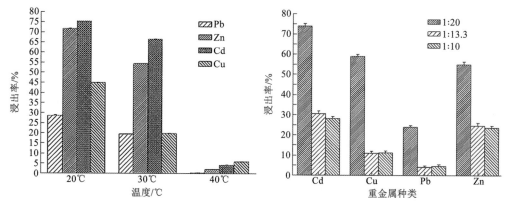

图 2.28　不同温度条件下重金属的浸出率
（土液比 1:20, pH7.0）

图 2.29　不同土液比下的重金属浸出率
（28℃，pH7.0）

3. 产黄青霉菌 F1 浸出方法比较

采用生物浸出修复重金属污染土壤,向浸出系统中添加土壤的方式有三种:第一种是在接种微生物的同时向培养基中添加土壤（一步浸出, one-step bioleaching),此方法的特点是在浸出微生物的生长代谢过程中始终伴随有污染土壤的存在;第二种是先短时间培养微生物,再添加土壤（二步浸出, two-step bioleaching),该方法是在培养基中有一定代谢产物的前提下才添加土壤;第三种是先较长时间培养微生物,使培养基中的碳源被完全消耗掉,产生足够的代谢产物,过滤培养基,再向滤液中添加土壤,该方法中的有机酸是由微生物代谢产生的,是多种有机酸的混合物。对一步浸出、二步浸出两种生物浸出方法和单一有机酸化学浸出方法的重金属浸出率进行了比较。

1）产黄青霉菌 F1 不同浸出方法效率比较

Cd、Cu、Pb、Zn 和 Mn 在二步浸出中的浸出率均高于一步浸出,只有 Cr 在一步浸出中的浸出率略高于二步浸出（图 2.30）。二步浸出中 Cd、Cu、Pb、Zn、Mn 和 Cr 的浸出率

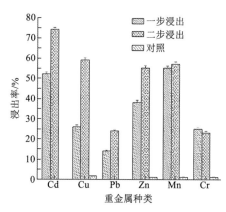

图 2.30　不同生物浸出方法的浸出率对比
（28℃, pH7.0, 土液比 1:20）

分别为 74%、59%、24%、55%、57% 和 23%,Cd、Cu、Pb、Zn、Mn 和 Cr 在一步浸出中的浸出率分别为 52%、26%、14%、38%、55% 和 25%。而对照样品中,只有少量的 Cu（1.8%）、Zn（1.3%）、Mn（1.3%）和 Cr（1.2%）被浸出土壤。比较各种方法的浸出量,二步浸出中共有 0.09 mgCd、2.73 mgCu、1.13 mgPb、7.81 mgZn、4.34 mgMn 和 0.06 mgCr 被浸出土壤,即通过二步浸出有 16.16 mg 重金属溶解到 50 mL 培养基中。一步浸出中 Cd、Cu、Pb、Zn、Mn 和 Cr 的浸出量分别为 2.46 mg、3.69 mg、0.02 mg、1.76 mg、4.19 mg 和 0.06 mg,故在一步浸出过

程中，50 mL 培养基中重金属的浸出量为 12.18 mg，表明生物浸出中二步浸出的效果优于一步浸出。

2）不同浸出方法培养基 pH 比较

浸出过程中，培养基 pH 发生了变化，在浸出的初始阶段（第 1～5 天），培养基 pH 先降低，接着维持一段时间（第 5～10 天）的较低水平，在后期（第 10～15 天）略有回升（图 2.31）。比较一步浸出与二步浸出培养基的 pH，在二步浸出过程中，培养基 pH 降低的程度大于一步浸出，浸出 7 天后，二步浸出过程中培养基 pH 由 7.0 降到 2.9，一步浸出过程中培养基 pH 降到 4.6；在浸出的第 15 天，二步浸出过程中培养基 pH 由 2.9 逐渐回升到 3.8，一步浸出过程中培养基 pH 由 4.6 升到 6.0 左右。因此，在产黄青霉菌 F1 浸出修复重金属污染土壤过程中，采用二步浸出的培养基 pH 始终低于一步浸出的培养基 pH，从而导致二步浸出效果高于一步浸出的效果（Yang et al.，2009），产生该结果的原因可能是在二步浸出过程中有机酸的产量高于一步浸出。

3）产黄青霉菌 F1 二步生物浸出与有机酸化学浸出率比较

对比二步生物浸出和有机酸（柠檬酸、草酸、苹果酸和琥珀酸）化学浸出率如图 2.32 所示。二步生物浸出和各种有机酸化学浸出的浸出量，按顺序呈递减趋势：二步生物浸出>柠檬酸>苹果酸>琥珀酸>草酸。可能是由于在二步浸出中多种有机酸共同作用的效果优于单一有机酸的效果，并且在二步浸出过程中，产黄青霉菌 F1 直接与土壤颗粒接触，有助于吸附在土壤颗粒表面的金属离子解吸，与培养基中的有机酸螯合。Pb 的浸出率是所有金属中最低的，原因是大部分 Pb 盐的溶解度低，且原土中 Pb 的含量高。Cr 在二步浸出中的浸出小于各有机酸化学浸出，是由于 Cr 与产黄青霉菌 F1 细胞中的有机分子上的 $COOH^-$ 和 NH_4^+ 螯合，形成了 Cr 的有机化合物沉淀，Cr 的浸出率低（韦朝阳 等，2001）。

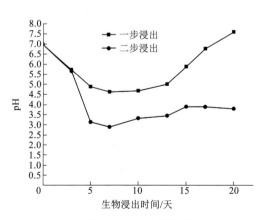

图 2.31　不同生物浸出方法培养基 pH 对比
（28℃，pH7.0，土液比 1:20）

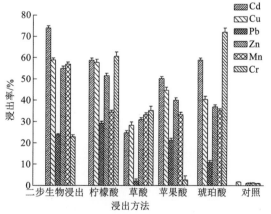

图 2.32　二步生物浸出与有机酸化学浸出的比较
（28℃，土液比 1:20）

2.2.3　产酸微生物浸出修复机理

1. 产黄青霉菌 F1 浸出机理

1）产黄青霉菌 F1 产有机酸种类分析

异养微生物提取土壤中重金属的机理有直接作用和间接作用（Rezza et al.，2001），直接作用机理是通过微生物与浸出底物之间的直接接触，微生物分泌的酶与底物直接反应导致底物中金属化合物的溶解。间接作用机理是通过微生物代谢产物来溶解或螯合浸出底物中的金属化合物，浸出微生物的代谢产物主要是一些小分子酸（无机酸和有机酸），异养型细菌可以产生无机酸，如硫杆菌通过氧化硫产生硫酸，丝状真菌主要产生如柠檬酸、丙酮酸和葡萄糖酸等小分子有机酸。土壤中重金属能被浸出液中的有机酸溶解，同时，被吸附在土壤颗粒表面的重金属离子，在有机酸的作用下，先解吸再与有机酸螯合，以达到提取土壤中重金属的目的（Zandra A et al.，2010）。

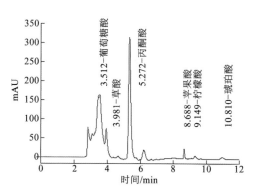

图 2.33　液相色谱实验样有机酸的测定

采用高效液相色谱测定产黄青霉菌 F1 浸出重金属污染土壤中的代谢产物，二步浸出淋滤 15 天后产黄青霉菌 F1 代谢产生的有机酸，这些有机酸主要有葡萄糖酸、丙酮酸、草酸、柠檬酸、苹果酸和琥珀酸（图 2.33）。

2）不同浸出方法有机酸产量比较

在一步浸出、二步浸出和对照样品中有机酸的种类是相同的（表 2.16），都产生了葡萄糖酸、丙酮酸、草酸、柠檬酸、苹果酸和琥珀酸等，说明在浸出过程中，产黄青霉菌 F1

表 2.16　不同浸出法中有机酸的产生量　　　　　　（单位：mg/L）

生物浸出时间/天		葡萄糖酸	草酸	丙酮酸	柠檬酸	苹果酸	琥珀酸	葡萄糖
一步浸出	5	66.4	35.7	149.7	<0.01	<0.01	<0.01	70.00
	10	55.4	50.2	167.6	<0.01	<0.01	<0.01	15.00
	15	44.8	65.3	181.7	<0.01	<0.01	<0.01	0.02
二步浸出	5	89.7	100.3	156.3	<0.01	10.1	<0.01	60.00
	10	100.1	139.9	180.2	0.04	68.4	0.04	10.00
	15	102.2	156.4	191.6	0.03	70.6	0.03	0.03
对照	5	89.7	100.3	156.3	<0.01	10.1	<0.01	60.00
	10	98.6	109.3	167.5	<0.01	56.3	<0.01	5.20
	15	99.1	110.8	169.2	<0.01	69.4	<0.01	0.00

的代谢途径受土壤中重金属的影响不大,在土液比为 1:20 的条件下,产黄青霉菌 F1 仍能正常代谢。葡萄糖酸、丙酮酸、苹果酸和草酸的产量均较高,其中丙酮酸产量最高,柠檬酸和琥珀酸的产量最低。不同有机酸的产量不同,原因可能是重金属的存在影响了代谢过程中某些关键代谢酶的活性,导致其直接催化产生的有机酸减少。

在浸出的第 5 天,一步浸出过程中有机酸质量浓度为 251.8 mg/L,二步浸出和对照样品中有机酸质量浓度为 346.3 mg/L;在第 10 天,一步浸出中有机酸质量浓度达到 273.2 mg/L,二步浸出中有 488.7 mg/L 有机酸,对照样品中有机酸质量浓度为 431.7 mg/L;在浸出的第 15 天,有 291.8 mg/L 的有机酸在一步浸出中产生,在二步浸出和对照样品中分别产生了 520.9 mg/L 和 448.5 mg/L 的有机酸,表明一步浸出中有机酸的产量低于二步法和对照样品中的产量,这可能是由于一步浸出中,污染土壤的添加与接种同时进行,产黄青霉菌 F1 在生长初期就受到重金属的胁迫,重金属的存在影响了产黄青霉菌 F1 的新陈代谢速率,影响了新陈代谢过程中一些关键代谢酶的活性,或者重金属的胁迫导致 F1 菌细胞膜上离子通道的关闭,细胞分泌的酶无法泵出细胞,最终使代谢过程中某些环节缺乏关键代谢酶的催化(Roane,1999),而在二步浸出中,先培养菌株 7 天后再加入土壤,在培养初期,菌株的新陈代谢没有受到重金属的胁迫,产黄青霉菌 F1 的新陈代谢因未受到任何因素的影响,故在二步浸出过程中产生了较多的有机酸,这与二步浸出过程中培养基 pH 低于一步法的结果相符合,同时也是二步浸出率高于一步浸出的原因。

苹果酸在一步浸出中的产量远低于二步浸出,由于催化苹果酸产生的延胡索酸酶具有严格的专一性,在催化过程中,羟基和氢离子非常严格地分别添加到延胡索酸双键的两侧,一步浸出过程中,重金属一直存在于浸出液中,可能对浸出液中羟基和氢离子的产生或添加造成了一定的影响(王镜岩 等,2002b)。不管在一步浸出还是二步浸出过程中,柠檬酸和琥珀酸的产量均低。柠檬酸的合成是三羧酸循环的第一步反应,由柠檬酸合成酶催化乙酰辅酶 A 的乙基与草酰乙酸的酮基结合生成柠檬酰辅酶 A,随后高能硫酸键水解,释放出辅酶 A,得到柠檬酸。柠檬酸合成酶是一个调控酶,同时也是柠檬酸循环的限速酶,此酶的底物乙酰辅酶 A 和草酰乙酸是它的激活剂,腺苷三磷酸(adenosine triphosphate,ATP)、还原型烟酰胺腺嘌呤二核苷酸(nicotinamide adenine dinucleotide,NADH)、琥珀酰辅酶 A 和脂酰辅酶 A 是它的抑制剂。因此,在柠檬酸的合成过程中,重金属及培养基 pH 都有可能影响柠檬酸合成酶的活性。琥珀酸的产量与苹果酸脱氢酶和琥珀酸脱氢酶的活性相关,催化琥珀酸合成的琥珀酸脱氢酶位于真菌细胞的线粒体内膜上,与线粒体内膜紧密结合,该酶的最适反应温度为 20℃,它在氢和电子传递过程中起着重要的作用(辛明秀 等,2004)。因此,在产黄青霉菌 F1 浸出过程中,琥珀酸脱氢酶的活性受浸出温度和重金属离子的双重影响。

2. 产黄青霉菌 F1 抗性机理

在高浓度重金属胁迫下,微生物通过适应或突变方式生存下来,在生物浸出之前,将真菌培养于含重金属离子的培养基中有利于提高其对重金属的适应性。一般情况下,真菌对重金属的抗性机制有两种:一种是胞外截留,通过螯合或细胞壁吸附的方式实现;另一种为胞内截留，通过与胞内蛋白质或其他配体结合阻止重金属离子损害对金属离子敏感的目标物。胞外截留机制主要是避免重金属离子进入细胞内，而胞内截留机制主要是减少细胞液中重金属离子的毒性。真菌通过分泌有机酸到胞外与重金属离子螯合达到胞外截留的目的，而细胞壁对重金属离子的吸附是由于细胞表面有大量带负电荷的基团存在（Yang et al.，2009）。

对比浸出前后菌丝体的形态，发现浸出后菌丝细胞壁外有大量电子密度较大的黑色圆点（图 2.34），这些黑色圆点可能为金属离子；浸出后的菌丝细胞壁较浸出前的细胞壁薄；浸出后的质膜不完整连续，受到了一定的损伤；浸出后菌丝细胞腔变小，可能有大量的金属离子沉积在细胞溶胶中，导致透射电镜下菌丝细胞内局部区域电子密度较大。

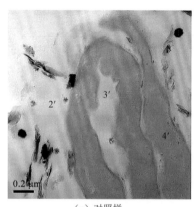

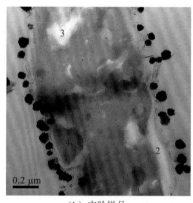

|（a）对照样|（b）实验样品|

图 2.34　透射电镜下产黄青霉菌 F1 的形态（×100 000）

1 和 1′表示吸附在细胞壁上的金属离子；2 和 2′表示细胞壁；3 和 3′表示细胞腔；4 和 4′表示质膜

浸出前后产黄青霉菌 F1 菌丝细胞形态的不同，说明了产黄青霉菌 F1 抵抗重金属的机制可能是依靠胞外截留和胞内沉淀两种机制。浸出后胞外大量金属离子的吸附和细胞壁周围大量胞外物质的存在，表明在浸出过程中，产黄青霉菌 F1 以吸附等方式阻止大量重金属离子进入细胞内（Fomina et al.，2007），细胞腔中大量颜色较深的区域表明该区电子密度较大，可能是重金属离子沉积在该区域，为避免细胞受到伤害，已被区室化。

3. 葡萄糖氧化酶活性影响因素

葡萄糖氧化酶在有氧条件下能专一性地催化 β-D-葡萄糖生成葡萄糖酸和过氧化氢。葡萄糖氧化酶广泛分布于微生物体内，由于微生物的生长繁殖速度快，工业上利用微生物如青霉菌生产葡萄糖氧化酶。重金属对酶活性的抑制机理可能是重金属与酶分子中的活性部位——巯基和含咪唑的配位等结合，形成较稳定的络合物，产生了与底物的竞争性抑制作用，或者是重金属通过抑制土壤微生物的生长和繁殖，减少体内酶的合成和分泌，最后导致土壤酶活性下降。

1）重金属的影响

I——单一重金属的影响

Cr、Cd、Cu、Zn、Mn 和 Pb 对产黄青霉菌 F1 胞外葡萄糖氧化酶活性的影响见图 2.35。

6 种重金属中，产黄青霉菌 F1 胞外葡萄糖氧化酶的活性不受 Zn 的影响，当 Zn 质量浓度在 400 mg/L 时，产黄青霉菌 F1 胞外葡萄糖氧化酶活性有些许提高，从对照样中的 1.16 U 提高到 1.17 U 左右。Cr、Cd、Cu、Mn 和 Pb 对产黄青霉菌 F1 胞外葡萄糖氧化酶的活性均具有一定的影响。其中，Pb 对产黄青霉菌 F1 胞外葡萄糖氧化酶的活性影响最大，当 Pb 质量浓度为 100 mg/L 时，葡萄糖氧化酶的活性从 1.16 U 降到了 1.15 U，随着 Pb 浓度的增大，氧化酶的活性受到了

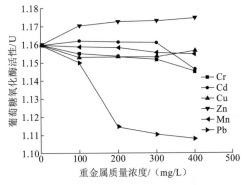

图 2.35　单一重金属对胞外葡萄糖氧化酶
活性的影响

更加明显的影响：当 Pb 质量浓度为 200 mg/L 时，氧化酶的活性降到 1.114 U 左右；当 Pb 质量浓度为 300 mg/L 时，氧化酶的活性降到 1.110 U 左右；当 Pb 质量浓度为 400 mg/L 时，氧化酶的活性降到 1.110 U 左右。当 Cr 和 Cd 的质量浓度在 100~300 mg/L 时，产黄青霉菌 F1 胞外葡萄糖氧化酶的活性未受到明显的影响，但是，当 Cr 和 Cd 的质量浓度达到 400 mg/L 时，产黄青霉菌 F1 胞外葡萄糖氧化酶的活性从 1.16 U 降到了 1.14 U。当 Cu 和 Mn 的质量浓度在 100~400 mg/L 时，产黄青霉菌 F1 胞外葡萄糖氧化酶的活性从 1.160 U 降到 1.155 U 左右，只降低了 0.005 U。6 种金属离子中，Pb 对产黄青霉菌 F1 胞外葡萄糖氧化酶活性的影响最大，其次是 Cr、Cd、Cu 和 Mn，Zn 对葡萄糖氧化酶活性有激活作用。

II——复合重金属的影响

复合重金属对产黄青霉菌 F1 胞外葡萄糖氧化酶活性的影响大于单一重金属对产黄青霉菌 F1 胞外葡萄糖氧化酶活性的影响（图 2.36）。对照样中葡萄糖氧化酶活性为 1.09 U，当复合重金属质量浓度为 50 mg/L，产黄青霉菌 F1 胞外葡萄糖氧化酶活性降到了 1.07 U；当复合重金属质量浓度为 100 mg/L 时，葡萄糖氧化酶活性降到 1.05 U；当浓度为 150 mg/L 时，酶活性为 1.04 U；200 mg/L 复合重金属质量浓度的酶活性为 1.01 U；复合重金属质量浓度在 250 mg/L、300 mg/L、350 mg/L 和 400 mg/L 条件下的酶活性依次为 0.86 U、0.63 U、0.45 U 和 0.24 U。

2）pH 的影响

在不同 pH 条件下胞外葡萄糖氧化酶显示不同的活性（图 2.37）。当溶液 pH 呈现较强酸性时，产黄青霉菌 F1 胞外葡萄糖氧化酶的活性较大，随着 pH 的增大，其活性降低。该结果与浸出过程 pH 的降低相吻合，在浸出过程中，随葡萄糖的氧化分解，不断产生有机酸，导致浸出液 pH 降低，进一步促进葡萄糖的氧化分解。

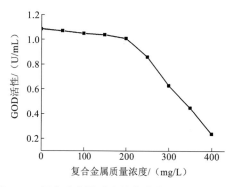 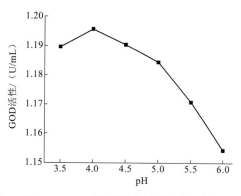

图 2.36　复合重金属对胞外葡萄糖氧化酶活性的影响　　图 2.37　pH 对胞外葡萄糖酶氧化活性的影响

2.2.4　产酸微生物淋洗修复效果

1. 不同重金属的浸出效果

铅锌冶炼废渣堆场土壤经产黄青霉菌浸出修复后，土壤中 Cd、Cu、Pb、Zn、Mn 和 Cr 的质量分数分别由原来的 48.4 mg/kg、1 848.6 mg/kg、1 889.6 mg/kg、5 682.0 mg/kg、3 045.0 mg/kg、104.0 mg/kg 降低至 17.1 mg/kg、741.3 mg/kg、1 611.9 mg/kg、2 397.8 mg/kg、1 305.6 mg/kg 和 80.0 mg/kg；Cd、Cu、Pb、Zn、Mn 和 Cr 的去除率达 63.4%、62.1%、14.7%、57.8%、57.1%、23.1%。从去除率来看，产黄青霉菌对 Cd、Cu、Zn、Mn 具有较强的浸出效果（表 2.17）。

表 2.17　产黄青霉菌对土壤重金属的浸出效果

元素	原始土壤重金属质量分数/(mg/kg)	浸出后土壤重金属质量分数/(mg/kg)	去除量/(mg/kg)	去除率/%
Cd	48.4	17.1	30.7	63.4
Cu	1 848.6	741.3	1 148.6	62.1
Pb	1 889.6	1 611.9	277.7	14.7
Zn	5 682.0	2 397.8	3 284.2	57.8
Mn	3 045.0	1 305.6	1 739.4	57.1
Cr	104.0	80.0	24.0	23.1

2. 修复后土壤重金属形态变化

1）Cd 形态

原始土壤中 Cd 主要以残渣态形式存在（15.4 mg/kg），其次是交换态（9.8 mg/kg）、铁锰氧化物结合态（8.24 mg/kg）、有机结合态（7.4 mg/kg）、碳酸盐结合态（6.5 mg/kg）和水溶态（1.0 mg/kg）；产黄青霉菌浸出后，Cd 的残渣态、有机结合态、铁锰氧化物结合态、碳酸盐结合态、交换态和水溶态分别降低至 7.42 mg/kg、1.56 mg/kg、1.86 mg/kg、0.18 mg/kg、1.08 mg/kg 和 0.50 mg/kg。经过产黄青霉菌 F1 的浸出，土壤中各形态 Cd 的含量均有减少。从不同形态 Cd 的占比来看，交换态、碳酸盐结合态、铁锰氧化物结合态、有机结合态占总量的比例比原始土壤分别降低 11.6 个百分点、12.0 个百分点、2.2 个百分点和 3.0 个百分点，而残渣态增加 27.1 个百分点（表 2.18）。

表 2.18　浸出前后 Cd 形态占比变化　（单位：%）

土壤	水溶态	交换态	碳酸盐结合态	铁锰氧化物结合态	有机结合态	残渣态
原始土壤	2.1	20.2	13.4	17.0	15.4	31.8
修复后土壤	4.0	8.6	1.4	14.8	12.4	58.9

2）Cu 形态

浸出修复前铅锌冶炼废渣土壤各形态 Cu 质量分数分别为水溶态 1.1 mg/kg，交换态 2.0 mg/kg，碳酸盐结合态 238.1 mg/kg，铁锰氧化物结合态 651.1 mg/kg，有机结合态 432.5 mg/kg 和残渣态 523.7 mg/kg；经产黄青霉菌浸出修复后，残渣态 Cu、有机结合态 Cu、铁锰氧化物结合态 Cu 和碳酸盐结合态 Cu 分别降低至 251.1 mg/kg、288.5 mg/kg、141 mg/kg 和 11.8 mg/kg，水溶态 Cu 和交换态 Cu 分别增加到 34.1 mg/kg 和 31.6 mg/kg。由于有机酸的产生使浸出液 pH 降低，浸出修复后 Cu 的水溶态含量和交换态含量略有增加。

浸出前土壤中 Cu 各形态所占比例分别为残渣态 28.30%、有机结合态 23.40%、铁锰氧化物结合态 35.20%、碳酸盐结合态 12.90%、交换态 0.11% 和水溶态 0.06%；经产黄青霉菌浸出修复后，残渣态 Cu、有机结合态 Cu、铁锰氧化物结合态 Cu、碳酸盐结合态 Cu、交换态 Cu 和水溶态 Cu 的占比降低至 33.10%、38.10%、18.60%、1.60%、4.20% 和 4.50%（表 2.19）。土壤中迁移性较弱的残渣态、有机结合态和铁锰氧化物结合态 Cu 的占比变化不大，而迁移性较大的交换态和水溶态的占比有少量增加，在产黄青霉菌 F1 的浸出过程中，由于有机酸的酸化作用使土壤中的 Cu 活性趋向增大。

表 2.19　浸出前后 Cu 形态占比变化　（单位：%）

土壤	水溶态	交换态	碳酸盐结合态	铁锰氧化物结合态	有机结合态	残渣态
原始土壤	0.06	0.11	12.90	35.20	23.40	28.30
修复后土壤	4.50	4.20	1.60	18.60	38.10	33.10

3）Pb 形态

铅锌冶炼废渣堆场土壤经产黄青霉菌的浸出修复，碳酸盐结合态、铁锰氧化物结合态和有机结合态 Pb 质量分数比修复前分别减少 133.4 mg/kg、387.5 mg/kg、456.5 mg/kg，而水溶态增加 5.2 mg/kg。因此，产黄青霉菌 F1 对 Pb 的浸出作用主要为碳酸盐结合态、铁锰氧化物结合态和有机结合态 Pb 的溶解。残渣态的占比由原土的 29.3% 增至 73.3%，而有机结合态、铁锰氧化物结合态、碳酸盐结合态、交换态和水溶态 Pb 的占比由原土的 26.5%、35.6%、8.6%、0 和 0.1% 降低至 3.1%、19.8%、2.0%、1.4% 和 0.4%（表 2.20）。

土壤	水溶态	交换态	碳酸盐结合态	铁锰氧化物结合态	有机结合态	残渣态
原始土壤	0.1	0.0	8.6	35.6	26.5	29.3
修复后土壤	0.4	1.4	2.0	19.8	3.1	73.3

表 2.20　浸出前后 Pb 形态占比变化　　　　　　（单位：%）

4）Zn 形态

原始土壤中各形态 Zn 的质量分数为水溶态 13.4 mg/kg，交换态 44.8 mg/kg，碳酸盐结合态 386.4 mg/kg，铁锰氧化物结合态 2 027.2 mg/kg，有机结合态 1 269.3 mg/kg 和残渣态 1 940.9 mg/kg。产黄青霉菌的浸出修复后土壤碳酸盐结合态 Zn、铁锰氧化物结合态 Zn、有机结合态 Zn 和残渣态 Zn 质量分数比原土分别减少 264.8 mg/kg、1 847.8 mg/kg、518.5 mg/kg、662.0 mg/kg；而水溶态和交换态质量分数增加 79.4 mg/kg、88.6 mg/kg。在产黄青霉菌 F1 的浸出修复过程中，难溶态锌向水溶态和交换态 Zn 的转化。从微生物浸出修复前后各形态 Zn 的占比（表 2.21）来看，残渣态、有机结合态、交换态和水溶态的 Zn 占比增大。

表 2.21　浸出前后 Zu 形态占比变化　　　　　　（单位：%）

土壤	水溶态	交换态	碳酸盐结合态	铁锰氧化物结合态	有机结合态	残渣态
原始土壤	0.2	0.8	6.8	35.7	22.3	34.2
修复后土壤	3.6	5.2	4.8	7.0	29.4	50.0

5）Mn 形态

原始土壤中各形态 Mn 的质量分数分别为水溶态 145 mg/kg、交换态 233 mg/kg、碳酸盐结合态 1 320 mg/kg、铁锰氧化物结合态 800 mg/kg、有机结合态 360 mg/kg 和残渣态 187 mg/kg；经产黄青霉菌浸出修复后，水溶态 Mn、交换态 Mn、有机结合态 Mn、碳酸盐结合态 Mn、铁锰氧化物结合态 Mn、残渣态 Mn 分别为 23.4 mg/kg、59 mg/kg、172 mg/kg、378.9 mg/kg、491 mg/kg 和 185 mg/kg。

浸出修复前土壤中 Mn 各形态所占比例分别为残渣态 6.1%、有机结合态 11.8%、铁锰氧化物结合态 26.3%、碳酸盐结合态 43.3%、交换态 7.7% 和水溶态 4.8%；产黄青霉菌浸出修复后，土壤残渣态 Mn、有机结合态 Mn、铁锰氧化物结合态 Mn、碳酸盐结合态 Mn、交换态 Mn 和水溶态 Mn 的占比为 14.1%、13.1%、37.5%、28.9%、4.5% 和 1.8%（表 2.22）。产黄青霉菌 F1 对残渣态 Mn 没有明显浸出作用，主要是对碳酸盐结合态和铁锰氧化物结合态 Mn 的浸出。

表 2.22　浸出前后 Mn 形态占比变化　　　　　　（单位：%）

土壤	水溶态	交换态	碳酸盐结合态	铁锰氧化物结合态	有机结合态	残渣态
原始土壤	4.8	7.7	43.3	26.3	11.8	6.1
修复后土壤	1.8	4.5	28.9	37.5	13.1	14.1

2.3　产表面活性剂微生物淋洗修复

生物表面活性剂是细菌、酵母和真菌等微生物在新陈代谢过程中产生的一种集亲水、亲油基团的物质。生物表面活性剂在降低表面张力、稳定乳状液、较低的临界胶束浓度等方面与化学合成的表面活性剂性质相同。但是在稳定性、环境友好性、耐酸碱性及抗菌性等方面生物表面活性剂大大优于化学合成的表面活性剂。

生物表面活性剂可通过络合作用活化土壤中的重金属,提高重金属在土壤中的解吸以去除重金属离子,因其环境友好性,生物表面活性剂非常适合应用于重金属及其他有毒物质污染土壤的修复(张志,2016)。

2.3.1　产表面活性剂菌株的分离筛选及其产物分析

1. 产表面活性剂菌株的分离筛选

从植物油污染环境中筛选分离出一株产生物表面活性剂菌株,命名为 Z-90。其在血平板(图 2.38)和蓝色凝胶平板上(图 2.39)的菌落特征:血平板上出现溶血环则初步说明产生了生物表面活性剂,同时 Z-90 菌株在蓝色凝胶平板上有明显的蓝色晕圈,表明其所产生物表面活性剂为阴离子型表面活性剂。

图 2.38　菌落在血平板上的生长情况　　　　图 2.39　菌落在蓝色凝胶平板上的生长情况

2. 菌株排油能力的分析

生物表面活性剂同时具有亲水性和疏水性,因此,可以通过菌株培养液在植物油中形成排油直径的大小来确定其是否产生生物表面活性剂,以及测定其产生能力(Youssef et al.,2004)。菌株 Z-90 培养液有一定的排油能力,且排油直径值(代表其排油能力)高达 4.2 cm(图 2.40)。菌液排油直径大于 4 cm 的菌株可认为是高效产生物表面活性剂菌株(吴涛 等,2013)。Z-90 排油直径为 4.2 cm,说明该菌株为高产生物表面活性剂。

图 2.40　菌株 Z-90 排油直径图

3. 菌株形貌分析

从菌株 Z-90 的扫描电镜图（图 2.41）可看出，Z-90 菌体呈短杆状，无鞭毛，有荚膜，单个出现。

4. 菌株基因组 DNA

提取 Z-90 菌株的基因组 DNA，对其进行凝胶电泳检测，如图 2.42 所示，提取的该菌株基因组 DNA 鲜明，大小准确。

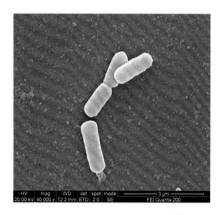

图 2.41 菌株 Z-90 的扫描电镜图

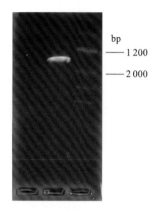

图 2.42 菌株 Z-90 DNA 扩增产物电泳图

5. 16S rDNA 的测序及系统发育树的构建

将 PCR 扩增产物和引物进行序列测序，序列长度为 1 403 bp，菌株的测序结果如下：

TGCAAGTCGAACGGCAGCACGGGTGCTTGCACCTGGTGGCGAGTGGCGAACG
GGTGAGTAATACATCGGAACATGTCCTGTAGTGGGGGATAGCCCGGCGAAAGCCGG
ATTAATACCGCATACGATCTACGGATGAAAGCGGGGGACCTTCGGGCCTCGCGCTAT
AGGGTTGGCCGATGGCTGATTAGCTAGTTGGTGGGGTAAAGGCCTACCAAGGCGAC
GATCAGTAGCTGGTCTGAGAGGACGACCAGCCACACTGGGACTGAGACACGGCCC
AGACTCCTACGGGAGGCAGCAGTGGGGAATTTTGGACAATGGGCGAAAGCCTGAT
CCAGCAATGCCGCGTGTGTGAAGAAGGCCTTCGGGTTGTAAAGCACTTTTGTCCGG
AAAGAAATCCTTGGTTCTAATATAGCCGGGGGATGACGGTACCGGAAGAATAAGCA
CCGGCTAACTACGTGCCAGCAGCCGCGGTAATACGTAGGGTGCGAGCGTTAATCGG
AATTACTGGGCGTAAAGCGTGCGCAGGCGGTTTGCTAAGACCGATGTGAAATCCCC
GGGCTCAACCTGGGAACTGCATTGGTGACTGGCAGGCTAGAGTATGGCAGAGGGG
GGTAGAATTCCACGTGTAGCAGTGAAATGCGTAGAGATGTGGAGGAATACCGATGG
CGAAGGCAGCCCCCTGGGCCAATACTGACGCTCATGCACGAAAGCGTGGGGAGCA
AACAGGATTAGATACCCTGGTAGTCCACGCCCTAAACGATGTCAACTAGTTGTTGG
GGATTCATTTCCTTAGTAACGTAGCTAACGCGTGAAGTTGACCGCCTGGGGAGTAC
GGTCGCAAGATTAAAACTCAAAGGAATTGACGGGGACCCGCACAAGCGGTGGATG

ATGTGGATTAATTCGATGCAACGCGAAAAACCTTACCTACCCTTGACATGGTCGGAA
TCCTGCTGAGAGGTGGGAGTGCTCGAAAGAGAACCGATACACAGGTGCTGCATGG
CTGTCGTCAGCTCGTGTCGTGAGATGTTGGGTTAAGTCCCGCAACGAGCGCAACCC
TTGTCCTTAGTTGCTACGCAAGAGCACTCTAAGGAGACTGCCGGTGACAAACCGG
AGGAAGGTGGGGATGACGTCAAGTCCTCATGGCCCTTATGGGTAGGGCTTCACACG
TCATACAATGGTCGGAACAGAGGGTTGCCAACCCGCGAGGGGGAGCTAATCCCAG
AAAACCGATCGTAGTCCGGATTGCACTCTGCAACTCGAGTGCATGAAGCTGGAATC
GCTAGTAATCGCGGATCAGCATGCCGCGGTGAATACGTTCCCGGGTCTTGTACACA
CCGCCCGTCACACCATGGGAGTGGGTTTTACCAGAAGTGGCTAGTCTAACCGCAAG
GAGGACGGTCACC

Z-90 菌株的 16S rDNA 序列与 Genebank 数据库中伯克霍尔德氏菌（*Burkhoideria*）的相似度最高，可达 100%。因此，可认为 Z-90 菌株为伯克霍尔德氏菌属。基于此构建的系统无根发育树（图 2.43）表明，Z-90 菌株与 *Burkhoideria* sp.IHB B 2259、*Burkhoideria* sp.SBH-14 的亲缘关系最近，Z-90 菌株为 *Burkhoideria* sp.。

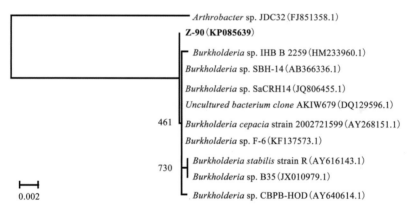

图 2.43　菌株 Z-90 的系统发育树构建图

6. Z-90 菌株的生长曲线

对 Z-90 菌株在富集培养基中的生长过程进行了测定（图 2.44），发现菌株培养 5 天

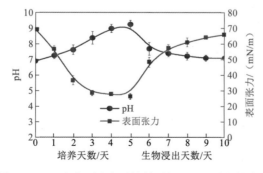

图 2.44　pH 和表面张力随培养时间和浸出时间的变化

能将培养液表面张力值降低至 30.24 mN/m 左右,同时培养液的 pH 由原来的 7.0 升至 9.2。说明菌株 Z-90 有同时产生生物表面活性剂和碱性物质的能力。

7. Z-90 菌株产表面活性剂最佳生长条件优化

1）植物油含量对培养条件的影响

随着植物油添加量的增加,菌液的表面张力先减小后增大,而菌液的生长指数 OD_{620} 先快速增大后逐渐平缓（图 2.45）。表明添加植物油有助于菌株产生物表面活性剂,但不是越多越好,当植物油体积分数为 0.4%（向 100 mL 营养液添加 0.4 mL 植物油）时,菌株 Z-90 产生物表面活性剂的能力最强,也就是表面张力最小,为 26.87 mN/m 左右。这正与菌株的来源环境（含油污泥中）相符合。

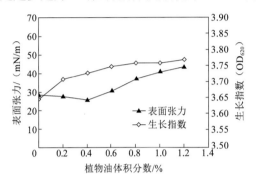

图 2.45　植物油含量对菌液表面张力和菌株生长的影响

2）培养温度对培养条件的影响

随着培养温度的上升,菌液表面张力先逐渐减小,40℃时微弱增大,同时,代表菌株生长繁殖情况的 OD_{620} 先增大后减小（图 2.46）。当培养温度为 35℃时,菌液表面张力最小,约为 25.81 mN/m 左右,菌株生长情况也最好。说明菌株是一株耐高温菌株,这正与采样时间（正值夏至）相一致。

3）营养液 pH 对培养条件的影响

随着营养液 pH 从 3 逐渐增加到 12,菌液表面张力变化趋势为先减小后增大,菌液 OD_{620} 则是刚好相反的趋势,pH 为 7 时,表面张力减小最多（图 2.47）。说明该菌株耐酸碱能力不强,同时中性条件也为该菌株的应用降低了成本和减少了工序。

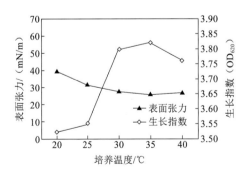

图 2.46　培养温度对菌液表面张力和菌株生长的影响

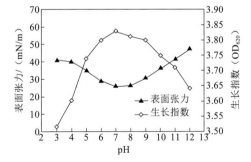

图 2.47　营养液 pH 对菌液表面张力和菌株生长的影响

综上,菌株 Z-90 产表面活性剂最佳条件为:1 g 胰蛋白胨,0.5 g 酵母提取物,1 g NaCl,植物油 0.4 mL,蒸馏水 100 mL,pH 为 7.0,温度为 35℃。在这一条件下能够更好地发挥该菌株产生物表面活性剂的作用。

8. 生物表面活性剂表征

通过萃取法获得的生物表面活性剂为黄褐色黏稠状液体（图 2.48）。通过称重法测定得到该生物表面活性剂的产量约为 1.0 g/L。将 Z-90 菌液调 pH 后放置 12 h 后未有沉淀生成，初步表明该菌株所产生物表面活性剂为糖脂类。同时，生物表面活性剂在 CTAB 平板中产生明显的蓝色晕圈，说明该菌株所产生物表面活性剂为阴离子型。

薄层色谱分析过程中，当以 PhOH-H$_2$SO$_4$（苯酚–硫酸）为显色剂时，TLC 板上出现棕红色斑点（图 2.49），表明该菌株所产为糖脂类表面活性剂。

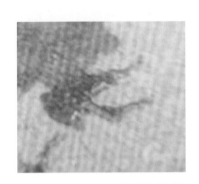
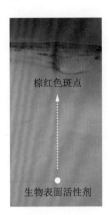

图 2.48   生物表面活性剂的表观图   图 2.49   生物表面活性剂的薄层色谱图

菌株 Z-90 所产表面活性剂的红外光谱峰在 3 312.66 cm^{-1}、2 922.06 cm^{-1}、1 721.03 cm^{-1}、1 516.36 cm^{-1}、1 241.47 cm^{-1}、1 104.35 cm^{-1}、702.95 cm^{-1} 及 752.07 cm^{-1} 等处有吸收峰（图 2.50）。3 312.66 cm^{-1} 处的吸收峰表明分子中含有大量的–OH 键。2 922.06 和 1 456.38 cm^{-1} 处的吸收峰为脂肪链中–CH$_2$ 和–CH$_3$ 的–CH 的对称伸缩振动。酯类的特征吸收峰主要是酯基中 C=O 和 C–O–C 的伸缩振动吸收峰，酯中羧基的伸缩振动位于 1 750～1 710 cm^{-1} 及 1 300～1 000 cm^{-1} 处，由此可知，1 721.03 cm^{-1} 和 1 241.47 cm^{-1} 为分子中羧基的吸收峰。另外位于 1 721.03 cm^{-1} 的酰胺 I 频带（–C=O）和位于 1 51.36 cm^{-1}

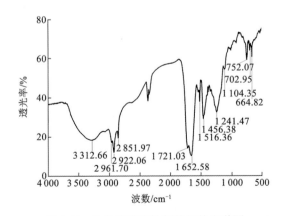

图 2.50   生物表面活性剂的红外光谱图

的酰胺 II 频带（–NH/–C＝O）。1 104.35 cm^{-1} 和 1 241.47 cm^{-1} 周围的吸收峰表明生物表面活性剂中存在多糖或多糖类物质。在 702.95 cm^{-1} 和 752.07 cm^{-1} 处的吸收峰表明–CH$_2$基团的存在。由此鉴定 Z-90 菌株所产为糖脂类生物表面活性剂。同时，该生物表面活性剂的红外光谱与鼠李糖脂和槐糖脂的红外光谱存在差异，其可能是一种新的糖脂类表面活性剂。

2.3.2　产表面活性剂微生物淋洗修复工艺

1. 产表面活性剂微生物淋洗修复工艺流程

产表面活性剂微生物淋洗修复工艺流程与产酸微生物淋洗修复工艺流程一致，如图 2.51 所示。

2. 微生物淋洗修复工艺参数

1）淋洗时间

重金属的去除率随着浸出时间的延长而增加（图 2.52），浸出修复 5 天重金属 Zn、Pb、Mn、Cd、Cu 和 As 的去除率分别达到 44.0%、32.5%、52.2%、37.7%、24.1%、31.6%，显著高于 1 g/L 的鼠李糖脂的浸出效果（Zn 17.8%、Pb 28.2%、Mn 32.9%、Cd 10.3%、Cu 16.7% 和 As 8.1%）。已有研究报道 0.25%的脂肽可以去除土壤中 70%的 Cu 和 22%的 Zn，0.5%的鼠李糖脂可以去除 65%的 Cu 和 18%的 Zn，4%的槐糖脂可以去除 25%的 Cu 和 60%的 Zn。菌株 Z-90 比 0.25%的脂肽和 0.5%的鼠李糖脂可以更有效地洗脱出土壤中的重金属 Zn。菌株 Z-90 对我国污染土壤中最受关注的重金属 Cd、Pb 和 As 的去除率都超过 30%。重金属的去除率由大到小为：Mn＞Zn＞Cd＞Pb≈As＞Cu，在此污染土壤中 Pb、As、Cu 较 Mn、Zn、Cd 更难去除。

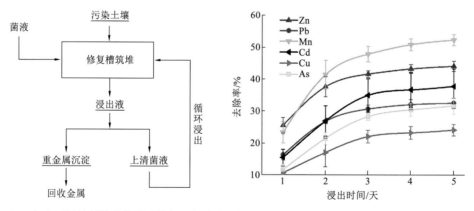

图 2.51　产表面活性剂微生物淋洗修复工艺流程图　　图 2.52　浸出时间对重金属去除率的影响

2）土壤粒径

细颗粒（1.00 mm）土壤中被浸出的金属浓度比粗颗粒（4.75 mm）高，主要是由于细颗粒的土壤与淋滤液接触更充分（图 2.53）。

3）土液比

Zn、Pb、Mn、Cd、Cu 和 As 的去除率随着土液比的增大而增大（图 2.54），在土液比为 1:30 时去除效果最佳（Zn 46.3%、Pb 34.1%、Mn 52.7%、Cd 40.1%、Cu 26.5%、As 32.4%），显著高于土液比为 1:10 时的去除效果（Zn 34.2%、Pb 25.3%、Mn 45.1%、Cd 30.1%、Cu 20.3%、As 29.0%），但与土液比 1:20（Zn 43.3%、Pb 31.1%、Mn 52.1%、Cd 38.0%、Cu 24.1%、As 31.8%）相比，相差不大。虽然淋滤液用量越多，重金属去除率越高，但从经济性角度综合考虑，最佳土液比为 1:20。

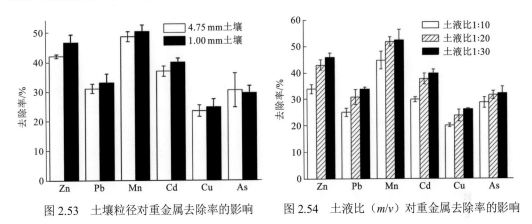

图 2.53　土壤粒径对重金属去除率的影响　　　图 2.54　土液比（*m*/*v*）对重金属去除率的影响

4）pH

当淋滤液为碱性时（pH=9.0），重金属 Pb 和类金属 As 的浸出率分别为 31.8%、32.4%，均高于 pH=7.0 的中性环境（Pb 26.7%、As 26.2%）和 pH=5.0 的酸性环境（Pb 29.8%、As 27.2%）（图 2.55）。在 pH=5.0 的酸性条件下，Zn、Mn、Cd、Cu 的浸出效率较高，分别为 48.5%、53.1%、42.0%、31.3%，均高于 pH=9.0 的碱性环境（Zn 43.2%、Mn 50.1%、Cd 37.8%、Cu 24.6%）和 pH=7.0 的中性环境（Zn 42.8%、Mn 46.4%、Cd 36.9%、Cu 24.1%）。淋滤液的 pH 是影响淋滤效率的重要因素之一，酸性环境有利于 Zn、Mn、Cd、Cu 的去除，而碱性的淋滤环境更有利于 Pb、As 的去除。

5）温度

温度条件对菌株 Z-90 的培养有很大的影响，当培养温度为 35℃的时候，培养 5 天，菌株 Z-90 的生长状况最好。当温度为 25～35℃时，淋滤环境温度的高低对于重金属淋滤效果的影响不大（图 2.56）。

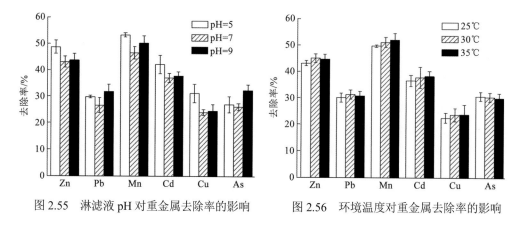

图 2.55　淋滤液 pH 对重金属去除率的影响　　　　图 2.56　环境温度对重金属去除率的影响

2.3.3　产表面活性剂微生物淋洗修复效果

1. 不同污染程度土壤重金属的淋洗效果

三种不同污染程度的土壤分别采自株洲清水塘 1 号（低污染）、株洲清水塘 2 号（中

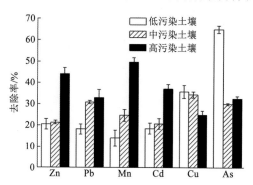

图 2.57　土壤污染程度对重金属去除率的影响

污染）和衡阳水口山（高污染）。高污染土壤中,用菌株 Z-90 淋滤液去除土壤中的 Zn、Pb、Mn、Cd 的效果较好,去除率分别为 44.3%、32.9%、49.7%、37.1%（图 2.57）。对于 As 的去除,低污染土壤中 As 去除率最高,为 65.2%,大大高于中污染（30.0%）和高污染（32.5%）土壤。同时对于 Cu 的去除,高污染土壤中 Cu 去除率最低,为 24.9%,不及低污染（35.8%）和中污染（34.3%）土壤中 Cu 的去除率。

2. 淋洗修复前后土壤重金属形态的变化

通过菌株 Z-90 生物浸出后,土壤中的 Zn、Pb、Mn、Cd、Cu 和 As 的质量分数分别从原来的 22 374 mg/kg、2 472 mg/kg、1 837 mg/kg、447 mg/kg、709 mg/kg 和 562 mg/kg 降低至 12 525 mg/kg、1 670 mg/kg、878 mg/kg、278 mg/kg、538 mg/kg 和 384 mg/kg,且每种重金属元素在浸出过程中的形态含量均发生明显变化（图 2.58,表 2.23,表 2.24）。

浸出修复前,Zn 主要以残渣态（8 882 mg/kg）和弱酸溶解态（8 759 mg/kg）的形式存在,其次是氧化态（4 249 mg/kg）,可还原态含量相对比较少,为 2 812 mg/kg。浸出后,残渣态和弱酸溶解态 Zn 明显减少,分别从 8 882 mg/kg 减少到 4 672 mg/kg 和从 8 759 mg/kg 减少到 3 736 mg/kg;其次是氧化态 Zn 从 4 249 mg/kg 降低到 2 919 mg/kg;而可还原态的含量减少幅度最小,从 2 812 mg/kg 降低到 2 506 mg/kg。菌株 Z-90 生物浸出对于各种较难迁移形态如残渣态、可还原态 Zn 均有明显的溶解效果,Zn 在微生物浸出过程中的行为主要体现为溶解。

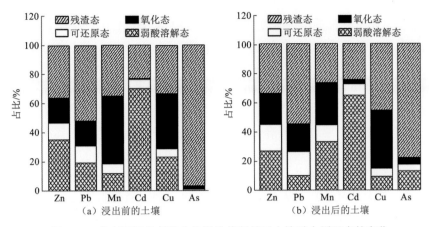

图 2.58　产表面活性剂微生物淋洗修复前后土壤重金属形态的变化

表 2.23　浸出前土壤中重金属各形态含量表　　　　（单位：mg/kg）

重金属	弱酸溶解态	可还原态	氧化态	残渣态
Zn(24 700.7)	8 758.7±1 066.2	2 812±303.4	4 248.5±302.9	8 881.5±1 492.5
Pb(4 573.7)	898.5±11.9	530.5±18.7	775.5±61.4	2 369.1±36.8
Mn(1 744.99)	212±2.6	119.7±3.6	813.8±17.9	599.3±16.7
Cd(482.4)	339.2±7.3	30.3±3.3	9.5±0.3	109.5±4.7
Cu(693.1)	161.7±3.7	39.4±1.4	261.7±2.5	230.3±7.5
As(639.7)	5.3±0.1	2.9±0.2	15.9±8.7	615.6±8.4

注：数据代表三次重复的平均水平；"±"表示标准偏差

表 2.24　浸出后土壤中重金属各形态含量表　　　　（单位：mg/kg）

重金属	弱酸溶解态	可还原态	氧化态	残渣态
Zn(13 832.4)	3 736±214.6	2 505.7±231.6	2 919±248.3	4 671.6±274.8
Pb(3 110.1)	318±4	531.2±33.6	585.1±38.8	1 693.7±73.1
Mn(837.6)	279.3±17.3	94.1±6.3	242.7±22.2	221.3±45.7
Cd(303.9)	197.4±10.4	22.8±4.2	3.4±0.3	74.2±13.6
Cu(526.8)	50±1.3	29.1±5.4	208.7±31.4	238.8±35.7
As(441.4)	58.3±2.5	21.1±1.7	19.4±11.7	342.5±8.5

注：数据代表三次重复的平均水平；"±"表示标准偏差

　　浸出修复前 Pb 主要以残渣态（2 369 mg/kg）的形式存在，其次是氧化态和弱酸溶解态含量分别为 776 mg/kg、899 mg/kg，可还原态含量相对比较少，为 531 mg/kg。浸出修复后，残渣态和弱酸溶解态 Pb 明显减少，分别从 2 369 mg/kg 减少到 1 694 mg/kg 和从 899 mg/kg 减少到 318 mg/kg，其次是氧化态从 776 mg/kg 降到 585 mg/kg，可还原态的含量几乎没有变化，维持在 531 mg/kg 左右。菌株 Z-90 生物浸出过程对较稳定的残渣态、氧化态 Pb 均有明显的溶解作用。

　　浸出修复前 Mn 主要以氧化态（814 mg/kg）的形式存在，其次是残渣态，为 599 mg/kg，弱酸溶解态和可还原态含量相对比较少，分别为 212 mg/kg、120 mg/kg。浸出修复后，残渣态和氧化态 Mn 明显减少，分别从 599 mg/kg 减少到 221 mg/kg 和从 814 mg/kg 减少到 243 mg/kg，其次是可还原态从 120 mg/kg 降到 94 mg/kg，弱酸溶解态的含量反而增加，从 212 mg/kg 增加到 279 mg/kg。菌株 Z-90 生物浸出对于较稳定的残渣态、氧化态 Mn 均有明显的溶解作用。

浸出修复前 Cd 主要以弱酸溶解态（339 mg/kg）的形式存在，其次是残渣态，为 110 mg/kg，氧化态和可还原态含量比较少，分别为 10 mg/kg、30 mg/kg。浸出修复后，弱酸溶解态和残渣态 Cd 明显减少，分别从 339 mg/kg 减少到 197 mg/kg 和从 110 mg/kg 减少到 74 mg/kg，其次是可还原态从 30 mg/kg 降到 23 mg/kg，氧化态的质量分数从 10 mg/kg 减少到 3 mg/kg。菌株 Z-90 生物浸出对残渣态 Cd 有明显的溶解效果。

浸出修复前 Cu 主要以氧化态和残渣态的形式存在，质量分数分别为 262 mg/kg、230 mg/kg，其次是弱酸溶解态，为 162 mg/kg，可还原态含量比较少，为 39 mg/kg。浸出修复后，弱酸溶解态 Cu 明显减少，分别从 162 mg/kg 减少到 50 mg/kg，其次是可还原态和氧化态，分别从 39 mg/kg 降到 29 mg/kg、从 262 mg/kg 降到 209 mg/kg，残渣态的含量没有减少反而增加，从 230 mg/kg 减少到 239 mg/kg。菌株 Z-90 生物浸出对于较难迁移形态如氧化态 Cu 有明显的溶解效果，且残渣态 Cu 增加，从而间接削弱了 Cu 在土壤中的毒性。

浸出前 As 主要以残渣态的形式存在，质量分数为 616 mg/kg，弱酸溶解态、可还原态、氧化态含量均较少，分别为 5 mg/kg、3 mg/kg、16 mg/kg。浸出后，残渣态 As 明显减少，分别从 616 mg/kg 减少到 343 mg/kg，弱酸溶解态、可还原态、氧化态含量均有所增加，分别从 5 mg/kg 增加到 58 mg/kg、从 3 mg/kg 增加到 21 mg/kg、从 16 mg/kg 增加到 19 mg/kg。通过生物浸出，土壤中 As 的总含量大大减少，难迁移的残渣态 As 转化成易迁移的形态（弱酸溶解态、可还原态）。

3. 浸出修复前后浸出液性质分析

培养 5 天菌株 Z-90 能将培养液的 pH 从 7.0 升高至 9.2 左右。然后在浸出过程中，浸出开始的两天土壤悬浊液的 pH 从 9.2 降低至 7.5 左右，后三天浸出过程中 pH 基本不变。Reynier 等（2013）报道在碱性条件下，生物表面活性剂可以更有效地洗脱土壤矿物表面的重金属。这说明了菌株 Z-90 通过自身产生的碱性物质促进了重金属从土壤中的去除。

同时浸出液表面张力在浸出修复的过程中迅速增大（图 2.59），推断菌株所产生的生物表面活性剂可能和金属离子发生了某种反应。进一步采用 ATR-FTIR 分析浸出前后浸出液中官能团的变化情况（图 2.60）。利用菌株 Z-90 浸出修复后，对称伸缩羧基 O–C=O 键从 1 456.38 cm^{-1} 位移至 1 411.64 cm^{-1}。这可能是由于重金属离子与生物表面活性剂的羧基发生了络合反应（Kim et al., 2006）。

因此生物表面活性剂有可能主要是通过与重金属离子发生络合反应，进而将重金属从土壤矿物中洗脱出来。

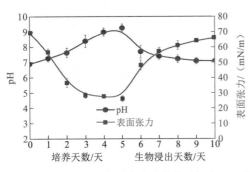

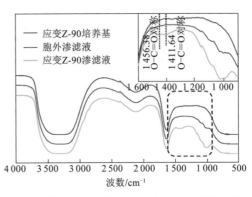

图 2.59　pH 和表面张力随培养时间和
浸出时间的变化

图 2.60　菌株 Z-90 发酵液、浸出之后的浸出液、没有
接种菌株的浸出液的 ATR-FTIR 光谱图

4. 浸出修复前后菌株的形态结构变化

浸出前后菌株 Z-90 的形态发生了改变。浸出修复后，少量含有重金属的土壤矿物黏附于细菌表面，并且大部分细菌被破碎成碎片（图 2.61，图 2.62），因此推测菌株 Z-90 的黏附性有助于重金属的去除。同时相比于浸出前，浸出后土壤矿物表面变得更光滑；浸出修复后，对土壤矿物进行能谱分析（图 2.63），重金属 Zn、Pb、Mn、Cu 的质量分数都有不同程度的减少，Zn 从 1.99%下降到 1%，Pb 从 1.88%下降到 0，Mn 从 0.23%下降到 0，Cu 从 1.2%下降到 0。但是 Cd 的质量分数却有增加，从 0.23 %增加至 0.81%，由此推测，可能是土壤矿物内层重金属 Cd 的溶解转移至土壤表面所至。

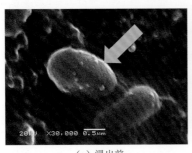

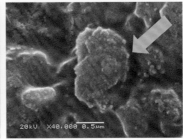

（a）浸出前　　　　　　　　　　　　　　　（b）浸出后

图 2.61　浸出前后菌株的扫描电镜图

（a）浸出前　　　　　　　　　　　　　　　（b）浸出后

图 2.62　浸出前后土壤的扫描电镜（SEM）分析

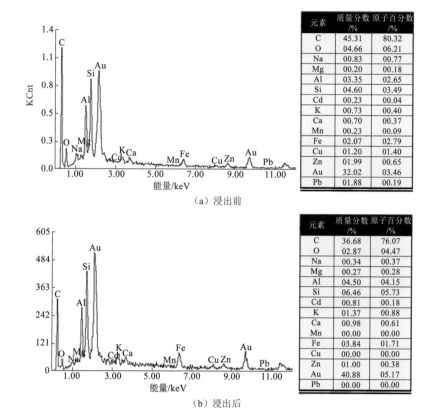

元素	质量分数 /%	原子百分数 /%
C	45.31	80.32
O	04.66	06.21
Na	00.83	00.77
Mg	00.20	00.18
Al	03.35	02.65
Si	04.60	03.49
Cd	00.23	00.04
K	00.73	00.40
Ca	00.70	00.37
Mn	00.23	00.09
Fe	02.07	02.79
Cu	01.20	01.40
Zn	01.99	00.65
Au	32.02	03.46
Pb	01.88	00.19

（a）浸出前

元素	质量分数 /%	原子百分数 /%
C	36.68	76.07
O	02.87	04.47
Na	00.34	00.37
Mg	00.27	00.28
Al	04.50	04.15
Si	06.46	05.73
Cd	00.81	00.18
K	01.37	00.88
Ca	00.98	00.61
Mn	00.00	00.00
Fe	03.84	01.71
Cu	00.00	00.00
Zn	01.00	00.38
Au	40.88	05.17
Pb	00.00	00.00

（b）浸出后

图 2.63　浸出前后土壤的能谱（EDS）分析

　　浸出前后土壤的拉曼图谱无明显位移，峰位置无明显变化（图 2.64），表明浸出前后土壤的结构可能无显著变化。结合 XPS 的分析（图 2.65），Z-90 菌株浸出前后土壤中 As(III)（49.40 eV）和 As(V)（44.15 eV）的比例都有所变化，对照组无明显变化。三价砷的占比从 48% 升高至 75%，结合浸出前后土壤中 As 含量（浸出前 As 质量分数为 560 mg/kg，浸出后 As 质量分数为 383 mg/kg），推测 Z-90 菌株主要通过去除五价砷达到去除总 As 的目的。

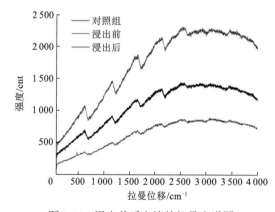

图 2.64　浸出前后土壤的拉曼光谱图

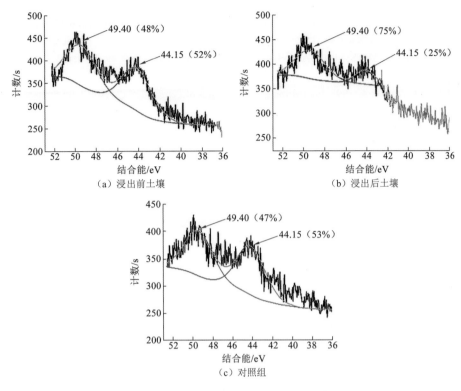

图 2.65　浸出前后土壤中 As 的 XPS 分析图

参 考 文 献

邓新辉, 2013. 铅锌冶炼废渣堆场土壤产黄青霉菌 F1 浸出修复研究. 长沙: 中南大学.

可欣, 李培军, 巩宗强, 等, 2004. 重金属污染土壤修复技术中有关淋洗剂的研究进展. 生态学杂志, 23(5): 145-149.

刘超, 袁建国, 王元秀, 等, 2010. 葡萄糖氧化酶的研究进展.食品与药品, 12(7): 285-289.

罗璐瑕, 2008. 重金属污染土壤螯合剂浸提及其机理研究. 南京: 河海大学.

宋正国, 2006. 共存阳离子对土壤镉有效性影响及其机制. 北京: 中国农业科学院.

王雪, 樊贵盛, 2009. Na^+含量对土壤入渗能力影响的试验研究. 太原理工大学学报, 4: 391-394.

王镜岩, 朱圣庚, 徐长法, 2002a. 生物化学(上册). 北京: 高等教育出版社.

王镜岩, 朱圣庚, 徐长法, 2002b. 生物化学(下册) . 北京: 高等教育出版社.

韦朝阳, 陈同斌, 2001. 重金属超富集植物及植物修复技术研究进展. 生态学报, 21 (7): 1196 -1202.

吴涛, 依艳丽, 谢文军, 等, 2013. 产生物表面活性剂耐盐菌的筛选鉴定及其对石油污染盐渍化土壤的修复作用. 环境科学学报, 33(12): 3359-3367.

辛明秀, 周培瑾, 2004. 冷活性琥珀酸脱氢酶的特性. 北京师范大学学报, 40(1): 108-113.

张志, 2016. *Burkholderia* sp.修复重金属污染土壤的研究. 长沙: 中南大学.

张淑娟, 2013. 镉铅污染灰钙土化学淋洗修复研究. 长沙: 中南大学.

ABDULLAH M F, 1997. Influence of heavy-metals toxicity on the growth of Phanerochaete chrysosporium. Bioresource Technology, 60(1): 87-90.

AŞÇI Y, NURBAŞA M, SAĞ AÇIKEL Y, et al., 2008. A comparative study for the sorption of Cd(II) by soils with different clay contents and mineralogy and the recovery of Cd(II) using rhamnolipid biosurfactant. Journal of Hazardous Materials, 154(1): 663-673.

ANAHIDA S, YAGHMAEI S, GHOBADINEJAD Z, 2011. Heavy metal tolerance of fungi. Scientia Iranica C, 18(3): 502-508.

CHETAN T, GOUDAR K A, 1998. Estimating growth kinetics of Penicillium chrysogenum through the use of respirometry. Journal of Chemical Technology & Biotechnology,72(3): 207-212.

DI PALMA L, FERRANTELLI P, MEDICI F, 2005. Heavy metals extraction from contaminated soil: recovery of the flushing solution. Journal of Environmental Management, 77(3): 205-211.

FANG D, ZHANG RC, ZHOU LX, et al. 2011. A combination of bioleaching and bioprecipitation for deep removal of contaminating metals from dredged sediment. Journal of Hazardous Materials, 192: 226-233.

FOMINA M, CHARNOCK J, BOWEN A D, et al., 2007. X-ray absorption spectroscopy (XAS) of toxic metal mineral transformations by fungi. Environmental Microbiology, 9(2): 308-321.

GRČMAN H, VELIKONJA-BOLTA Š, VODNIK D, et al., 2001. EDTA enhanced heavy metal phytoextraction: metal accumulation, leaching and toxicity. Plant and Soil, 235(1): 105-114.

GYLIENĖ O, AIKAITĖ J, NIVINSKIENĖ O, 2004. Recovery of EDTA from complex solution using Cu (II) as precipitant and Cu (II) subsequent removal by electrolysis. Journal of Hazardous Materials, 116(1): 119-124.

JUANG R, LIN L, 2000. Efficiencies of electrolytic treatment of complexed metal solutions in a stirred cell having a membrane separator. Journal of Membrane Science,171(1): 19-29.

KIM J, VIPULANANDAN C, 2006. Removal of lead from contaminated water and clay soil using a biosurfactant. Journal of Environmental Engineering, 132(7): 777-786.

HAMEL S, BUCKLEY B, LIOY P, 1998. Bioaccessibility of metals in soils for different liquid to solid ratios in synthetic gastric fluid. Environment Science Technology, 32: 358-362.

HERRMANN A, WITTER E, KATTERER T, 2005. A method to assess whether'preferential use' occurs after 15N ammonium addition implication for the 15N isotope dilution technique. Soil Biology & Biochemistry, 37: 183-186.

MADEJA A S, 2011. Kinetics of Mo, Ni, V and Al leaching from a spent hydrodesulphurization catalyst in a solution containing oxalic acid and hydrogen peroxide. Journal of Hazardous Materials, 186: 2157-2161.

MOUTSATSOU A, GREGOU M, MATSAS D, et al., 2006.Washing as a remediation technology applicable in soils heavily polluted by mining-metallurgical activities. Chemosphere, 63(10): 1632-1640.

PETERS R W, 1999. Chelant extraction of heavy metals from contaminated soils. Journal of Hazardous Materials, 66(1-2): 151.

REYES I, BERNIE L, SIMARD R R, et al., 1999. Effect of nitrogen source on the solubilization of different inorganic phosphates by isolate of Penicillium rugulosum and two UV-induced mutants. FEMS Microbiology Ecology, 28: 281-290.

REYNIER N, BLAIS J, MERCIER G, et al., 2013. Optimization of arsenic and pentachlorophenol removal from soil using an experimental design methodology. Journal of Soils and Sediments, 13(7): 1189-1200.

REZZA I, SALINAS E, ELORZA M, et al., 2001. Mechanisms involved in bioleaching of an aluminosilicate by heterotrophic microorganisms. Process Biochemistry, 36: 495-500.

ROANE T M, 1999. Lead resistance in two bacterial isolates from heavy metal-contaminated soils. Microbiology Ecology, 37: 218-224.

VALIX M, TANG J Y, MALIK R, 2001. Heavy metal tolerance of fungi. Minerals Engineering, 14(5): 499-505.

YANG J, WANG Q H, Wang Q, et al., 2009. Heavy metals extraction from municipal solid waste incineration fly ash using adapted metal tolerant *Aspergillus niger*. Bioresource Technology, 100: 254-260.

YOUSSEF N H, DUNCAN K E, NAGLE D P, et al., 2004. Comparison of methods to detect biosurfactant production by diverse microorganisms. Journal Microbiol Methods, 56(3):339-347.

ZANDRA A, EMMA J, THOMAS K, et al., 2010. Remediation of metal contaminated soil by organic metabolites from fungi I-production of organic acids. Water Air Soil Pollution, 205: 215-226.

第3章 矿冶污染场地土壤化学固定修复

化学固定修复技术，是向污染土壤中添加化学固定剂，通过固定剂与重金属发生吸附、氧化还原、沉淀、络合等作用使重金属在土壤中的各赋存形态发生变化，使重金属在土壤中固定，从而降低土壤中重金属的生物有效性，减少其向水体和植物体或其他环境单元迁移。化学固定修复技术具有处理时间短、经济廉价、操作简单、适用范围广等优点，是目前主要的重金属污染土壤修复方法之一。该技术基本不受土壤类型的制约，而主要是与要修复的重金属种类与性质有关，其关键在于寻找到能与重金属高效反应并生成持久稳定物质的固定剂。

3.1 铅镉污染土壤的多羟基磷酸铁固定修复

由于冶炼废渣的堆存、冶炼烟气颗粒物沉降等，有色金属矿冶场土壤中常常存在铅镉污染。Cd 是毒性最强的金属元素之一，由于 Cd 的活性很强，极易被植物吸收并在体内积累，通过食物链进入人体后极易累积并引发各种疾病，如痛痛病。大米中的 Cd 超标是目前我国最严重的 Cd 污染问题，严重威胁食品安全。Pb 是目前记载最多的有毒物质，它是以慢性中毒的方式危害人与动植物的生长和健康的。我国土壤中 Pb 的背景值为 $13.6 \sim 38.4$ mg/kg，而铅锌采炼企业周围的土壤，其 Pb 含量高达 10 000 mg/kg。磷酸盐类物质是常用的土壤修复固定剂之一，能与多种重金属阳离子结合生成沉淀，能有效地减缓重金属的迁移转化能力，降低重金属的生物毒性。但常用的含磷固定剂（如羟基磷灰石等）价格昂贵，急需一种修复效率高、成本低廉的固定剂。

3.1.1 多羟基磷酸铁固定剂合成及改性

针对铅镉污染土壤，以钛白粉副产品［主要成分为硫酸亚铁（$FeSO_4$）］、电石渣、磷酸盐等为原料，制备一种高效铅镉固定剂–多羟基磷酸铁（吴瑞萍，2014）。

1. 多羟基磷酸铁的制备及条件优化

传统的磷酸铁的合成是以可溶性高铁盐类与磷酸或磷酸氢盐类进行反应，因为磷酸或磷酸盐类的加入，Fe^{3+}离子水解产生的 $Fe(OH)^{2+}$、$Fe(OH)_2^{+}$、$Fe(OH)_4^{-}$、$Fe(OH)_6^{3-}$等，与 PO_4^{3-}形成稳定度和聚合度较高的聚合络合物。反应过程可表示如下：

$$Fe^{3+} + nH_2O \longrightarrow Fe(OH)_n^{3-n} + nH^+ \tag{3.1}$$

$$Fe(OH)_n^{3-n} + xH_2PO_4^- \longrightarrow Fe(OH)_n(PO_4)_x]^{3-n-3x} + 2xH^+ \tag{3.2}$$

$$m\{Fe(OH)_n(PO_4)_x\}^{3-n-3x}\} \longrightarrow \{Fe(OH)_n(PO_4)_x\}^{3-n-3x}\}_m \qquad (3.3)$$

为合理利用资源,节约成本,所用 Fe 来源于钛白粉生产过程中的副产品,其主要成分为七水硫酸亚铁($FeSO_4 \cdot 7H_2O$)。为使亚铁离子(Fe^{2+})迅速氧化,以双氧水(H_2O_2)作为氧化剂,氧化生成 Fe^{3+} 和水,氧化过程可表示为

$$2Fe^{2+} + H_2O_2 + 2H^+ \longrightarrow 2Fe^{3+} + 2H_2O \qquad (3.4)$$

1) 溶液 pH

原土壤为酸性污染土壤,pH 为 3.81。一般来说,土壤 pH 越低,重金属被解吸的越多,其活动性就越强,从而加大了土壤中的重金属向生物体内迁移的数量。因此为提高土壤 pH,一般会向酸性土壤中添加偏碱性的固定剂,并要考虑固定剂在制备过程中不同 pH 对固定效果的影响。

多羟基磷酸铁制备时的 pH 越高,所得固定剂对有效态 Cd 的去除效果就越好(图 3.1),当 pH=8.85,固定 14 天后,有效态 Cd 的去除率达到 28%;而对于土壤中的 Cd 来说,pH 在 7.78~8.85 时有效态 Cd 的固定率相差不大,固定 14 天后,固定率在 47%~50%。因此,制备多羟基磷酸铁时,需将溶液 pH 调至 8.85,才能使 Cd 的固定效果达到最好。

多羟基磷酸铁溶液 pH 的不同对有效态 Pb 去除效果的影响不大(图 3.2),固定 14 天后,pH≥7.78 时得到的多羟基磷酸铁对有效态 Pb 的去除率在 45% 以上,而制备溶液 pH≤7.3 时,多羟基磷酸铁对有效态 Pb 的去除率为 40% 左右。

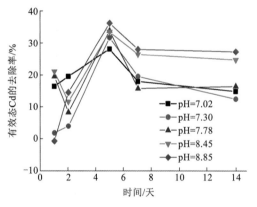

图 3.1　不同 pH 条件下制得的 PPFS 对有效态 Cd 去除效果的影响

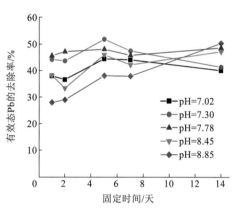

图 3.2　不同 pH 条件下制得的 PPFS 对有效态 Pb 去除效果的影响

2) 氧化剂用量及氧化时间

随着 H_2O_2 用量的增加和反应时间的增长,Fe^{2+} 的转化率逐渐增高(表 3.1)。当 $n(Fe/H_2O_2)$ 物质的量比达到 1:1.25,Fe^{2+} 已基本被氧化完全。而氧化 90 min 后,反应达到平衡,Fe^{2+} 的转化率基本保持稳定。因此,在合成固定剂时,H_2O_2 最佳用量为 $n(Fe/H_2O_2)$=1:1.25,反应时间为 90 min 以上。

表 3.1　不同 H_2O_2 对 Fe^{2+} 的转化率的影响

$n(Fe/H_2O_2)$	Fe^{2+} 的转化率/%				
	20 min	40 min	60 min	90 min	120 min
1:0.5	67.19	69.27	70.52	71.47	71.47
1:0.75	77.25	77.57	78.20	78.79	78.90
1:1	86.42	86.42	88.94	89.15	89.19
1:1.25	99.27	99.55	99.74	99.79	99.79
1:1.5	99.74	99.81	100.00	100.00	100.00

3）P/Fe 物质的量比

在 $n(P/Fe)<0.4$ 时，随 P 用量的增多，Cd、Pb 的有效态去除率均明显上升（图 3.3）。

而当 $n(P/Fe)>0.4$ 时，有效态 Cd 的去除率变化不大，在 $n(P/Fe)=0.8$ 时达到最大，而有效态 Pb 的去除率仍有小幅度的增加，在 $n(P/Fe)=1.0$ 时去除率最高。这可能是由于 Cd 的活性比 Pb 强，未能与 Fe^{3+} 发生聚合的过量的 PO_4^{3-} 与 Pb^{2+} 反应生成稳定的化学物，进一步降低了 Pb 的活性。在合成 PPFS 的过程中，$n(P/Fe)=0.8$ 时对有效态 Pb、Cd 的去除率分别达 55% 和 32%。

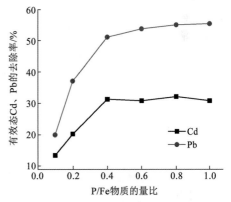

图 3.3　不同 P/Fe 物质的量比对 PPFS 固定有效态 Cd、Pb 的影响

4）各因素之间的影响

对 PO_4^{3-} 用量、氧化剂用量、溶液 pH、反应温度等影响因素按照四因素三水平正交试验表 $L_9(3^4)$ 合成产品，并将其加入土壤进行固定试验。测得固定前后土壤中有效态 Cd、Pb 含量，通过计算两种金属的去除率来评价产品的固定能力（表 3.2）。

表 3.2　正交试验表 $L_9(3^4)$

试验号	A（Fe/H_2O_2）	B（P/Fe）	C（pH）	D（反应温度）	有效态 Cd/Pb 去除率/%
1	1	1	1	1	24.6/45.9
2	1	2	2	2	15.3/34.2
3	1	3	3	3	20.8/41.3
4	2	1	2	3	21.6/43.0
5	2	2	3	1	20.6/39.9
6	2	3	1	2	22.2/42.5
7	3	1	3	2	20.9/39.8
8	3	3	2	3	25.8/47.7
9	3	3	2	1	21.5/45.3
K_1	60.6/121.4	67.1/128.7	76.6/136.1	66.7/131.1	

续表

试验号	A（Fe/H₂O₂）	B（P/Fe）	C（pH）	D（反应温度）	有效态 Cd/Pb 去除率/%
K_2	64.4/125.4	61.8/121.8	58.3/122.5	58.4/116.5	
K_3	68.2/132.8	64.4/129.1	62.3/121.0	68.2/132.0	
$\overline{K_1}$	20.21/40.47	22.36/42.90	24.19/45.37	22.23/43.70	
$\overline{K_2}$	21.47/41.80	20.59/40.60	19.45/40.83	19.45/38.83	
$\overline{K_3}$	22.77/44.27	21.47/43.03	20.78/40.33	22.73/44.00	
R	2.53/3.80	1.78/2.43	4.74/5.04	3.28/5.17	

对有效态 Cd 去除率的极差分析结果为：$R_C>R_D>R_A>R_B$，产品制备的最佳条件为：A3B1C1D3。对有效态 Pb 去除率的极差分析结果为：$R_D>R_C>R_A>R_B$，产品合成的最佳条件为：A3B2C1D3。因此在合成多羟基磷酸铁络合物时，溶液 pH 和反应温度对固定重金属的效果影响较大，其次是 P/Fe 和 Fe/H₂O₂ 的物质的量比。对于有效态 Cd 的去除，固定剂制备 pH 是最主要的影响因素，这是由于 pH 是影响 Cd 在土壤中固定的主要因素；而对有效态 Pb 的去除来说，反应温度才是最重要的影响因素，这可能是由于温度会影响 Fe^{3+} 与 PO_4^{3-} 的聚合程度，进而影响 Pb^{2+} 与 PO_4^{3-} 反应生成稳定的磷铅矿沉淀。

综合考虑固定剂对有效态镉铅的去除效果，在合成多羟基磷酸铁过程中，最优条件为：A3B2C1D3，即 $n(Fe/H_2O_2)=1:1.25$，$n(P/Fe)=0.6$，溶液 pH 为 7.5 左右，反应温度为 80℃。

2. 多羟基磷酸铁的改性

1）多羟基磷酸铁的改性原理

采用一种表面活化–沉淀的方法，通过表面活化对多羟基磷酸铁进行改性，该方法的特点是利用酸度、温度对反应物解离的影响，在一定条件下制得含有所需反应物的稳定的前体溶液，使用冷氨水迅速改变溶液的酸度和温度来促使颗粒大量形成，并借助表面活性剂（十二烷基硫酸钠，简称 SDS）防止颗粒发生团聚，从而制得分散均匀的纳米羟基磷酸铁颗粒。这种方法操作方便，所需设备简单，制得的产品颗粒大小均匀。该方法的关键在于两点。①反应物分布均匀。在反应中加入适量的 SDS 作为表面活性剂，可使各反应物之间分布均匀，调节生成沉淀物的颗粒大小；且 SDS 是一种无毒的阴离子表面活性剂，其生物降解度>90%，制备完成后未洗净的 SDS 随固定剂进入待修复土壤中，由于其高生物降解度，不会对土壤造成较大危害。②沉淀快速。冷氨水的作用是消除阻碍反应进行的酸效应，大大促进沉淀反应的进行速度；同时，氨水呈弱碱性，可以调节溶液的 pH，并不会生成氢氧化物沉淀或是引入其他杂质金属粒子。

2）表面活性剂的浓度对改性产物的影响

当反应溶液中开始形成细小的磷酸铁微粒时，粒子比表面积非常大，表面自由能很高，很容易聚结成大颗粒，形成聚集体。通过加入表面活性剂可明显抑制晶粒的凝聚和团聚，从而得到粒径分布均匀，颗粒较小的羟基磷酸铁微粒。表面活性剂 SDS 质量浓度与多羟基磷酸铁颗粒的粒径大小(以中值直径D_{50}表示)的关系如图 3.4 所示。

未加表面活性剂 SDS 制备的多羟基磷酸铁的粒径较大,其中值直径 D_{50} 为 9.58 μm。加入 SDS 后,多羟基磷酸铁的颗粒大小随着 SDS 质量浓度的增加迅速减小,且当 SDS 质量浓度达 4 g/L 时,所得到的多羟基磷酸铁的粒径基本保持不变,其中值直径D_{50}为 0.97 μm,说明表面活性剂 SDS 的加入,可以有效地将生成的多羟基磷酸铁颗粒包覆起来,防止微粒聚集长大。而当 SDS 的加入量增多时,就能

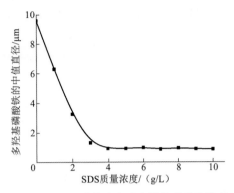

图 3.4 SDS 质量浓度对多羟基磷酸铁粒度的影响

更快速地将生成的多羟基磷酸铁颗粒包覆住,阻碍颗粒的团聚。除表面活性剂外,反应温度、反应溶液初始浓度和搅拌速度等也对产品颗粒的大小有一定的影响。

3. 改性前后多羟基磷酸铁的性能表征

1)Fe 的聚合形态

根据不同类型的 Fe 与 Ferron 进行络合反应的速率不同,可以将水中铁的形态分为三类:①Fe(a),1 min 之内与 Ferron 试剂反应的 Fe^{3+} 水解单聚态,主要以自由离子、各级单核羟基络合物或低聚态形式存在;②Fe(b),12 h 内与 Ferron 试剂发生反应的 Fe^{3+} 水解多聚态,是 Fe(a)向 Fe(c)过渡的不稳定的多核羟基络合物形态;③Fe(c),12 h 未与 Ferron 试剂发生反应的 Fe^{3+} 高聚态,主要以沉淀形式存在,是不与 Ferron 反应或反应极为缓慢的部分。因此,总铁 Fe(T)的含量可表示为三种形态 Fe 的总和。

$$Fe(T) = Fe(a) + Fe(b) + Fe(c) \qquad (3.5)$$

未改性及改性后多羟基磷酸铁样品的水溶液中 Fe 的三种形态分布及随时间的变化见表 3.3,改性前后样品中 Fe 的三种聚合形态变化规律基本一致。Fe(a)和 Fe(c)的变化幅度较大,Fe(a)逐渐减少,Fe(c)逐渐增多,二者呈负相关;而 Fe(b)的含量较少,变化也比较

表 3.3 未改性及改性多羟基磷酸铁在不同熟化时间下 Fe 的形态分布占比 (单位:%)

样品编号	Fe 的聚合形态	熟化时间/h			
		2	24	72	120
1	Fe(a)	30.1	29.4	23.8	24.1
	Fe(b)	10.5	4.1	2.9	3.0
	Fe(c)	59.4	66.5	73.3	72.9
2	Fe(a)	27.7	23.3	20.9	20.4
	Fe(b)	14.9	9.4	4.3	4.6
	Fe(c)	57.4	67.3	74.8	75.0

注:样品 1、2 分别为最佳条件下未改性及改性后的多羟基磷酸铁样品

小，说明 Fe(a)迅速向 Fe(c)转化。Fe(c)的含量大约占总铁的 60%以上，即改性前后多羟基磷酸铁中的 Fe 主要以高聚态形式存在，同时 Fe(b)随时间的增加最后含量在 5%以下，说明多羟基磷酸铁的络合结构稳定，这是由于 PO_4^{3-} 的加入增强了 Fe 的聚合。上述结果证明溶液中的 Fe 依次进行着水解–聚合–沉淀反应。其中聚合反应历经单核–多核–高分子聚合过程。在制备完成后，溶液中的低聚态 Fe 仍在逐渐向高聚态转变，且在一段时间后，各聚合态的铁不再变化，反应基本达到平衡。熟化 72 h 后各形态 Fe 的含量基本维持不变。

2）粒度分布及比表面积特征

未改性多羟基磷酸铁的中值直径为 9.58 μm，粒度主要分布在 6.21～19.50 μm；添加表面活性剂对多羟基磷酸铁改性后，中值直径 D_{50} 为 0.97 μm，粒度主要分布在 0.40～4.15 μm，改性后的多羟基磷酸铁的粒度明显变小，比表面积为 13.44 m^2/g，比未改性样品（6.47 m^2/g）增加了一倍多。改性后的多羟基磷酸铁粒度较小，因而能深入土壤缝隙中与重金属进行反应，同时，较大的比表面积增强了固定剂对重金属的吸附作用（图 3.5）。

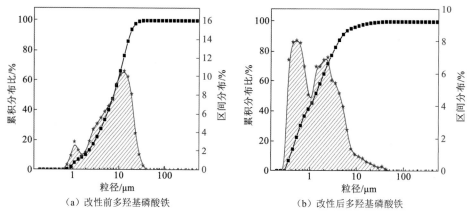

（a）改性前多羟基磷酸铁　　　　　　　　（b）改性后多羟基磷酸铁

图 3.5　粒径的微分分布和累积分布

3）形貌特征

未改性多羟基磷酸铁样品呈均匀棒状形态，直径为 120～200 nm，长度为 5～10 μm（图 3.6）。颗粒不均匀交错分布，无明显团聚现象；TEM 图显示多羟基磷酸铁棒体表面光滑，结构规整（图 3.7）。样品横截面不平整，这可能是由于其直径较小、容易断裂造成的。

改性多羟基磷酸铁由均质棒状变为细小棒状体，尺寸明显减小，说明表面活性剂 SDS 对颗粒大小有一定的调控作用。改性多羟基磷酸铁主要呈中间粗两边细的锥形体，其长度在 200～900 nm（图 3.8）。此外，改性多羟基磷酸铁存在一定的团聚现象（图 3.9）。

4）多羟基磷酸铁的结构与组成

改性前后多羟基磷酸铁的红外光谱特征峰位置相同，仅峰强有所差别（图 3.10）。熟化 72 h 的改性多羟基磷酸铁红外图谱在波数为 3 405～3 545 cm^{-1} 处的吸收峰较强较宽，由于聚合铁中与铁离子(Fe^{3+})相连的–OH 基团和吸附水分子中的–OH 基团的伸缩振动而

(a) ×5 000 倍　　　　　　　　　　　(b) ×50 000 倍

图 3.6　未改性多羟基磷酸铁的 SEM 图

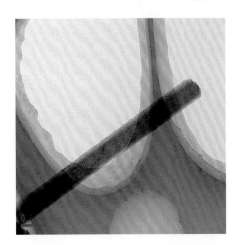 

图 3.7　未改性多羟基磷酸铁样品的 TEM 图

 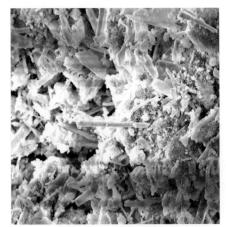

(a) ×2 000 倍　　　　　　　　　　　(b) ×20 000 倍

图 3.8　改性后多羟基磷酸铁样品的 SEM 图

图 3.9　改性后多羟基磷酸铁样品的 TEM 图

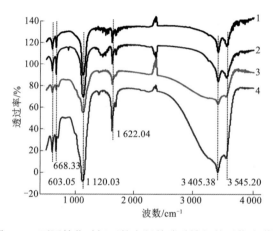

图 3.10　不同熟化时间下的多羟基磷酸铁红外吸收光谱图

1 为未改性; 2 为改性, 熟化 2 h; 3 为改性, 熟化 24 h; 4 为改性, 熟化 72 h

产生; 波数 1 622 cm^{-1} 处的特征吸收峰为结合水分子 H–O–H 的弯曲振动; 波数 900~1 200 cm^{-1} 处吸收峰的变化较明显, 为磷酸根的吸收峰范围, 其中 1 120 cm^{-1} 代表–P=O 或者–P–O–的反对称伸缩振动; 波数 600~700 cm^{-1} 处的吸收弱峰代表–Fe–O–的振动。多羟基磷酸铁内部的羟基较为复杂, 其主要是由分子间缔合的羟基和部分分子内螯合的羟基连接为主, 络合铁离子与磷酸根结合生成的 OH–Fe–PO$_4$ 高聚物, 其中铁与磷可以相互螯合形成–Fe–O–Fe–、–P–O–P–、–Fe–P–Fe–、–P–Fe–P–等多种结构。因此, 多羟基磷酸铁的结构表示为: –{-P–O–[···O–H···]$_n$–O–Fe–}–重复连接。

陈化时间对多羟基磷酸铁在波数为 900~1 200 cm^{-1} 和 3 405~3 545 cm^{-1} 处的峰形变化影响较大, 随陈化时间延长, 多羟基磷酸铁的聚合反应仍在持续, 低聚态 Fe 继续向高聚态 Fe 转变。

改性后多羟基磷酸铁主要组成为 Fe$_6$(OH)$_5$(H$_2$O)$_4$(PO$_4$)$_4$(H$_2$O)$_2$ 和 Fe$_{25}$(PO$_4$)$_{14}$(OH)$_{24}$ 物质 (图 3.11, 表 3.4), 还包括少量的 FePO$_4$(H$_2$O)$_2$、Ca(FeFe)(OH)(PO$_4$)$_2$、Fe$_{12}$(OH)$_{7.3}$(PO$_4$)$_8$-(H$_2$O)$_{4.7}$ 等物质。说明该聚合反应成功进行, 生成了 OH–Fe–PO$_4$ 聚合络合物。

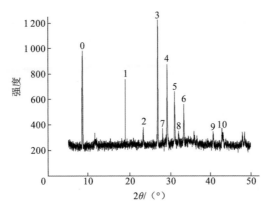

图 3.11　改性后多羟基磷酸铁样品的 XRD 图

表 3.4　改性后多羟基磷酸铁 XRD 图的峰位置与对应的物质

编号	X 射线衍射峰对应物质	编号	X 射线衍射峰对应物质
0	$Fe_6(OH)_5(H_2O)_4(PO_4)_4(H_2O)_2$	6	$6FeO(OH)$
1	$FePO_4(H_2O)_2$	7	$Fe_{12}(OH)_{7.3}(PO_4)_8(H_2O)_{4.7}$
2	$Fe(OH)_3(H_2O)_{0.25}$	8	$Ca_5(PO_4)_3(OH)$
3	$Fe_{25}(PO_4)_{14}(OH)_{24}$	9	Fe_2P
4	$Ca(FeFe)(OH)(PO_4)_2$	10	$Ca(Fe_6(OH)_6(H_2O)_2(PO_4)_4)_2$
5	$Ca_2Fe(PO_4)_2(H_2O)_4$		

3.1.2　铅镉污染土壤固定修复工艺

1. 修复工艺流程

污染土壤和固定剂经旋耕机旋耕破碎、混匀后,调节土壤水分含量至最大田间持水量的 70%,经过 4~6 周的反应后,土壤自然风干,回填。具体工艺路线如图 3.12 所示。

2. 修复工艺参数

1)固定时间

以多羟基磷酸铁为固定剂,土壤中有效态铅镉的去除率随固定时间的延长增加再趋于平缓(图 3.13)。固定前 7 天,有效态 Cd、Pb 的去除率迅速增加,从 3 天的10%、26%升高到 24%、39%;14 天之后去除率增长速度变慢。固定 42 天后土壤有效态 Cd 的去除率为 41%,固定 35 天后土壤有效态 Pb 的去除率为 62%。继续延

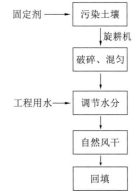

图 3.12　铅镉污染土壤化学固定修复技术路线图

长固定时间,有效态 Cd、Pb 去除率变化较小,表示固定反应已达到平衡。

土壤中水溶态 Pb 和 Cd 的固定很快,14 天后 Pb 的固定率即可达到 63%(图 3.14)。

在土壤 pH＜6 时，Cd 的活性较强，且土壤中被吸附的有效态 Cd 含量随 pH 的升高而增加，固定难度增加。多羟基磷酸铁的加入提高土壤的 pH，水溶态 Cd 在 0～14 天内的去除率呈线性相关，在反应 21 天时去除率达到最高（58%）。固定超过 28 天后，水溶态 Pb 的去除率略有升高，在 60 天后固定效果最好，去除率为 68%；而水溶态 Cd 的去除效果却有一定程度的下降，60 天后去除率为 56%。

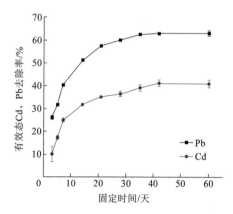 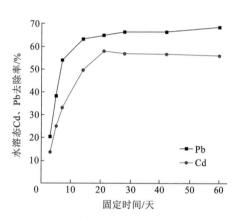

图 3.13　土壤中有效态 Cd、Pb 去除率随　　　　　图 3.14　土壤中水溶态 Cd、Pb 去除率随
　　　　　 固定时间的变化　　　　　　　　　　　　　　　 固定时间的变化

水溶态 Cd、Pb 的固定较快，21 天即可达到最佳修复效果，而有效态 Cd、Pb 分别在固定 35 天和 42 天后达到稳定，因此，固定反应需要 42 天，才能使重金属得到更多的去除，并且保持稳定。有效态 Cd、Pb 和水溶态 Cd、Pb 的去除率分别为 41%、62% 和 56%、66%。

2）固定剂用量

随多羟基磷酸铁用量的增加，土壤中有效态 Cd、Pb 的去除率逐渐升高（图 3.15），当多羟基磷酸铁用量为土壤质量的 0.5%～2.0%时，有效态 Cd、Pb 的固定效率均以类似线性的趋势递增，但去除率较低。当多羟基磷酸铁用量＞3%，有效态 Cd、Pb 的去除率增长变缓，但较之前有明显升高，多羟基磷酸铁施用量在 4%以上时，有效态 Cd、Pb 的去除率基本保持稳定。多羟基磷酸铁用量为 8%时，土壤中有效态 Cd、Pb 的去除率达到最大，分别为 65%、45%。

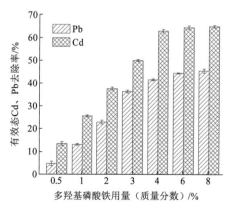

图 3.15　多羟基磷酸铁用量对有效态 Cd、
　　　　　Pb 固定效果的影响

多羟基磷酸铁用量越多，水溶态 Cd、Pb 去除率的变化趋势与有效态 Cd、Pb 一致（图 3.16），且在多羟基磷酸铁用量为土壤质量的 8%时土壤水溶态 Cd、Pb 固定效果最佳，其含量分别从 6.84 mg/kg、20.19 mg/kg 降至 2.77 mg/kg、6.50 mg/kg，其去除率分别达 60%和 68%。

综合考虑固定效果和经济因素,将土壤质量的 4%确定为多羟基磷酸铁的最佳添加量,有效态 Cd、Pb 的去除率分别为 41%、63%,水溶态 Cd、Pb 的去除率为 54%、63%。

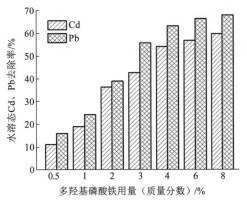

图 3.16 多羟基磷酸铁用量对水溶态 Cd、Pb 固定效果的影响

3)土壤水分含量

在土壤化学固定修复过程中,水是固定剂和土壤中重金属反应的重要媒介,可以促使土壤与固定剂的充分混合。若水量过少,土壤与固定剂不能充分混合均匀,难以达到较好的固定效果。而过量的水可能将未参与反应的固定剂或水溶态重金属淋出并带入地下水,造成环境的二次污染。固定剂投加量为土壤质量的 5%,固定时间 42 天条件下,土壤有效态 Cd 的去除率随着用水量的增加先增大后减小。在用水量为最大田间持水量的 85%时效果最好,土壤有效态 Cd 去除率达 45%。而用水量对有效态 Pb 的固定效果影响不大,固定 42 天后有效态 Pb 去除率维持在 60%左右,且用水量为最大田间持水量的 65%时有效态 Pb 去除率可达 64%(图 3.17)。

水溶态 Cd、Pb 的固定率随用水量的变化趋势与有效态 Cd 的基本一致(图 3.18),其中水溶态 Cd 和 Pb 的固定效果均在用水量为最大田间持水量的 85%时达到最佳,去除率分别为 59%和 65%。当用水量超过最大田间最大持水量的 85%时,两种形态的重金属的去除率均有不同程度的下降。水量过多造成土壤淹水,在此条件下,重金属在酸性土壤中的活性会增高,导致土壤中 Cd 和 Pb 的可交换态含量增加。选择最大田间持水量的 85%作为固定修复土壤的最佳用水量,土壤有效态 Cd、Pb 和水溶态 Cd、Pb 的固定效率分别为 45%、64%和 59%、65%。

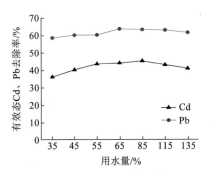

图 3.17 用水量对土壤有效态 Cd、Pb 去除率的影响

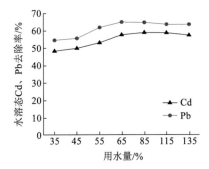

图 3.18 用水量对土壤水溶态 Cd、Pb 去除率的影响

4)土壤粒径

土壤重金属的化学固定修复是基于固定剂与受污染土壤中重金属之间的吸附、沉淀等作用完成的,因此固定剂能否与污染土壤充分接触是影响修复效果的一个重要因素。

土壤粒径对有效态 Cd、Pb 固定效果的影响为：总体上随着土壤粒径的增大，有效态 Cd、Pb 的去除率逐渐降低（图 3.19）。粒径为 4.8 mm 时，土壤有效态 Cd、Pb 的去除率为 37% 和 54%。土壤颗粒过大，固定剂无法接触到颗粒内部包裹的重金属，从而有一部分重金属未能被固定。当粒径为 2.4~4.8 mm 时，有效态 Cd、Pb 的去除率均有明显下降；当粒径为 0.6~2.4 mm 时，有效态 Cd 的去除率先下降后上升，而有效态 Pb 的去除率则是先上升后下降，但变化的幅度均较小，可见当土壤颗粒达到一定粒径后，其对 Cd、Pb 固定效果的影响变小。当粒径为 0.15 mm 时，有效态 Cd 达到最佳固定效果，有效态 Cd 去除率为 43%；当粒径为 0.6 mm 时，有效态 Pb 固定效果最佳，去除率为 67%。

水溶态 Cd 去除率的变化与有效态 Cd 略有不同。水溶态 Cd 的去除率随土壤粒径的减小而增大，在粒径为 0.15 mm 时固定效果最好，去除率可达 57%（图 3.20）。土壤中水溶态 Pb 的含量随粒径的减小而降低，在过 0.15 mm 筛的土壤中水溶态 Pb 含量最少，去除率为 65%。总的来说，有效态和水溶态重金属在粒径小于 2.4 mm 的土壤中固定效果均比较好。综合考虑成本及固定效果，选择粒径 2.4 mm 为土壤固定所需的最佳粒径，此时有效态 Cd、Pb 和水溶态 Cd、Pb 的去除率分别为 46%、67% 和 55%、64%。

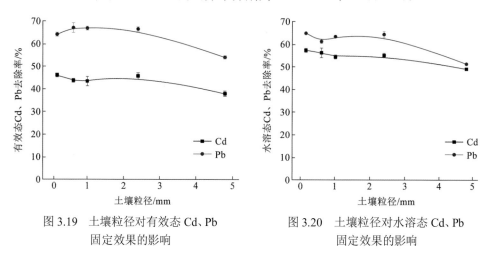

图 3.19　土壤粒径对有效态 Cd、Pb　　　　图 3.20　土壤粒径对水溶态 Cd、Pb
　　　　固定效果的影响　　　　　　　　　　　　固定效果的影响

3.1.3　铅镉污染土壤固定修复效果

1. 修复前后土壤 pH 的变化

污染土壤经 60 天固定修复后，土壤 pH 为 5.24，比未修复土壤 pH 提高了 1.4 个单位（图 3.21）。pH 的升高有助于土壤中重金属的固定。土壤中重金属的有效态和水溶态含量随 pH 升高而减少，从而降低重金属的生物有效性及重金属随降水溶出污染地下水的风险。土壤 pH 的升高，可以增加土壤胶体负电荷数，减弱 H⁺ 的竞争力，使重金属以难溶的氢氧化物、碳酸盐化合物和磷酸盐沉淀的形式存在（周建斌 等，2008）。

2. 土壤中 Cd 的含量变化

经多羟基磷酸铁修复后，土壤中有效态和水溶态 Cd 含量有大幅度下降（图 3.22），有效态 Cd 质量分数从 9.95 mg/kg 降低至 5.37 mg/kg，水溶态 Cd 质量分数从 6.84 mg/kg 降低至 3.08 mg/kg，其去除率分别达 46%和 55%。多羟基磷酸铁修复后土壤 pH 有明显的提高，这有利于减少 Cd 的溶出，降低土壤中有效态和水溶态 Cd 含量，使 Cd 转化为更稳定的形态。

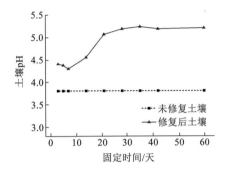

图 3.21　固定修复前后土壤 pH 的变化

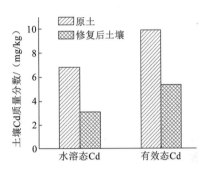

图 3.22　固定修复前后土壤 Cd 含量的变化

3. 土壤中铅的含量变化

经多羟基磷酸铁修复后，土壤中有效态和水溶态 Pb 含量有大幅度下降（图 3.23），有效态 Pb 质量分数从 2 303.81 mg/kg 降低至 760.26 mg/kg，水溶态 Pb 质量分数从 20.19 mg/kg 降低至 5.25 mg/kg，其去除率分别达 67%和 74%。多羟基磷酸铁对 Pb 的修复机理主要是溶解–沉淀机制（褚兴飞，2011）。首先，固定剂在土壤溶液中溶解，并释放出磷酸根离子，而后磷酸根离子与溶液中的 Pb^{2+} 作用，生成溶解度很低的 Pb 的磷酸盐化合物，从而达到固定 Pb^{2+} 的目的。随着溶解沉淀过程的进行，Pb^{2+} 逐渐取代了多羟基磷酸铁中 Fe^{2+} 的位置。主要过程可用以下反应式来表示：

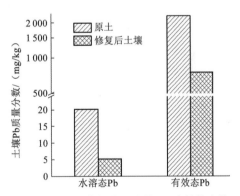

图 3.23　固定修复前后土壤 Pb 含量的变化

$$Fe_{25}(PO_4)_{14}(OH)_{24}+H^+ \longrightarrow Fe^{3+}+H_2PO_4^{2-}+H_2O \quad (3.6)$$

$$Pb^{2+}+H_2PO_4^{2-}+H_2O \longleftrightarrow Pb(PO_4)(OH)+H^+ \quad (3.7)$$

3.1.4　修复土壤中铅镉稳定性

1. 修复土壤中铅镉形态变化

1）修复前后土壤 Cd 的形态变化特征

多羟基磷酸铁固定修复后，土壤中水溶态、交换态和碳酸盐结合态 Cd 的含量均有明显下降，分别从原始土壤的 7.94 mg/kg、4.09 mg/kg、2.93 mg/kg 降低至 5.98 mg/kg、

1.97 mg/kg、1.87 mg/kg（表 3.5、图 3.24）。而残渣态 Cd、铁锰氧化态 Cd 和有机结合态的 Cd 含量有不同程度的提高,其中,残渣态 Cd 的质量分数从 1.14 mg/kg 增加到 4.70 mg/kg, 提高了 3 倍多。使用多羟基磷酸铁作为固定剂修复土壤 Cd 污染时,可以有效减少土壤中 Cd 的活动性和生物有效性,使其转变成在环境中稳定存在的残渣态,降低 Cd 的迁移转化能力。

表 3.5　修复前后土壤中 Cd 各形态含量的变化 （单位: mg/kg）

时间段	水溶态	交换态	碳酸盐结合态	铁锰氧化态	有机结合态	残渣态
修复前	7.94	4.09	2.93	1.89	0.62	1.14
修复后	5.98	1.97	1.87	3.19	0.90	4.70

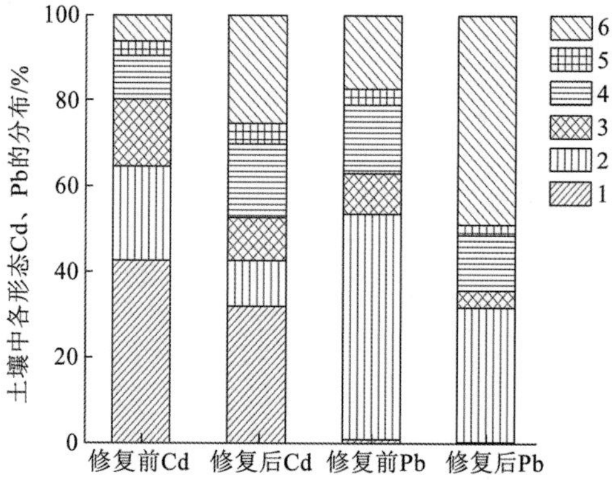

图 3.24　修复前后土壤中 Cd、Pb 各形态的分布变化

1 为水溶态; 2 为交换态; 3 为碳酸盐结合态; 4 为铁锰氧化态; 5 为有机结合态; 6 为残渣态

2) 修复前后土壤 Pb 的形态变化特征

修复前污染土壤中 Pb 的不同形态含量按从高到低次序为:交换态>残渣态>铁锰氧化态>碳酸盐结合态>有机结合态>水溶态（表 3.6）。Pb 主要以交换态、残渣态和铁锰氧化态形式存在,其质量分数分别为 1 317.22 mg/kg、431.01 mg/kg、404.24 mg/kg,三者占总 Pb 含量的 85.89%。其中交换态 Pb 占总 Pb 含量的 52.56%,土壤中 Pb 的生物有效性极强,很容易造成植物毒害或随降水等进入地下水污染水体。

表 3.6　修复前后土壤中 Pb 各形态含量的变化 （单位: mg/kg）

时间段	水溶态	交换态	碳酸盐结合态	铁锰氧化态	有机结合态	残渣态
修复前	24.92	1 317.22	235.62	404.24	95.16	431.01
修复后	11.30	785.28	99.03	323.47	63.57	1 223.53

多羟基磷酸铁固定修复后,土壤中水溶态 Pb、交换态 Pb、碳酸盐结合态 Pb、铁锰氧化态 Pb、有机结合态 Pb 含量均有不同程度的下降,且在这几种形态中,交换态 Pb 和碳酸盐结合态 Pb、铁锰氧化态 Pb 对非残渣态 Pb 的降低量贡献最大。修复后土壤中这三种

形态 Pb 分别降低至 785.28 mg/kg、99.03 mg/kg、323.47 mg/kg，占总 Pb 的比例分别从 52.56%、9.40%、16.13%降低至 31.33%、3.95%、12.91%，其中以交换态 Pb 降低幅度最大。Tessier 法中非残渣态的提取剂均不能溶解提取结合在磷酸铅盐化合物中的 Pb，磷酸根的加入可与土壤中非残渣态 Pb 发生反应生成更稳定的磷酸铅盐化合物，从而减少非残渣态 Pb 的含量，降低了 Pb 的活性。上述几种形态 Pb 的减少使土壤中残渣态 Pb 含量显著提高，土壤中残渣态 Pb 质量分数从 431.01 mg/kg 增加到 1 223.53 mg/kg，占总 Pb 含量的比例从 17.2%上升到 48.82%。

2. 酸雨淋溶下土壤铅镉的释放特征

1）模拟酸雨淋溶对土壤 Cd 释放的影响

化学固定修复后土壤在模拟酸雨条件下淋溶，Cd 的累积释放量随酸雨量的增加而上升，之后增长变缓，逐渐趋于平稳（图 3.25）。其中，在前 3 次淋溶时，Cd 释放量较多，其累积释放量增加较快，这个阶段淋出的可能是处于静电吸附状态的 Cd；而当淋溶超过 5 次，两种土壤中 Cd 累积释放量的增长变缓，第 6 次之后滤液中几乎无 Cd。固定处理前后土壤中 Cd 的最大累积释放量分别为 3.67 mg/kg、1.71 mg/kg，分别占总 Cd 的 19.47%、9.09%；多羟基磷酸铁固定修复后的土壤中 Cd 的累积释放量比未处理的土壤减少了 51%～63%。因此，多羟基磷酸铁对该土壤的固定效果较稳定，降低了 Cd 的溶出。

2）模拟酸雨淋溶对土壤 Pb 释放的影响

化学固定法修复前后的土壤在模拟酸雨条件下淋溶，Pb 的累积释放量变化趋势与 Cd 类似，但 Pb 的释放过程比 Cd 更快（图 3.26）。从第 3 次淋溶后，修复后土壤中 Pb 的累积释放量基本达到稳定，修复前土壤经过 4 次淋溶后，每次单独淋溶所得滤液中 Pb 的含量逐渐减少，直至低于检出限。固定处理前后土壤中 Pb 的最大累积释放量分别为 16.30 mg/kg、8.03 mg/kg，分别占总 Pb 的 0.65%、0.32%，修复后土壤比修复前土壤 Pb 的释放量减少了 38%～51%。因此，多羟基磷酸铁对土壤中重金属有明显的固定效果，修复后土壤的潜在生态风险明显降低。

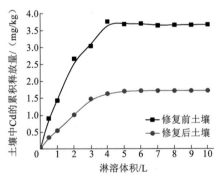

图 3.25　修复前后土壤淋滤液中 Cd 随模拟
酸雨体积的变化（淋溶液 pH=4）

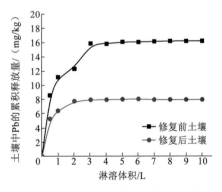

图 3.26　修复前后土壤淋滤液中 Pb 随模拟
酸雨体积的变化（淋溶液 pH=4）

对比发现，模拟酸雨对土壤中 Cd 和 Pb 的释放有不同程度的促进作用，其中 Cd 的释放程度要大于 Pb 的，这是由于 Cd 本身活性较强，当 pH 过低时，土壤对 Cd 的吸附能力随 pH 的降低而降低，Cd 的有效态含量随 pH 的降低而升高。由于酸雨降低了土壤 pH，以及对土壤胶体（主要是铁的氧化物和氢氧化物）的溶蚀作用，部分 Cd 随滤液淋出。虽然酸雨淋溶会导致土壤中 Cd、Pb 的溶出，但是施加多羟基磷酸铁的土壤中 Cd、Pb 的累积释放量远远低于未经处理的土壤，因此，多羟基磷酸铁对土壤中重金属有明显的固定效果，修复后土壤的潜在生态风险明显降低。

3.2 镉锌污染土壤化学固定–生物质改良修复

锌矿中通常含有 0.1%～0.5% 的 Cd，如铅锌矿、闪锌矿等都含有 Cd 和 Zn，在采选矿及冶炼过程向环境中释放 Zn 通常伴随着 Cd 的污染（Adriano，1986）。我国土壤 Zn 污染问题在近年来开始凸显出来，土壤被 Zn 污染后，会直接对土壤–植物系统产生破坏，严重时会使土壤失去自然生产力而成为不毛之地。化学固定法是一种快速高效的重金属污染土壤修复方法，但是化学固定剂的添加易对土壤的性质产生破坏，不利于二次利用。施加有机肥可以增加土壤养分含量，而且有机肥中胡敏酸等有机物能与土壤中的重金属离子生成难溶的络合物，降低其生物可利用性。因此化学固定–土壤生物质改良耦合修复技术，利用化学固定剂快速固定土壤中的重金属，添加有机肥改善土壤结构，提高土壤的养分，有望实现 Cd、Zn 污染土壤的无害化及土壤功能的恢复。

3.2.1 重金属镉锌污染土壤化学固定

1. 固定剂的筛选

对酸性土壤进行化学固定改良，可通过添加碱性或螯合型固定剂来沉淀或吸附土壤中重金属，从而降低重金属生物可利用性。对常用的固定剂如 $CaCO_3$、Na_2S、磷酸二氢钾（KH_2PO_4）、硫脲（CH_4N_2S）、沸石和腐殖酸钠进行重金属水溶态固定效果的对比（图 3.27 和图 3.28）。KH_2PO_4 对土壤中的水溶态 Cd、Zn 几乎没有影响。Na_2S 和 $CaCO_3$ 对土壤中水溶态 Cd、Zn 的固定效果最好，在过量的情况下，能将土壤中水溶态的 Cd、Zn 完全固定下来。沸石的固定作用仅次于 Na_2S 和 $CaCO_3$，对水溶态 Cd 的去除率能达 94%，对水溶态 Zn 的去除率达 97%，但达到其最高固定率所需的时间也较 Na_2S 和 $CaCO_3$ 长。这可能是由于作用机理不同：Na_2S 和 $CaCO_3$ 属于沉淀作用机制，而沸石属于吸附作用机制。CH_4N_2S 对重金属的固定作用较沸石稍差一些，对水溶态 Cd 的固定率为 85%，对水溶态 Zn 的固定率为 95%。腐殖酸钠对 Cd 有一定的固定作用（78%），但对 Zn 的固定作用较差（15%）。因此，从修复效果来看，选择 Na_2S 和 $CaCO_3$ 作为固定剂。

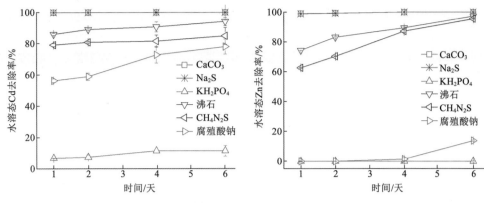

图 3.27 几种固定剂对 Cd 的固定效果   图 3.28 几种固定剂对 Zn 的固定效果

2. 固定剂作用方式的选择

分别以 $CaCO_3$、Na_2S 及 $CaCO_3$ 与 Na_2S 1:1 混合作为固定剂时土壤中水溶态 Cd、Zn 的固定效果进行对比（图 3.29）。经过 24 h 的反应，以 $CaCO_3$ 为唯一固定剂的土样中水溶态 Cd 减少量不到原来浓度的一半,而以 Na_2S 为单一固定剂或 Na_2S 和 $CaCO_3$ 1:1 作为复合固定剂时，土样中的水溶态 Cd 几乎全部固定。这说明 Na_2S 能快速高效地固定污染土壤中的水溶态 Cd。另一方面，添加固定剂的土样中水溶态 Zn 都大幅减少。$CaCO_3$ 的市场价格远远低于 Na_2S，因而完全使用 Na_2S 作为单一固定剂将不利于成本的削减。使用复合固定剂时，对水溶态 Cd、Zn 的固定效果都优于各自单一作用时的效果。因此选用 Na_2S 和 $CaCO_3$ 作为复合固定剂对 Cd、Zn 复合污染土壤进行修复。

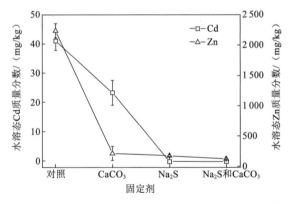

图 3.29 固定剂作用方式对重金属水溶态 Cd、Zn 含量的影响

3. 固定剂用量

将污染土壤中重金属 Cd、Zn 的离子物质的量设为 1,以此为参照设置 $CaCO_3$ 与 Na_2S 的物质的量比。随着固定剂用量的增加，土壤中水溶态 Zn 的固定率也在增加，但水溶态 Cd 的去除率在所有处理中都保持 100%（图 3.30）。可以推断，$CaCO_3$ 用量的增加有利于土壤中水溶态 Zn 的固定。

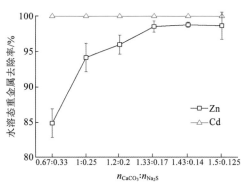

图 3.30　固定剂用量对 Cd、Zn 固定效果的影响

碳酸锌（$ZnCO_3$）的溶度积为 1.4×10^{-11}，氢氧化锌（$Zn(OH)_2$）的溶度积为 1.2×10^{-17}，硫化锌（ZnS）的溶度积为 2.0×10^{-25}。碳酸镉（$CdCO_3$）的溶度积为 5.2×10^{-12}，氢氧化镉（$Cd(OH)_2$）的溶度积为 5.27×10^{-15}，硫化镉（CdS）的溶度积为 8.0×10^{-28}。溶度积越小，该物质越难溶，则越易生成，越稳定。对比可知，Cd、Zn 的硫化物是最稳定的，并且 CdS 比 ZnS 更为稳定，因而 Na_2S 对 Cd 的固定效果更为显著。$Zn(OH)_2$ 的溶度积小于 $Cd(OH)_2$ 的溶度积，说明提高 pH 对 Zn 离子的固定更为稳定。

对 Cd 的去除效果以 $CaCO_3$ 与 Na_2S 的物质的量比（n_{CaCO_3}/n_{Na_2S}）为 0.67:0.33 最好，对 Zn 的去除效果以 n_{CaCO_3}/n_{Na_2S} 比值为 1.33:0.17 最好。当固定剂总量与重金属总量呈 1:1.25 时，即 n_{CaCO_3}/n_{Na_2S} 为 1:0.25，水溶态 Zn 的去除率约 95%；当固定剂总量与重金属总量物质的量比为 1:1.5 时，即 n_{CaCO_3}/n_{Na_2S} 为 1.33:0.17，水溶态 Zn 的去除率为 98.5%，并且随着固定剂用量的再增加，水溶态 Zn 的去除率增幅平缓。综合考虑成本、后期影响及效果，固定剂的最佳用量为 n_{CaCO_3}/n_{Na_2S}=1:0.25，即重金属 $CaCO_3$ 与 Na_2S 的物质的量比为 4:4:1。

4. 用水量对固定效果的影响

随着用水量的增加，固定剂对重金属的固定效果越好（图 3.31）。当用水量为最大田间持水量的 45% 时，水溶态 Cd 的去除率达到 99%，当用水量大于等于 60% 田间持水量时，水溶态 Cd 的去除率达 100%。因此，最大田间持水量的 60% 作为最佳用水量，此时水溶态 Zn 的去除率约 94%。

5. 土壤粒径的影响

土壤粒径的大小对水溶态 Cd 的固定效果影响较小（图 3.32）。在反应 1 天后，水溶态 Cd 的去除率达 95% 以上，粒径越小，固定率越高。随着时间的推移，在反应 35 天以后，去除

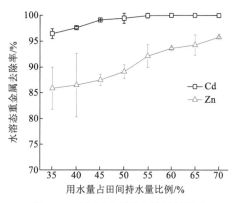

图 3.31　用水量对固定效果的影响

率都达到了 100%。粒径小于 5 mm 的 3 个土样在第 1 天就达到 100% 去除率。粒径为 5～10 mm 的土样在第 3 天也达到了 100% 去除率。

水溶态 Zn 的固定率受土壤粒径的影响较大，土壤粒径越小，固定效果越好，所能达到的固定率越高（图 3.33），达到各自最高固定率所需的时间也越少。这可能是因为化学固定剂通过扩散作用渗入大颗粒的土壤内部并与其中重金属发生反应所需的时间较长，并且化学固定剂在扩散过程中与重金属反应完，使大颗粒土壤内部重金属无法接触到化

学添加剂。在粒径小于 5 mm 时，固定率在 8 天之后能稳定在 80%以上并最终达到 95%以上。

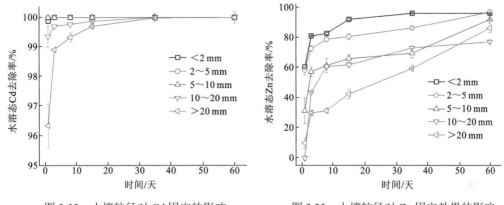

图 3.32 土壤粒径对 Cd 固定的影响   图 3.33 土壤粒径对 Zn 固定效果的影响

6. 固定反应时间

土壤中水溶态 Cd 固定很快，在反应 3 h 时，去除率已达 99%，经过 24 h 后，去除率达 100%（图 3.34）。水溶态 Zn 的固定速度相对来说较慢一些，在反应 72 h 后，去除率约为 80%，在 72 h 之前，去除率增长迅速，72 h 之后，增长缓慢。在反应 360 h 后，水溶态 Zn 去除率达 95%，接近反应平衡状态。因此水溶态 Cd 完全固定所需时间为 24 h，而水溶态 Zn 达到最佳固定效果的时间为 360 h。此时，水溶态 Cd 的去除率为 100%，水溶态 Zn 的去除率为 95%。

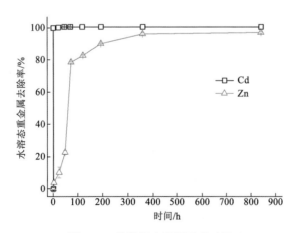

图 3.34 化学固定所需反应时间

3.2.2 生物质对污染土壤的作用

土壤生物质即有机肥料，是指生命残体，主要来源于动植物，经发酵、腐熟后施入土壤，可为植物生长提供多种养分，还可以改良土壤结构，促进微生物活动，调节土壤水分、肥效、气、热状况等，提高土壤肥力（冯琛 等，2006）。生物质有机肥本身是一种常用的土壤改良剂，可提高土壤养分含量，而且生物质有机肥中的胡敏酸和胡敏素等有机物还能与土壤中的重金属离子生成难溶的络合物，起到一定的化学固定作用（华珞 等，2002），降低重金属离子的生物可利用性。

考察两种生物质有机肥：猪粪和鸡粪，均采自未污染地区农户家养牲畜粪便。其基本理化性质见表 3.7。

表 3.7　两种生物质有机肥基本理化性质

指标	鸡粪（CM）	猪粪（PM）
pH	7.71	9.49
含水率/%	14.24	15.59
有机质质量分数/%	60.80	56.81
全氮/（g/kg）	24.60	14.02
全磷/（g/kg）	10.42	12.40
水溶态 Cd 质量分数/（mg/kg）	0.16	0.13
有效态 Cd 质量分数/（mg/kg）	0.67	0.48
水溶态 Zn 质量分数/（mg/kg）	5.24	8.21
有效态 Zn 质量分数/（mg/kg）	53.00	96.68

1. 猪粪对污染土壤中重金属的作用

猪粪的添加有利于土壤中水溶态 Cd 和 Zn 的固定，且随着有机肥用量的增加，重金属的去除率也增大（图 3.35 和图 3.36）。当添加量达到土壤质量的 10%时，经过 56 天的修复，土壤中水溶态 Cd 的去除率达 86%，水溶态 Zn 的去除率达 81%。但是大量有机肥进入土壤将会导致土壤营养过剩，不利于植物的生长。添加量最少的 1%项，水溶态 Cd 和 Zn 的去除率也能达 20%左右。

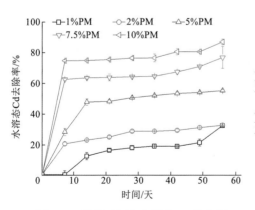

图 3.35　猪粪对污染土壤中 Cd 的作用

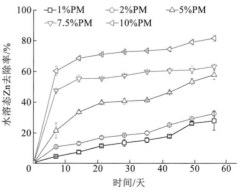

图 3.36　猪粪对污染土壤中 Zn 的作用

2. 鸡粪对污染土壤中重金属的作用

将鸡粪添加到污染土壤中也能固定土壤中的一部分水溶态重金属,且去除率随着添加量的增加而增大(图 3.37 和图 3.38)。少量的鸡粪添加与猪粪的效果不相上下,当鸡粪添加量为土壤质量的 1%时,水溶态 Cd、Zn 的去除率都能达到 20%。但是当添加量增加至 10%时,对水溶态 Cd、Zn 的去除率才 60%左右,比同条件下猪粪的去除率低。

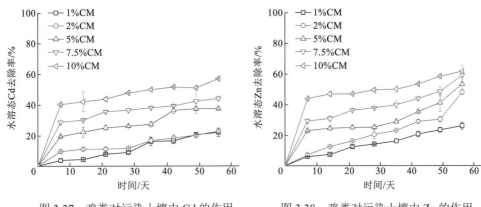

图 3.37　鸡粪对污染土壤中 Cd 的作用　　　　图 3.38　鸡粪对污染土壤中 Zn 的作用

3.2.3　化学固定与生物质耦合修复效果

猪粪和鸡粪的加入都没有对化学固定修复过的土壤中水溶态 Cd 含量产生影响,其去除率仍然保持 100%。猪粪的加入能使水溶态 Zn 的去除率从固定作用的 95%提高到 99.8%(图 3.39),鸡粪的加入能提高至 99.5%左右(图 3.40)。2%、5%、7.5%、10% 4 个加入量对化学固定后土壤中 Zn 的影响趋势基本相同,而之前的结果也表明猪粪的添加更有利于土壤中水溶态 Cd、Zn 的固定。因而可以选择土壤质量的 2%的猪粪作为生物质的最优条件。

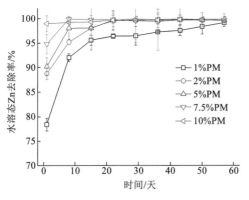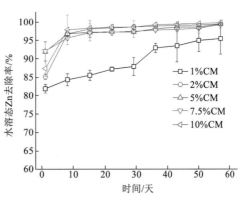

图 3.39　猪粪的加入对化学固定后土壤中　　　　图 3.40　鸡粪的加入对化学固定后土壤中
　　　　　 Zn 的影响　　　　　　　　　　　　　　　　 Zn 的影响

土壤质量的变化将直接影响土壤的功能,甚至修复后土壤的生态恢复。为评价化学固定–耦合生物质的修复效果,对修复后土壤质量的变化(包括土壤肥力质量和土壤的状态性质)进行了评估。

1. 修复前后土壤中重金属含量及 pH 变化特征

1)水溶态重金属含量的变化

经过化学固定之后,模拟污染土样和实际污染土样中 Cd 的水溶态含量几乎全部固定,且修复后土壤中 Cd 的水溶态含量也基本全部固定(表 3.8)。这说明,在经过化学固定后两个土样中的水溶态 Cd 就已经完全去除,后续添加的有机肥对土壤中水溶态 Cd 也未产生影响。对于水溶态 Zn,在经过固定之后从 2 238.67 mg/kg 减少至 130.09 mg/kg,降低了 89.75%;有机肥的添加使去除率提高至 91.90%。而模拟污染土样去除率从 94.19%提高至 99.60%,这可能是因为模拟污染土样中的外源重金属的加入时间尚短(不到一年),还未完全老化,而实际污染土样中重金属进入土样的时间较久(超过两年),重金属的形态之间可能存在差异。

表 3.8　修复前后土壤中水溶态重金属含量的变化　　　　　　(单位:mg/kg)

元素	土样	模拟污染土样	实际污染土样
Cd	未处理	38.57±0.76	31.20±0.04
	固定后	0.00±0.00	0.00±0.00
	修复后	0.00±0.00	0.00±0.00
Zn	未处理	2 238.67±73.05	970.07±15.46
	固定后	130.09±20.01	99.44±24.12
	修复后	8.99±3.25	78.53±16.65

2)DTPA 浸提态重金属含量的变化

经过硫化钠和碳酸钙的固定作用之后,土样中 DTPA 浸提态 Cd 含量大量下降,模拟污染土样和实际污染土样分别减少了 96.63%和 87.70%(表 3.9)。模拟污染土样和实际污染土样有效态 Zn 含量分别减少了 63.43%和 43.16%。经过固定后的土壤中添加了 2%的猪粪之后,土样中有效态 Cd 含量进一步减少。但是有效态 Zn 含量,模拟污染土样和实际污染土样与固定后土样相比分别增加了 22.45%和 1.10%。这可能是因为土壤中 Cd、Zn 两种元素的拮抗作用引起的。在土壤中,Cd、Zn 存在拮抗作用,两者互相抑制对方的活性,而使其活性含量偏低。因此当 Cd 被固定之后,抑制 Zn 的那部分 Cd 缺失,导致 Zn 的活性增高,故有效态 Zn 去除率不高。经过修复后,模拟污染土样和实际污染土样中有效态 Cd、有效态 Zn 含量大幅度降低,其中模拟污染土样的有效态 Cd 质量分数从 31.50 mg/kg 降低至 0.26 mg/kg,其去除率达 99.17%,有效态 Zn 质量分数从 2 537.50 mg/kg

减少至 1 136.33 mg/kg，去除率为 55.22%。土样有效态 Cd 质量分数从 32.35 mg/kg 降至
2.69 mg/kg，减少了 91.68%，有效态 Zn 质量分数从 1 035.00 mg/kg 降至 594.75 mg/kg，减
少了 42.54%。

表 3.9　修复前后土壤中有效态重金属含量的变化　　　　　（单位：mg/kg）

元素	土样	模拟污染土样	实际污染土样
Cd	未处理	31.50±1.26	32.35±0.12
	固定后	1.06±0.04	3.98±0.13
	修复后	0.26±0.02	2.69±0.56
Zn	未处理	2 537.50±78.34	1 035.00±13.78
	固定后	928.00±67.62	588.25±8.84
	修复后	1136.33±25.42	594.75±50.72

3）重金属浸出毒性变化

重金属浸出毒性是用来判断一种物质是否为危险废物的标准。中华人民共和国环境
保护行业标准《固体废物　浸出毒性浸出方法　硫酸硝酸法》（HJ/T 299—2007）中规定，
此标准适用于土壤样品的分析测试。若土壤中浸出毒性的 Cd 质量浓度超过 1 mg/L，Zn
质量浓度超过 100 mg/L 时，则该土壤亦可被认为危险废物，将会对周围环境造成不良
影响。

模拟污染土样和实际污染土样在处理之前，其浸出毒性 Cd 含量分别超过浸出毒性关
于 Cd 的危险废物的判别标准值 4.02 倍和 4.12 倍（表 3.10）。模拟污染土样中浸出毒性
Zn 的含量超过浸出毒性关于 Zn 的危险废物的判别标准值 1.6 倍，而实际污染土样接近超
标。经过化学固定处理之后，模拟污染土样中浸出毒性 Cd 的质量浓度为 0.03 mg/L，减
少了 99.25%；实际污染土样中浸出毒性 Cd 的质量浓度降至 0.02 mg/L，减少了 99.51%。
添加生物质也并未引起 Cd 的浸出（0.02 mg/L）。浸出毒性 Zn 的含量在经过固定之后也
降低到浸出毒性关于 Zn 的危险废物的判别标准值之下，模拟污染土样中浸出毒性 Zn 的
质量浓度降至 66.49 mg/L，减少了 58.50%，实际污染土样 C 中浸出毒性 Zn 的质量浓度降

表 3.10　修复前后土壤中重金属浸出毒性含量的变化　　　　　（单位：mg/kg）

元素	土样	模拟污染土样浸出毒性	实际污染土样浸出毒性
Cd	未处理	4.02±0.07	4.12±0.03
	固定后	0.03±0.01	0.02±0.01
	修复后	0.02±0.00	0.02±0.00
Zn	未处理	160.21±17.22	98.25±12.25
	固定后	66.49±10.65	48.45±5.65
	修复后	47.16±4.73	45.77±9.26

至 48.45 mg/L, 减少了 50.69%。并且随着有机肥的添加, 浸出毒性浓度进一步减少。最终经过修复, 模拟污染土样中浸出毒性重金属含量减少率分别为: Cd 99.50%, Zn 70.56%。实际污染土样中浸出毒性重金属含量减少率分别为: Cd 99.51%, Zn 53.41%。

4) 土壤 pH 的变化

pH 是土壤化学性质的综合反映, pH 通过三种途径对土壤中重金属的存在形态和转化产生一定的影响: 一是通过影响土壤表面电荷性质而影响重金属的吸附与解吸, 从而控制重金属的移动性和有效性。二是通过影响重金属离子的溶解平衡和沉淀平衡来促进重金属的释放。三是通过影响土壤中有机质的溶解度来间接影响重金属的有效形态。处理的污染土壤为酸性土壤, 而所用固定剂及有机肥都为碱性物质, 若处理后土壤的 pH 发生大的变化, 土壤将不再适合种植, 影响土壤修复后的复垦。土壤 pH 经过固定后提高了约一个单位, 在添加有机肥之后又有所提高, 但提高的幅度不大, 不到 0.5 个单位 (表 3.11)。最终修复之后, 土壤的 pH 为 6.14。

表 3.11　修复前后土壤中 pH 的变化

土样	模拟污染土样 pH	实际污染土样 pH
未处理	4.87	4.82
固定后	6.04	5.87
修复后	6.12	6.14

2. 修复前后土壤主要养分变化特征

1) 土壤有机质含量的变化

土壤有机质是土壤中各种营养特别是 N、P 的主要来源, 对土壤结构的形成及土壤物理性质的改善有着重要影响, 还可提高土壤的保肥能力和缓冲性能。其中的胡敏酸等腐殖质具有生理活性和络合作用, 能促进作物生长发育并影响土壤中重金属的形态分配, 有助于消除土壤的污染, 也是土壤中某些微生物生存必不可少的碳源和能源。

模拟污染土样中有机质质量分数为 1.60 g/kg, 经过化学固定处理之后, 其有机质质量分数增加为 1.76 g/kg (表 3.12)。而实际污染土样未经处理时有机质质量分数为 2.17 g/kg, 经过化学固定修复后, 其有机质质量分数减少至 1.65 g/kg。在化学固定后土壤中添加有机肥, 经过修复后, 土壤有机质质量分数得到显著提升。模拟污染土样有机质质量分数提高至 10.51 g/kg, 提高了 5.6 倍, 实际污染土样有机质质量分数提高至 11.67 g/kg, 提高了 4.4 倍。

表 3.12　修复前后土壤有机质含量的变化　　　　　　　　（单位: g/kg）

土样	模拟污染土样	实际污染土样
未处理	1.60±0.00	2.17±0.07
固定后	1.76±0.08	1.65±0.40
修复后	10.51±0.41	11.67±0.58

2）土壤氮素含量的变化

氮是构成生命体的重要元素，植物生长过程中对氮的需要量较大，但氮肥施用过多会造成江湖水体富营养化、地下水硝态氮积累及毒害作用等。我国耕地土壤含氮量一般都在 0.2～2.0 g/kg，高于 2 g/kg 的很少，大部分低于 1 g/kg。土壤中氮的形态分为有机态和无机态两大类，无机氮含量较少，不超过 5%，包括铵态氮、硝态氮和亚硝态氮。土壤中的氮主要以有机态为主，一般可占全氮量的 95%以上。按其溶解度和水解难易程度可分为水溶性有机氮、水解性有机氮及非水解性有机氮。水溶性有机氮不超过全氮量的 5%，很容易水解，主要是游离态氨基酸、胺盐、酰胺类化合物等物质。非水解性有机氮约占 30%～50%，这类物质不溶于水，用酸、碱处理不水解。主要是杂环态氮化物、糖与铵的缩合物、铵或蛋白质与木质素类物质作用形成的复合物。水解性有机氮是指用酸、碱或酶处理能水解成简单的易溶性氮化合物的物质，约占全氮量的 50%～70%。包括蛋白质及多肽类物质（30%～50%）、核蛋白质类、氨基糖类（7%～18%）等。

土壤速效氮一般指水解性有机氮，这类含氮物质能直接为植物吸收利用，因此可用来衡量土壤肥力的高低。通常土壤速效氮质量分数小于 60 mg/kg 为肥力低下，介于 60 mg/kg 和 120 mg/kg 间为中等肥力，大于 120 mg/kg 为肥力较高。修复前后土壤中速效氮含量的变化见表 3.13。处理前模拟污染土样速效氮质量分数为 47.60 mg/kg，实际污染土样速效氮质量分数为 35.35 mg/kg，远远低于 60 mg/kg，属于肥力较低土壤。经过化学固定修复后的土壤仍然低于 60 mg/kg，模拟污染土样中速效氮质量分数为 46.20 mg/kg，几乎没有变化，而实际污染土样中速效氮质量分数为 58.45 mg/kg，接近 60 mg/kg，这可能是因为 $CaCO_3$ 和 Na_2S 的加入促进了土壤中非水解性有机氮向水解性有机氮的转化，还有可能是因为在土样中重金属得以固定之后，土壤中的微生物复苏，通过固氮作用将无机氮转化成水解性有机氮。在经过化学固定和有机肥的耦合修复作用后，模拟污染土壤中速效氮质量分数达 84.70 mg/kg，提高了 78%；实际污染土样速效氮质量分数达 79.50 mg/kg，提高了 1.2 倍；其含量介于 60～120 mg/kg，说明修复后的土壤处于中等肥力水平，利于植物的生长。

表 3.13　修复前后土壤中速效氮含量的变化　　　　　　（单位：mg/kg）

土样	模拟污染土样速效氮	实际污染土样速效氮
未处理	47.60±1.08	35.35±0.80
固定后	46.20±0.85	58.45±0.57
修复后	84.70±0.97	79.50±0.68

3）土壤磷素含量的变化

我国大多数表层土壤（0～20 cm）含磷量在 0.4～2.5 g/kg 变动，不同土壤类型变幅很大。土壤磷素可分为有机磷和无机磷。有机磷一般占全磷量的 10%～25%。在侵蚀严重的红壤中不足 10%，而东北地区的黑土有机磷含量较高，可达 70%以上。黏质土有机磷含量比砂质土高。其中 70%左右的有机磷为植素、核酸类和磷酯类物质，另外 20%～30%为不明态有机磷。土壤中无机磷化合物包括磷酸钙镁类化合物、磷酸铁和磷酸铝化合物、闭蓄态磷、磷酸铁铝和碱金属、碱土金属复合而成的磷酸盐等。其中磷酸铁和磷酸铝化合物在酸性土壤中较常见，主要有粉红磷铁矿（$Fe(OH)_2H_2PO_4$）、磷铝石（$Al(OH)_2H_2PO_4$）等，其溶解度极小。

土壤中能直接或经转化可为植物利用的磷，称为有效磷。土壤中有效磷的形态主要有：土壤溶液中的磷酸根离子、包含在有机物中并较易分解的磷、磷配盐固相矿物中溶解的磷酸根离子和交换吸附态磷酸根离子。就有效态磷数量而言，以包含在有机物中并较易分解的磷和磷配盐固相矿物中溶解的磷酸根离子这两种形态最重要。土壤中速效磷的等级分布为：小于 5 mg/kg 为低，5～15 mg/kg 为中等，大于 15 mg/kg 为高。在未添加有机肥进行修复之前，模拟污染土样速效磷质量分数为 1.87 mg/kg，实际污染土样的速效磷质量分数为 1.97 mg/kg，速效磷含量都很低，而且化学固定剂的添加并未对土壤有效磷含量造成任何影响；经过化学固定处理之后，模拟污染土样速效磷质量分数为 1.89 mg/kg，实际污染土样的速效磷质量分数为 1.96 mg/kg（表 3.14）。在化学固定后土样中添加有机肥进行处理后，模拟污染土样中速效磷质量分数上升至 11.31 mg/kg，提高了 5.0 倍；实际污染土样速效磷质量分数提高至 15.45 mg/kg，提高了 6.8 倍；其含量介于 5～15 mg/kg。可见，土壤中速效磷的含量达到了中等肥力水平。

表 3.14　修复前后土壤中速效磷含量的变化　　　　　　（单位：mg/kg）

土样	模拟污染土样速效磷	实际污染土样速效磷
未处理	1.87±0.08	1.97±0.02
固定后	1.89±0.12	1.96±0.58
修复后	11.31±0.06	15.45±0.27

综上，有机肥的添加能使污染土壤的肥力水平从低提高到中等，有利于土壤功能的恢复。

3. 修复前后土壤肥力质量评价

应用 Fuzzy 评价方法对实际污染土样修复前后的土壤肥力质量进行数值化的综合评价。Fuzzy 综合评价是基于隶属度函数而建立的。首先确定单项肥力指标值，然后通过分析计算出单项肥力指标的权重，继而计算土壤综合肥力指数，从而实现对土壤肥力的评价。

1）各肥力指标值的确定

选取土壤有机质、速效 N、速效 P、全 N、全 P、pH、有效态 Zn 7 项作为土壤肥力评价的指标，建立评价因素集。在选取的土壤肥力指标中，有机质、速效 N、速效 P、全 N、全 P 在土壤中的含量越高，对于土壤肥力的提高越有利，达到一定值后，效果趋于稳定，属于 S 型隶属度函数。其模型如下：

$$F(x)=\begin{cases} 0.1, & x<x_1 \\ 0.9(x-x_1)/(x_2-x_1)+0.1, & x_1<x<x_2 \\ 1, & x>x_2 \end{cases} \quad (3.8)$$

而 pH 和有效态 Zn 在一定范围内对评价效果最有利,超出这个范围土壤肥力将会变差,属于抛物线型隶属度函数。其函数模型如下:

$$F(x)=\begin{cases} 0.1, & x<x_1;x>x_4 \\ 0.9(x-x_1)/(x_2-x_1)+0.1, & x_1<x<x_2 \\ 1, & x_2<x<x_3 \\ 1-0.9(x-x_3)/(x_4-x_3), & x_3<x<x_4 \end{cases} \quad (3.9)$$

式(3.8)和式(3.9)中,$F(x)$ 为肥力指标的隶属度函数值,x_1、x_2、x_3、x_4 为其相应函数的临界值。在同一函数中,不同肥力指标的临界值取值不一样,根据其相对肥力水平及实际的数据来定值。选取临界值如表 3.15 所示。所得出隶属度值如表 3.16 所示。

表 3.15　土壤肥力评价指标临界值

评价指标	有机质	速效 N	速效 P	全 N	全 P	pH	有效态 Zn
x_1	10	60	5	0.5	0.4	3.50	0.3
x_2	14	120	16	1.2	1.2	4.14	1.5
x_3						5.58	2.0
x_4						7.50	25.0

表 3.16　土壤肥力评价指标隶属度

土壤类型	有机质	速效 N	速效 P	全 N	全 P	pH	有效态 Zn
未处理土样	0.100	0.100	0.100	0.100	0.220	0.100	0.100
化学固定土样	0.100	0.100	0.100	0.100	0.220	0.622	0.100
修复后土样	0.480	0.620	0.960	0.331	0.470	0.784	0.100

2)各肥力指标权重的确定

根据各指标隶属度函数值,得到各指标与其他指标间的相关系数,如表 3.17 所示。利用此矩阵可以计算各指标的权重。

表 3.17　土壤各肥力指标间的相关系数矩阵

评价指标	有机质	速效 N	速效 P	全 N	全 P	pH	有效态 Zn
有机质	1						
速效 N	0.827	1					
速效 P	0.999	0.852	1				
全 N	0.999	0.852	1	1			
全 P	0.999	0.852	1	1	1		
pH	0.623	0.955	0.658	0.658	0.658	1	
有效态 Zn	−0.448	−0.873	−0.488	−0.489	−0.489	−0.979	1

每一指标与其他指标的相关系数的平均值(负数取绝对值)记为 R 均值,各指标的

R 均值与所有选择指标的 R 均值之和的比,为该指标在所有肥力指标中对肥力影响的程度,即该指标的权重,结果如表 3.18 所示。土壤速效 N 对土壤肥力的影响程度最大,其次为速效 P、全 N、全 P,三者的权重一致。对土壤肥力影响最小的为有效态 Zn。这可能是因为土壤中 Zn 作为微量元素对肥力的贡献值本身就低,且土壤中有效态 Zn 过高,远远超过土壤生物对 Zn 作为微量元素的需求。pH 对土壤肥力的影响小于有机质。

表 3.18　土壤属性的相关系数 R 均值和各肥力指标权重

项目	有机质	速效 N	速效 P	全 N	全 P	pH	有效态 Zn
R 均值	0.816	0.869	0.833	0.833	0.833	0.646	0.546
权重	0.152	0.162	0.155	0.155	0.155	0.120	0.102

3）土壤综合肥力评价结果的确定

对于每种土样类型,其各指标隶属度与权重的乘积之和,即为该种土壤的综合肥力指数,如表 3.19 所示。拟定土壤综合肥力指数低于 0.25 为低等级肥力水平,高于 0.75 为高等级肥力水平,介于两者之间为中等。污染土样的综合肥力指数仅为 0.119,其肥力等级属于低水平。经过化学固定后的土样综合肥力指数为 0.181,肥力略有提升,但仍处于低等级水平。而经过化学固定–土壤生物质耦合修复的土壤,其综合肥力指数为 0.551,处于 0.25～0.75,达中等水平。

表 3.19　土壤肥力综合指标与等级划分

土壤类型	土壤综合肥力指数	土壤肥力等级
未处理土样	0.119	低
化学固定土样	0.181	低
修复后土样	0.551	中

3.2.4　基于化学固定–生物质改良修复的生态安全性评价

化学固定修复技术是通过改变重金属在土壤中的形态从而降低重金属的生物毒性,重金属在土壤中的总量并未发生变化。然而,自然条件(如温度、干湿交替、酸雨淋溶等)的改变有可能导致土壤中已固定重金属的返溶。因此需要对镉锌污染土壤化学固定–土壤生物质改良耦合修复技术的效果进行生态安全性评价。

1. 重金属形态的变化

1）化学固定剂对土壤重金属形态分布的影响

不同含水率条件下 Cd 形态的含量变化见表 3.20。经过化学固定处理后,各含水率条件下 Cd 的弱酸提取态质量分数均从 46.67 mg/kg 降至 0。可还原态含量随用水量的不同而不同,提高量最少的为 60%田间持水量处理样,提高了 16.6%。Cd 的可氧化态含量均大幅提升,提高最少的为 35%田间持水量处理的土样,其可氧化态 Cd 质量分数提高至

24.81 mg/kg。提高最多的为 50%田间持水量处理土样，其可氧化态 Cd 质量分数提高至 39.18 mg/kg，残渣态含量也得到不同程度的提高，其中 65%田间持水量的处理样提高最多，提高了 17.07 倍。

表 3.20　不同含水率条件下 Cd 形态的含量变化　　　　（单位：mg/kg）

化学固定处理时含水率，田间持水量	弱酸提取态	可还原态	可氧化态	残渣态
对照样	46.67	3.67	0.00	0.60
35%	0.00	23.18	24.81	3.01
40%	0.00	7.04	35.66	8.30
45%	0.00	18.00	32.64	0.36
50%	0.00	11.04	39.18	0.78
55%	0.00	12.48	33.30	5.22
60%	0.00	4.28	38.04	8.68
65%	0.00	5.00	35.16	10.84
70%	0.00	12.04	36.81	2.15

不同含水率条件下 Zn 形态的含量变化见表 3.21。经过化学固定处理后，各含水率情况下 Zn 的弱酸提取态含量大体上随用水量的增加而减少。在 35%和 40%田间持水量情况下，弱酸提取态 Zn 含量有少量的提高。弱酸提取态含量最少的为 65%田间持水量处理样，其质量分数为 4 438.40 mg/kg，减少了 9.06%。Zn 的可还原态含量经过化学固定处理之后，都得到了提高。其中，60%田间持水量处理样的可还原态 Zn 含量增加最多，从 614.53 mg/kg 增加至 1 667.32 mg/kg，提高了 1.71 倍。Zn 的可氧化态含量经过化学固定之后也有所提升。而残渣态 Zn 含量经过化学固定之后有所降低。这可能是因为 Zn 是一种较为活泼的两性金属，其某些沉淀物在条件发生改变的情况下如酸化，会发生溶解。

表 3.21　不同含水率条件下 Zn 形态的含量变化　　　　（单位：mg/kg）

化学固定处理时含水率，田间持水量	弱酸提取态	可还原态	可氧化态	残渣态
对照样	4 880.36	614.53	163.72	1 630.16
35%	5 166.42	1 093.32	297.84	731.19
40%	5 086.42	1 261.32	282.66	658.37
45%	4 438.42	1 237.32	305.34	1 307.69
50%	4 818.40	1 309.32	396.84	764.21
55%	4 790.40	1 153.32	423.84	921.21
60%	4 568.00	1 667.32	285.84	767.61
65%	4 438.40	1 549.32	317.84	983.21
70%	4 534.41	1 425.32	330.84	998.20

　　未处理土样中 Cd 的形态以弱酸提取态为主，占总量的 91.62%［图 3.41（a）］。经过化学固定之后，土壤中的弱酸提取态 Cd 比例都为 0。固定剂可将土壤中的弱酸提取态 Cd（包括可交换态和碳酸盐结合态）全部转变为可还原态、可氧化态和残渣态。经过化学固定后的土壤中可还原态和残渣态所占比例有所增加，而可氧化态所占比例得到大幅度提高，并在固定修复后的土壤中占绝大部分。Cd 的可氧化态所占比例在未处理的污染土壤中为 0，经过固定之后，其所占比例最高的是 60%田间持水量处理的土样，为 74.68%。且水量的增加有助于 Cd 形态向残渣态和可氧化态转变。含水量为 35%田间持水量的处理土样中残渣态从 1.18%提高至 5.8%，而 60%田间持水量处理土样中残渣态比例为 16.92%。

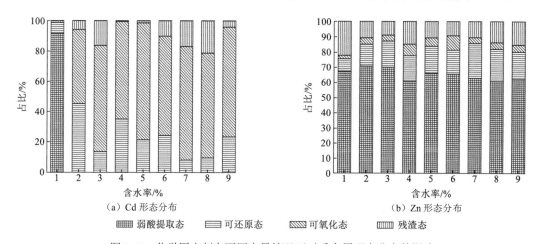

图 3.41　化学固定剂在不同水量情况下对重金属形态分布的影响

1 为未处理污染土壤；2～9 分别为含水量为田间持水量的 35%、40%、45%、50%、55%、60%、65%、70%的处理后土壤

　　对于土壤中 Zn 的形态分布，水量的多少可影响弱酸提取态和残渣态向可还原态、可氧化态的转化［图 3.41（b）］。当用水量为田间持水量的 60%时，Zn 的弱酸提取态占比从 66.96%降至 62.67%，可还原态占比从 8.43%提高至 22.88%，可氧化态占比从 2.25%提高至 3.92%，残渣态占比从 22.36%减少至 10.53%。当水量添加较少时，弱酸提取态 Zn 含量有少量增加。如当含水率为田间持水量的 35%时，其弱酸提取态所占比例从 66.96%提高至 70.53%。而经化学固定后，土壤中的水溶态 Zn 的固定率可达 95%，这可能是 Zn 的弱酸提取态内部几个组态如水溶态、碳酸盐结合态等的相互转化。在经过化学固定之后，土壤中的水溶态 Zn 转变为碳酸盐结合态 Zn，而很少向可还原态、可氧化态及残渣态转变。

　　2）生物质添加对土壤重金属形态分布的影响

　　有机肥的合理施用，可增加土壤有机质含量，改善土壤性质、增强土壤胶体对重金属的吸附能力，减轻重金属的毒性。有机质作为还原剂，可促进土壤中的 Cd 形成 CdS 沉淀。有机肥中存在大量的官能团、微生物及较大的比表面积，可与土壤中的重金属离子形成有机络合物，增强土壤对重金属的吸附能力（张亚丽 等，2001）。

　　不同有机肥添加量条件下 Cd 形态的含量变化见表 3.22。猪粪不同含量的添加对化学固定后土壤中弱酸提取态 Cd 含量未产生影响。鸡粪添加至 2%，修复后土壤中 Cd 的弱酸提取态质量分数保持在 0,而随着鸡粪添加量的增加,修复后土壤中检出弱酸提取态的存在,虽然含量不高,但是仍然能反映出鸡粪的添加对固定效果有着负面影响。Cd 的可还原态含量在添加猪粪之后与固定后土壤相比有所减少,残渣态含量亦然,可氧化态含量得到提高。这说明有机肥的加入使固定后土壤中可还原态 Cd 和残渣态 Cd 转变成了可氧化态。当猪粪的添加量为 2% 时,其中 Cd 的存在形态以可氧化态为主,为 42.06 mg/kg;其次是残渣态,为 5.91 mg/kg;接着是可还原态,为 2.97 mg/kg,含量最少的为弱酸提取态,为 0。鸡粪的添加也促进了土壤中可还原态 Cd 和残渣态 Cd 的减少及可氧化态 Cd 的增加。

表 3.22　不同有机肥添加量条件下 Cd 形态的含量变化　　　　（单位: mg/kg）

有机肥添加量		弱酸提取态	可还原态	可氧化态	残渣态
未处理对照样		46.67	3.67	0.00	0.60
化学固定土样		0.00	4.28	38.04	8.68
猪粪	1%	0.00	1.60	43.38	5.96
	2%	0.00	2.97	42.06	5.91
	5%	0.00	3.69	40.54	6.71
	7.5%	0.00	2.80	40.70	7.44
	10%	0.00	2.06	41.73	7.15
鸡粪	1%	0.00	3.45	40.80	6.69
	2%	0.00	1.06	46.08	3.80
	5%	0.15	1.95	42.58	6.26
	7.5%	0.13	2.13	43.72	4.96
	10%	0.26	2.36	41.16	7.16

　　不同有机肥添加量条件下 Zn 形态的含量变化见表 3.23。与固定后土壤相比,在有机肥添加后,土壤中弱酸提取态 Zn 和可还原态 Zn 含量降低,可氧化态 Zn 和残渣态 Zn 含量增加,说明有机肥的添加使土壤中的 Zn 由弱酸提取态和可还原态向可氧化态和残渣态转变。且同样的添加量情况下,鸡粪对 Zn 的效果优于猪粪对 Zn 的转变效果。如在 2% 猪粪的添加情况下,土壤中 Zn 的弱酸提取态质量分数为 3 942.11 mg/kg,可还原态质量分数为 928.10 mg/kg,可氧化态质量分数为 416.31 mg/kg,残渣态质量分数为 2 002.25 mg/kg。而在 2% 鸡粪的添加情况下,土壤中 Zn 的弱酸提取态质量分数为 3 806.11 mg/kg,可还原态质量分数为 1 067.60 mg/kg,可氧化态质量分数为 515.01 mg/kg,残渣态质量分数为 1 900.05 mg/kg。

　　有机肥的添加对重金属形态分布的影响见图 3.42,有机肥的添加使土壤中 Cd 的可氧化态大大增加,可提高至 85.16%。这主要是因为 Cd 的可氧化态一般以有机结合态存在,而有机肥的加入使大量有机质进入土壤,导致重金属有机络合物增加。与化学固定后土壤 Cd 的形态分布对比,有机肥的加入使可还原态 Cd 向可氧化态和残渣态转化。当鸡粪的添加量为 10% 时,弱酸提取态 Cd 仅为 0.51%。

表 3.23　不同有机肥添加量条件下 Zn 形态的含量变化　　　　（单位：mg/kg）

有机肥添加量		弱酸提取态	可还原态	可氧化态	残渣态
未处理对照样		4 880.36	614.53	163.72	1 630.16
化学固定土样		4 568.00	1 667.32	285.84	767.61
猪粪	1%	3 984.77	1 078.43	476.71	1 748.86
	2%	3 942.11	928.10	416.31	2 002.25
	5%	3 898.11	946.43	408.11	2 036.12
	7.5%	3 578.11	974.43	433.31	2 302.92
	10%	3 301.44	1 058.60	486.21	2442.52
鸡粪	1%	3 530.11	1 049.77	509.31	2 199.58
	2%	3 806.11	1 067.60	515.01	1 900.05
	5%	4 039.44	1 017.43	435.91	1 795.99
	7.5%	3 826.11	941.10	438.11	2 083.45
	10%	3 739.44	998.10	426.81	2 124.42

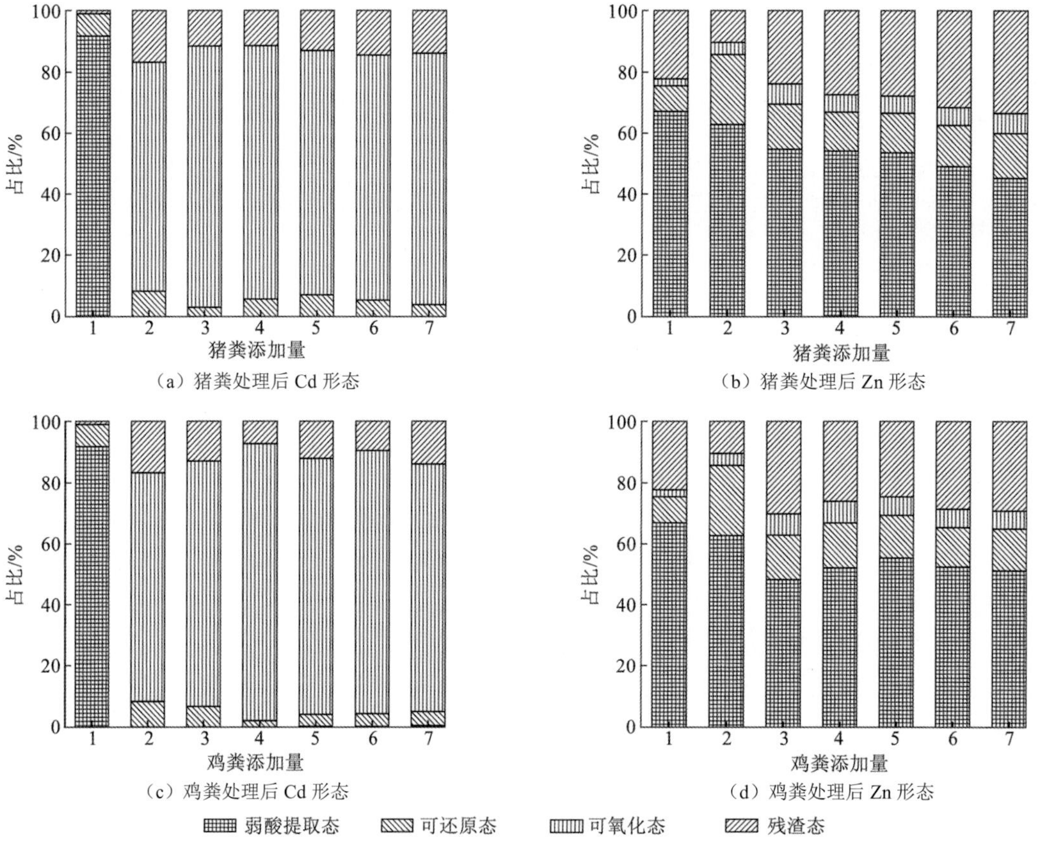

（a）猪粪处理后 Cd 形态　　　　　　　　　　（b）猪粪处理后 Zn 形态

（c）鸡粪处理后 Cd 形态　　　　　　　　　　（d）鸡粪处理后 Zn 形态

▦ 弱酸提取态　　▨ 可还原态　　▥ 可氧化态　　▧ 残渣态

图 3.42　有机肥的添加对重金属形态分布的影响

a，b，c，d 四图中横坐标 1 为污染土壤，2 为化学固定后土壤，3～7 分别为有机肥添加量土壤质量的 1%、2%、5%、7.5%、10%时修复后土壤

Zn 的有机结合态在有机肥加入之后也有了显著的增加,并且有机肥的加入促使土壤中弱酸提取态 Zn 和可还原态 Zn 向残渣态及可氧化态转变,此外,随着有机肥加入量的增多,活性较大的弱酸提取态 Zn 和可还原态 Zn 减少,这有利于化学固定修复。

2. 模拟酸雨条件下 Cd、Zn 淋溶特征及 pH 变化特征

1）模拟酸雨淋溶对土壤 Cd 的释放特征

在模拟 10 年的淋溶中（表 3.24）,未经处理的污染土壤在自来水和模拟酸雨淋溶下,其第 1 年都能有大量的 Cd 从土壤中淋出。自来水第 1 年淋出的 Cd 质量为 11.31 mg,模拟酸雨第 1 年淋出的 Cd 质量为 11.16 mg。这说明污染土壤露天堆存危害极大。第 5 年以后自来水几乎不能再淋出 Cd,除第 8 年淋出 0.03 mg Cd 外,其他年份淋出液中 Cd 质量都为 0。但模拟酸雨在前 8 年一直能淋出 Cd。随着淋溶时间的递推,每年所能淋出的 Cd 越来越少。在自来水的淋溶作用下,污染土壤经过 10 年的淋溶,Cd 的淋溶总量达 11.85 mg,在模拟酸雨的淋溶作用下,污染土壤经过 10 年的淋溶,Cd 的淋溶总量为 12.39 mg,而经过化学固定后的土壤及有机肥修复后的土壤分别经过 10 年的模拟酸雨淋溶和水淋之后,Cd 几乎没有淋溶。这说明化学固定将土壤中的水溶态 Cd 和弱酸提取态 Cd 已完全转化为稳定的形态,并且经过 10 年的酸雨溶洗也不会发生返溶的现象,其固定效果具有长期稳定性。生物质的加入对土壤 Cd 的浸出没有影响。

表 3.24　模拟酸雨淋溶对土壤 Cd 释放的影响　　　　　（单位: mg）

时间/年	污染土壤+自来水	污染土壤+酸雨	化学固定后土壤+自来水	化学固定后土壤+酸雨	有机肥修复后土壤+自来水	有机肥修复后土壤+酸雨
1	11.31	11.16	0.00	0.00	0.00	0.00
2	0.30	0.36	0.00	0.00	0.00	0.00
3	0.18	0.24	0.00	0.00	0.00	0.00
4	0.03	0.21	0.00	0.00	0.00	0.00
5	0.00	0.21	0.00	0.00	0.00	0.00
6	0.00	0.12	0.00	0.00	0.00	0.00
7	0.00	0.03	0.00	0.00	0.00	0.00
8	0.03	0.06	0.00	0.00	0.00	0.00
9	0.00	0.00	0.00	0.00	0.00	0.00
10	0.00	0.00	0.00	0.00	0.00	0.00
总计	11.85	12.39	0.00	0.00	0.00	0.00

2）模拟酸雨淋溶对土壤 Zn 释放特征的影响

模拟酸雨和自来水淋洗污染土壤、化学固定后土壤及修复后土壤中,其滤液中 Zn 含量变化情况见图 3.43,累积淋溶量情况见图 3.44。3 种土分别经自来水和模拟酸雨淋溶后,第 1 年淋滤液中 Zn 的含量远高于后面几年。对于污染土壤来说,第 1 年自来水淋溶 Zn

含量高达 692.40 mg，第 2 年其淋出量骤降至 34.80 mg；第 1 年模拟酸雨淋溶 Zn 淋出量为 693.00 mg，第 2 年为 29.40 mg，前两年水淋和酸雨淋的效果差不多。从第 2 年开始，模拟酸雨每年 Zn 淋溶量都高于自来水淋溶的处理。化学固定后土壤第 1 年自来水淋溶的 Zn 淋出量为 103.20 mg，第 2 年降至 4.56 mg。模拟酸雨淋溶第 1 年 Zn 淋出量为 70.50 mg，第 2 年为 13.68 mg。且从第 2 年开始，模拟酸雨淋溶 Zn 淋出量都要高于水淋。此外，从第 5 年开始，模拟酸雨淋溶 Zn 淋出量开始随时间递增。到第 10 年，其中 Zn 淋出量仍有 30.99 mg，而同期水淋只有 0.51 mg。经化学固定耦合生物质修复后土壤 Zn 的淋出量低于化学固定后的土壤。第 1 年，自来水淋溶 Zn 含量为 49.80 mg，模拟酸雨淋溶 Zn 淋出量 42.60 mg。从第 2 年开始，每年的淋溶量变化较小，整体而言模拟酸雨淋溶量大于自来水淋溶，第 10 年，自来水淋溶 Zn 淋出量为 1.05 mg，而模拟酸雨淋溶量为 15.15 mg。经过 10 年的自来水淋溶，污染土壤中 Zn 的淋溶总量为 740.82 mg，化学固定后 Zn 的淋溶总量为 118.13 mg，修复后土壤 Zn 的淋溶总量为 65.87 mg。经过模拟酸雨 10 年的淋溶，污染土壤中 Zn 的淋溶总量为 834.03 mg，化学固定后土壤中 Zn 的淋溶总量为 290.82 mg，修复后土壤中 Zn 的淋溶总量为 196.56 mg。这说明化学固定对 Zn 的固定效果显著，且有机肥的添加对于化学固定有一定的强化作用，能减少土壤 Zn 的淋出量。

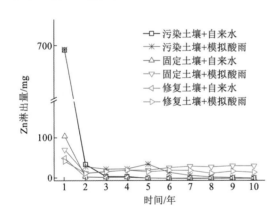 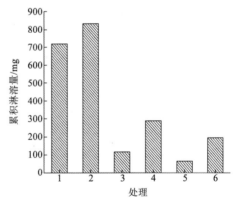

图 3.43　模拟酸雨淋溶对土壤 Zn 释放的影响　　图 3.44　土壤 Zn 淋溶处理 10 年累积淋溶量

图中横坐标 1 为污染土壤+自来水；2 为污染土壤+模拟酸雨；3 为化学固定后土壤+自来水；4 为化学固定后土壤+模拟酸雨；5 为完全修复后土壤+自来水；6 完全修复后土壤+模拟酸雨

3）模拟酸雨对土壤淋滤液 pH 的影响

模拟酸雨对 3 种土样淋溶对土壤淋滤液 pH 的影响见图 3.45。除模拟酸雨对污染土壤的淋洗滤液中 pH 较低之外，其他滤液的 pH 都在 6~7，经修复后土样的 pH 与未处理土壤用自来水淋洗的 pH 差别不大，这说明修复后土壤再次利用时，土壤溶液的性质可能会与污染前该土的差别不大，这对土壤中微生物生态环境是有利的。

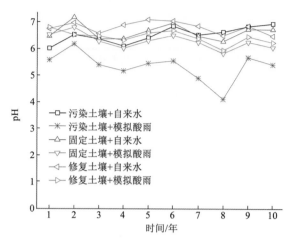

图 3.45　模拟酸雨淋溶对土壤淋滤液 pH 的影响

3. 土壤修复前后对地下水安全风险评价

1）评价体系的建立

针对毒性浸出方法（toxicity characteristic leaching procedure，TCLP）浸出结果，采用 U.S. EPA Method 1312 中浸出液中 Cd 和 Zn 的浓度限值为基准，遵循 Lee 建议的分级方法（11-level ranking system）将其分为 11 个等级（Lee，1996），其中等级 6 为基准值，并设为"OK（好）"等级（表 3.25）。超过该基准值地下水将受固体废物浸出液的危害。此基准浓度是按《危险废物鉴别标准浸出毒性鉴别》（GB 5085.3—2007）中规定的危险临界值来设定的，Cd 质量浓度为 1 mg/L，Zn 质量浓度为 100 mg/L，按照等差分配级数，等级越低，表明地下水越安全。

表 3.25　评价指标体系

评价等级	绝对低	极低	相当低	低	略低	好	略高	高	相当高	极高	绝对高
	等级 1	等级 2	等级 3	等级 4	等级 5	等级 6	等级 7	等级 8	等级 9	等级 10	等级 11
等级意义	← 等级有利于地下水安全					基准	不利于地下水安全 →				
Cd 质量浓度 mg/L	0	0.2	0.4	0.6	0.8	1	1.2	1.4	1.6	1.8	2.0
Zn 质量浓度 mg/L	0	20	40	60	80	100	120	140	160	180	200

2）模糊数学评价步骤

应用模糊隶属度函数法对地下水风险进行综合评价，函数表达如下：

$$\mu_{i,j} = \begin{cases} 1-\mu_{i,j-1} & X \leqslant S_{i,j} \\ (S_{i,j}-X_i)/(S_{i,j+1}-S_{i,j}) & S_{i,j} < X \leqslant S_{i,j+1} \\ 0 & X \geqslant S_{i,j+1} \end{cases} \qquad (3.10)$$

式中：$\mu_{i,j}$ 为因素 i 在等级 j 的隶属度；$S_{i,j}$ 为因素 i 在等级 j 的指标；X_i 为 i 因素实测值。利用该函数可构建隶属综合评判矩阵 **R**。

选用超标赋权法来计算各因素的权重。其公式为

$$a_i = \frac{X_i}{\frac{1}{m}\sum_{j=1}^{m}S_{i,j}} \bigg/ \sum_{i=1}^{n}\frac{X_i}{\frac{1}{m}\sum_{j=1}^{m}S_{i,j}} \qquad (3.11)$$

考虑土壤环境的复杂性和综合性，采用加权平均模糊算法来进行模糊计算，公式如下：

$$b_j = \sum_{i=1}^{n}a_i \cdot r_{i,j} \qquad (j=1,2,\cdots,n) \qquad (3.12)$$

式中：b_j 为模糊运算值；$r_{i,j}$ 为综合评价矩阵中因素 i 在等级 j 的隶属度值。

3）地下水安全评价结果

I——综合评判矩阵

采用式（3.10）进行计算，可得未修复土壤、化学固定土壤、修复后土壤的综合评价矩阵如下：

$$\boldsymbol{R}_{未修复土壤}=\begin{pmatrix} 0.0000 & 0.0000 & 0.0000 & 0.0000 & 0.0000 & 0.0000 & 0.0000 & 0.0000 & 0.0000 & 0.0000 & 1.0000 \\ 0.0000 & 0.0000 & 0.0000 & 0.0000 & 0.0000 & 0.0000 & 0.0000 & 0.0000 & 0.0000 & 0.9895 & 0.0105 \end{pmatrix}$$

$$\boldsymbol{R}_{化学固定土壤}=\begin{pmatrix} 0.8500 & 0.1500 & 0.0000 & 0.0000 & 0.0000 & 0.0000 & 0.0000 & 0.0000 & 0.0000 & 0.0000 & 0.0000 \\ 0.0000 & 0.0000 & 0.0000 & 0.6755 & 0.3245 & 0.0000 & 0.0000 & 0.0000 & 0.0000 & 0.0000 & 0.0000 \end{pmatrix}$$

$$\boldsymbol{R}_{修复后土壤}=\begin{pmatrix} 0.9000 & 0.1000 & 0.0000 & 0.0000 & 0.0000 & 0.0000 & 0.0000 & 0.0000 & 0.0000 & 0.0000 & 0.0000 \\ 0.0000 & 0.0000 & 0.0000 & 0.6420 & 0.3580 & 0.0000 & 0.0000 & 0.0000 & 0.0000 & 0.0000 & 0.0000 \end{pmatrix}$$

其中横向量分别代表风险因子 Cd、Zn，列向量代表 11 个等级，矩阵中的数字为各风险因子在各等级的隶属度。

II——权重因子

根据式（3.11），算得各因子对地下水的影响权重如下：

$$A_{未修复土壤}=(0.7153 \quad 0.2847)$$
$$A_{化学固定土壤}=(0.0432 \quad 0.9568)$$
$$A_{修复后土壤}=(0.0407 \quad 0.9593)$$

土壤未修复前，对地下水安全影响占主导地位的为 Cd，这与 TCLP 浸出结果 Cd 严重超过浓度限值（超标 4 倍），而 Zn 超标不到 2 倍有关。土壤经化学固定修复后，Cd 的权重大幅降低，Zn 开始占主导地位。完全修复后，Cd 的权重继续降低。

III——模糊评价集

根据式（3.12），算得模糊评价集为

$$B_{未修复土壤}=(0.0000 \ 0.0000 \ 0.0000 \ 0.0000 \ 0.0000 \ 0.0000 \ 0.0000 \ 0.0000 \ 0.0000 \ 0.2817 \ 0.7183)$$
$$B_{化学固定土壤}=(0.0367 \ 0.0065 \ 0.0000 \ 0.6463 \ 0.3105 \ 0.0000 \ 0.0000 \ 0.0000 \ 0.0000 \ 0.0000 \ 0.0000)$$
$$B_{修复后土壤}=(0.0367 \ 0.0041 \ 0.6159 \ 0.3434 \ 0.0000 \ 0.0000 \ 0.0000 \ 0.0000 \ 0.0000 \ 0.0000 \ 0.0000)$$

根据最大隶属度原则，隶属度最大值所在等级则为评价的最终结果。对地下水安全而言，未修复土壤风险等级为 11，影响水平为"绝对高"；经化学固定修复后，土壤地下水风险等级为 4，影响水平为"低"；完全修复后，土壤地下水风险等级为 3，影响水平为"相当低"。

从评价结果可知，土壤不经修复对地下水的安全存在极大的隐患，在酸雨影响下，其渗滤液极有可能危害所在区域的地下水安全。而经过化学固定修复后，土壤对地下水安全的影响较小，安全系数提高了 7 个等级。

3.3　铅镉砷复合污染土壤化学固定修复

我国矿冶污染场地土壤多为重金属复合污染，如 Cd、Pb、As 复合污染。土壤中 Cd、Pb 和 As 的化学行为截然不同，如固定剂石灰、粉煤灰、含磷矿物对 Cd、Pb 等阳离子型的重金属有较好的固定效果，但石灰和粉煤灰加入土壤后，土壤 pH 升高，As 溶解度增加，有效态 As 含量反而升高。由于磷酸盐和砷酸盐在结构和化学性质上非常相似，磷酸盐能够取代砷酸盐的吸附，从而可抑制砷酸盐的吸附。因此单一固定剂难以实现 Cd、Pb、As 的同时固定，多种固定剂的复配在 Cd、Pb、As 复合污染土壤修复中具有广泛的应用潜力（吴宝麟，2014）。

3.3.1　固定剂的筛选

从黏土矿物类、含磷矿物类、工业废弃物类和铁盐类固定剂中分别筛选出对土壤中 Cd、Pb 和 As 行之有效的固定剂。采用重金属有效态固定率为主要评价指标，并以重金属水溶态固定率和土壤 pH 为次要评价指标。

1. 黏土矿物类对 Cd、Pb 的固定效果

黏土矿物处理后的土壤有效态 Cd 和 Pb 固定效果见图 3.46。不同类型的黏土矿物对有效态 Cd 和 Pb 都有不同程度的固定效果。沸石和海泡石对有效态 Cd 固定效果相对较好。反应 35 天后，其固定率分别达到 35% 和 37%。海泡石随着固定时间延长，其对有效态 Cd 固定率逐步上升，而沸石的固定率则有小幅度的下降。膨润土对有效态 Cd 固定效果较为平缓，固定率在 10% 上下小幅度波动。而高岭土的波动幅度相对较大，在反应 28 天时固定率低至 4%。

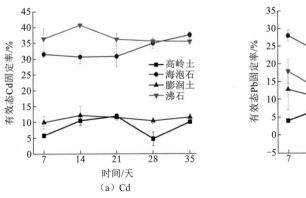
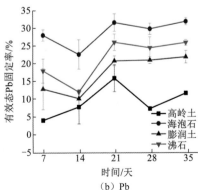

图 3.46　黏土矿物对有效态 Cd、Pb 的影响

这几种黏土矿物对有效态 Pb 固定趋势较为一致，在反应前 21 天固定率呈现上升趋势，之后较为稳定，说明有效态 Pb 只需 21 天左右就能够相对有效固定在土壤中。这几种黏土矿物对有效态 Pb 固定效果顺序为：海泡石>沸石>膨润土>高岭土，其最终固定率分别为 32%、26%、22% 和 12%。

黏土矿物对水溶态 Cd、Pb 固定效果见图 3.47。海泡石和沸石对水溶态 Cd 的固定效果十分显著，固定率均在 98% 以上。膨润土对水溶态 Cd 的固定效果较不稳定，波动性较大。膨润土在反应前 21 天，水溶态 Cd 固定率迅速上升，从 22% 上升到 99%，随后又急速下降。高岭土对水溶态 Cd 几乎无固定效果。海泡石、沸石和膨润土对水溶态 Pb 固定效果较好。海泡石和沸石对水溶态 Pb 固定率稳定在 95% 以上。膨润土对水溶态 Pb 固定率随着反应时间增加而逐步上升，固定率从 91% 提高至 98%，第 35 天固定率下降至 85%。高岭土对水溶态 Pb 固定效果波动较大，反应前两周时，水溶态 Pb 固定率达 98%，随后固定率迅速下降，并波动变化，表明原本吸附在高岭土表面的 Pb 通过解吸释放出来。

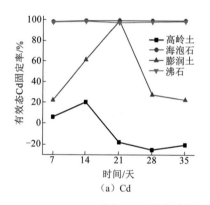

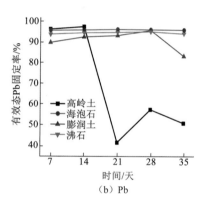

图 3.47　黏土矿物对水溶态 Cd、Pb 固定效果的影响

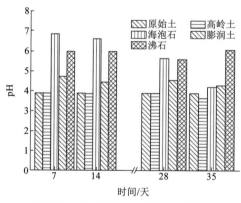

图 3.48　黏土矿物对土壤 pH 的影响

黏土矿物的加入对土壤 pH 的影响见图 3.48，黏土矿物能够吸附土壤中 H⁺，但是不同黏土矿物的内部晶格构造不一样，对 H⁺ 的吸附量不一样，从而对土壤 pH 都有不同程度的提高。沸石能够稳定提高土壤 pH 1.7 个单位；海泡石对土壤 pH 的影响随着反应时间逐步下降，土壤 pH 从 6.9 逐步下降到 4.3。膨润土对土壤 pH 影响程度变化不大，基本提高 0.4～0.8 个单位。高岭土基本对土壤 pH 影响不大。

2. 磷基固定剂对 Cd、Pb 的固定效果

不同磷基固定剂对有效态 Cd、Pb 的固定效果见图 3.49。磷基固定剂对有效态 Cd 和 Pb 固定效果排序为：羟基磷灰石（$Ca_{10}(PO_4)_6(OH)_2$）>磷酸二氢钙（$Ca(H_2PO_4)_2$）>磷矿

粉>磷石膏。$Ca_{10}(PO_4)_6(OH)_2$ 和磷矿粉随着固定时间增加,对有效态 Cd 和 Pb 的固定率逐步上升。35 天后,$Ca_{10}(PO_4)_6(OH)_2$ 对有效态 Cd 和 Pb 固定率分别为 59% 和 70%。$Ca(H_2PO_4)_2$ 在反应 21 天前对有效态 Cd 和 Pb 固定均呈现上升趋势,之后固定效果均有所下降,35 天后对有效态 Cd 和 Pb 固定率分别为 39% 和 62%。磷石膏对有效态 Cd 和 Pb 固定效果相对较差,固定率分别只有 9% 和 14%。$Ca(H_2PO_4)_2$ 与 $Ca_{10}(PO_4)_6(OH)_2$ 相比,反应 35 天后它们对有效态 Pb 固定效果相差无几,而 $Ca_{10}(PO_4)_6(OH)_2$ 对有效态 Cd 固定效果最佳。这可能是因为 $Ca_{10}(PO_4)_6(OH)_2$ 拥有大量 OH^-,土壤中 Cd^{2+} 吸附在其表面,并将 Ca^{2+} 置换出来生成 $Ca_{10-x}Cd_x(PO_4)_6(OH)_2$(He et al.,2013)。

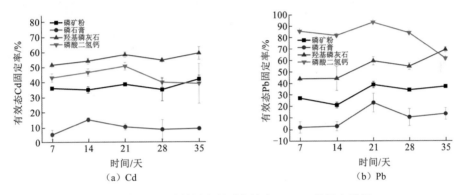

图 3.49　不同磷基固定剂对有效态 Cd、Pb 的固定效果

不同磷基固定剂对水溶态 Cd 和 Pb 的固定效果见图 3.50。除磷石膏以外,含磷矿物对水溶态 Cd 的固定效果十分显著,其顺序为:磷矿粉>$Ca_{10}(PO_4)_6(OH)_2$>$Ca(H_2PO_4)_2$,磷矿粉和 $Ca_{10}(PO_4)_6(OH)_2$ 对水溶态 Cd 的固定率均在 96% 以上,而磷石膏不但不能去除水溶态 Cd,反而使水溶态 Cd 含量增加。这可能因为磷石膏是湿法生产磷酸过程中的副产物,重金属含量较高,其中以 Cd、Cu、Pb 和 Zn 含量最多(徐大地 等,2008)。同样的,对水溶态 Pb 来说,磷矿粉、$Ca_{10}(PO_4)_6(OH)_2$ 和 $Ca(H_2PO_4)_2$ 的固定效果都很好,固定率均在 90% 以上。而磷石膏固定效果相对较差,磷石膏对水溶态 Pb 的固定效果随反应时间增加而降低,其固定率从 72% 降到 43%。

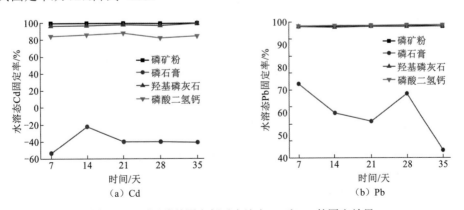

图 3.50　不同磷基固定剂对水溶态 Cd 和 Pb 的固定效果

不同磷基固定剂处理对土壤 pH 有一定的影响（图 3.51）。磷矿粉能显著提高土壤的 pH，在第 35 天，土壤 pH 达 7.2，提高了 3.3 个单位。磷矿粉是难溶性碱性物质，含有大量的 $CaCO_3$，因此使土壤 pH 提高（施尧，2011）。$Ca_{10}(PO_4)_6(OH)_2$ 也能够提高土壤的 pH，使土壤 pH 提高了 1.5 个单位，由于 $Ca_{10}(PO_4)_6(OH)_2$ 是微溶性物质，能够缓慢释放出其中的 OH^-，从而提高土壤 pH。$Ca(H_2PO_4)_2$ 对土壤 pH 影响不大，提高了约 0.1～0.3 个单位，因为 $Ca(H_2PO_4)_2$ 是一个两性物质，具有一定的缓冲性能。磷石膏对土壤 pH 影响呈现波动变化，土壤 pH 变化范围在−0.7～0.1。

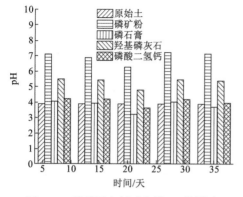

图 3.51　磷基固定剂对土壤 pH 的影响

3. 工业废弃物类对 Cd、Pb 的去除效果

工业废弃物对有效态 Cd 和 Pb 的去除效果见图 3.52。赤泥对有效态 Cd 和 Pb 的固定效果明显优于粉煤灰。赤泥对有效态 Cd 和 Pb 的去除率随着固定时间而上升，有效态 Cd 去除率从 47%提高到 58%，对有效态 Pb 去除率从 35%上升到 50%。粉煤灰在前 21 天对有效态 Cd 去除率有小幅度提高，提升幅度为 4%，之后去除效果就相对比较稳定。粉煤灰与赤泥对有效态 Pb 的去除效果随时间变化的趋势是一致的：波动幅度较大，去除率先小幅度下降而后上升。

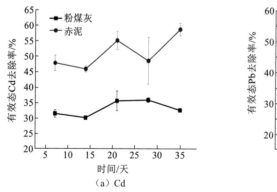

（a）Cd

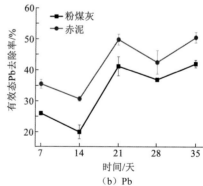

（b）Pb

图 3.52　工业废弃物对有效态 Cd、Pb 去除率的影响

工业废弃物对水溶态 Cd、Pb 的去除效果见图 3.53。与粉煤灰相比，赤泥对水溶态 Cd 去除效果波动较大，但去除效果一直比粉煤灰好，其去除率在 95.5%到 99%，而粉煤灰对水溶态 Cd 去除率均保持在 95%上下小幅度波动。粉煤灰和赤泥对水溶态 Pb 去除效果不相上下并且随时间变化，其波动变化不大，说明相对于水溶态 Cd 而言，水溶态 Pb 更加容易吸附固定，并且不易脱附。两者对水溶态 Pb 的去除率均在 98%～99%。

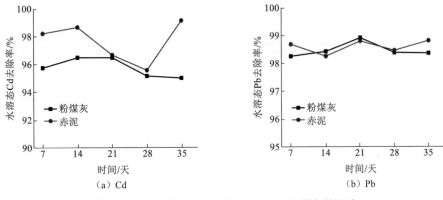

图 3.53　工业废弃物对水溶态 Cd、Pb 去除率的影响

工业废弃物对土壤 pH 的影响见图 3.54。粉煤灰和赤泥都能够显著提高土壤 pH 到 6～
7，其中赤泥对土壤 pH 影响程度要大于粉煤灰。随着反应时间增加，赤泥能够缓慢增加土壤 pH，与原土相比，提高了 2.6～3.1 个单位。粉煤灰对土壤 pH 影响较为平稳，使土壤 pH 提高到 5.9 左右。粉煤灰和赤泥一样都是碱性物质，它们通过提高土壤 pH，使土壤表面负电荷增加，有利于 Cd、Pb 的吸附固定作用（范美蓉 等，2012）。并且它们主要含有 Fe、Al、Mn 氧化物，可以与 Cd、Pb 缓慢生成共沉淀（张向军，2009）。从土壤 pH 趋势来看，赤泥能够持续缓慢释放出其中的

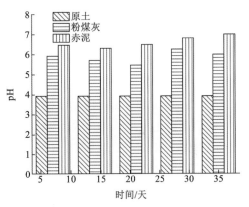

图 3.54　工业废弃物对土壤 pH 的影响

碱性物质，因此对有效态 Cd、Pb 的去除率能够持续增加，而粉煤灰是一次性释放出绝大部分的碱性物质，因此其对有效态 Cd 的去除率一直都比较平缓。

4. 铁基固定剂对 As 的固定效果

不同种类铁基固定剂对 As 的固定效果见图 3.55。硫酸铁（$Fe_2(SO_4)_3$）和六水合氯化铁（$FeCl_3 \cdot 6H_2O$）对有效态 As 的固定效果都是较好的，而 $Fe_2(SO_4)_3$ 对 As 的固定的效果优于 $FeCl_3 \cdot 6H_2O$。随着固定时间的延长，$Fe_2(SO_4)_3$ 和 $FeCl_3 \cdot 6H_2O$ 对有效态 As 的固定率均略有下降，但在 28 天时，有效态 As 的固定率分别维持在 75% 和 71%。铁基固定剂主要与 As 固定生成晶体物质 $FeAsO_4 \cdot H_2O$，然而该物质有较高的溶解性，因此 $Fe_2(SO_4)_3$ 和 $FeCl_3 \cdot 6H_2O$ 对有效态 As 的固定率有所下降。但是经过相当长的固定时间，就可生成相当稳定的 $FeAsO_4 \cdot H_2O$（Xenidis et al.，2010）。

铁基固定剂对土壤 pH 影响见图 3.56。$Fe_2(SO_4)_3$ 和 $FeCl_3 \cdot 6H_2O$ 均使土壤 pH 降低。这是因为 Fe^{3+} 在土壤中极易水解 $Fe(OH)_3$ 胶体，释放出 H^+。铁的氢氧化物胶体有利于吸附土壤中 As。$FeCl_3 \cdot 6H_2O$ 对土壤 pH 的降低程度要高于 $Fe_2(SO_4)_3$。$FeCl_3 \cdot 6H_2O$ 和 $Fe_2(SO_4)_3$ 分别使土壤降低了 1.6 和 1.2 个单位。

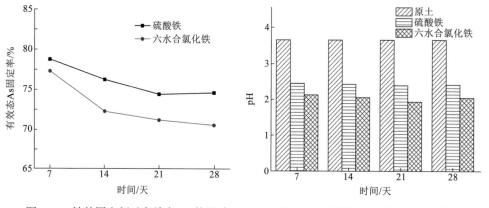

图 3.55　铁基固定剂对有效态 As 的影响　　　　图 3.56　铁基固定剂对土壤 pH 影响

3.3.2　固定条件优化

1. Ca(H$_2$PO$_4$)$_2$ 用量对 Cd、Pb 固定效果影响

Ca(H$_2$PO$_4$)$_2$ 用量按 Cd 和 Pb 的总量与 Ca(H$_2$PO$_4$)$_2$ 物质的量比的方式加入,对土壤中 Cd 和 Pb 的影响见图 3.57。随着 Ca(H$_2$PO$_4$)$_2$ 用量的增加,土壤中有效态 Cd 和 Pb 的固定率升高。不同用量的 Ca(H$_2$PO$_4$)$_2$ 对有效态 Cd 的固定效果在前 21 天有小幅度的波动起伏,随后固定率稳定上升。对有效态 Pb,固定效果较为稳定。当 Pb、Cd 总量与 Ca(H$_2$PO$_4$)$_2$ 物质的量比([Cd+Pb]/[Ca(H$_2$PO$_4$)$_2$])为 1:1 时,对有效态 Cd 和 Pb 基本没有固定效果。当 [Cd+Pb]/[Ca(H$_2$PO$_4$)$_2$] 为 1:10 时,有效态 Cd 的固定效果明显优于 1:8,其固定率为 38%。当[Cd+Pb]/[Ca(H$_2$PO$_4$)$_2$] 为 1:8 和 1:10 时,对有效态 Pb 固定率在 90%以上,明显高于物质的量比 1:1、1:3 和 1:5 的处理。[Cd+Pb]/[Ca(H$_2$PO$_4$)$_2$] 为 1:10 时对有效态 Pb 的固定率明显优于 1:8、1:5、1:3 和 1:1,因此最佳用量为铅镉总量与 Ca(H$_2$PO$_4$)$_2$ 物质的量比为 1:10。

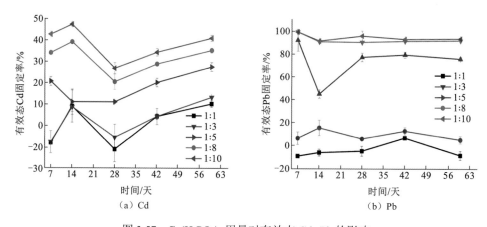

（a）Cd　　　　　　　　　　　　　　　（b）Pb

图 3.57　Ca(H$_2$PO$_4$)$_2$ 用量对有效态 Cd、Pb 的影响

Ca(H$_2$PO$_4$)$_2$ 对水溶态 Cd 和 Pb 的影响见图 3.58。随着 Ca(H$_2$PO$_4$)$_2$ 用量增加,对水溶态 Cd 和 Pb 固定效果更加明显。[Cd+Pb]/[Ca(H$_2$PO$_4$)$_2$]在 1:5～1:10 对水溶态 Cd 和 Pb 的

固定效果差异性较小，这三个比例的用量对水溶态 Cd 固定率分别为 56%、71%和 76%，对水溶态 Pb 固定率均在 99%以上。

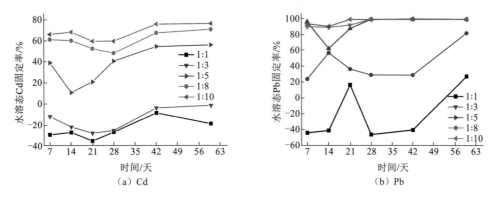

图 3.58　$Ca(H_2PO_4)_2$ 用量对水溶态 Cd、Pb 的影响

$Ca(H_2PO_4)_2$ 用量对土壤 pH 的影响见图 3.59。$[Cd+Pb]/[Ca(H_2PO_4)_2]$比例在 1:1～1:3 时，会降低土壤的 pH，反应 7 天后分别使土壤 pH 降低了 0.5、0.4 个单位；随着反应时间增加，其对土壤 pH 降低幅度减少。当 $Ca(H_2PO_4)_2$ 添加量较少时，主要以 $H_2PO_4^{2-}$水解释放出更多的 H^+为主，导致土壤 pH 的降低。随着 $Ca(H_2PO_4)_2$ 用量的增加（比例在 1:5～1:10），土壤 pH 提高到 4.3～4.6 左右。土壤 pH 在 4～5，可有利于氯铅磷灰石的生成。这就解释了比例在 1:5～1:10 时，对有效态 Pb 去除效果最好。

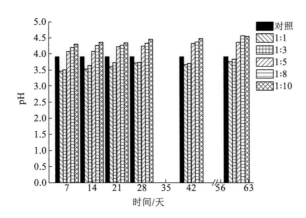

图 3.59　$Ca(H_2PO_4)_2$ 用量对土壤 pH 的影响

2. 土壤水分含量对 Cd、Pb 固定效果影响

水分条件会改变土壤中的氧化还原条件，从而影响重金属沉淀、吸附和络合反应，进一步影响着重金属的固定过程（周世伟 等，2007）。土壤水分含量对有效态 Cd 和 Pb 的影响见图 3.60。反应 7 天后，土壤不同含水量对有效态 Cd 的固定效果差异比较大，并且随着含水量的增加，固定率也逐渐增加，从 26%上升至 36%。随着时间增加，土壤水分含量对有效态 Cd 的影响差异逐渐缩小。28 天后，不同水分含量的固定率均在 47%～50%，

其中以土壤水分含量为 60% 的田间持水量的效果最好。此外在田间持水量 30%～80% 时，土壤水分含量对有效态 Pb 固定效果影响并不大。不同水分含量处理下，有效态 Pb 的固定率均在 90% 以上，并且水分含量对有效态 Pb 的固定效果不受时间变化的影响。

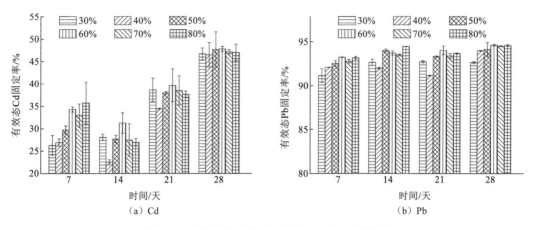

图 3.60　土壤水分含量对有效态 Cd 和 Pb 的影响

　　土壤水分含量对水溶态 Cd、Pb 的影响见图 3.61。不同水分条件固定效果均随反应时间的延长而上升。不同水分条件下对水溶态 Cd 的处理效果差异性不大，固定率变化范围只有 4%。同时不同水分含量对水溶态 Pb 的影响不明显，而且时间变化对其影响也不大。固定 28 天后，水溶态 Pb 的固定率均在 99.5% 左右。

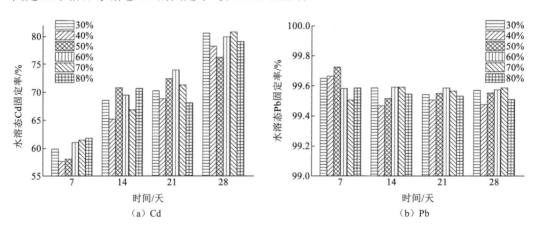

图 3.61　土壤水分含量对水溶态 Cd、Pb 的影响

　　土壤水分含量对土壤 pH 的影响见图 3.62，水分含量在田间持水量的 30%～80% 变化时，对土壤 pH 几乎没有影响，并且受时间影响变化也不大。各水分条件下，土壤 pH 在 4.39～4.49。由此土壤含水量为田间持水量的 60% 为最佳用水量。

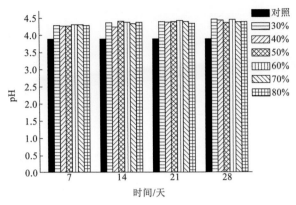

图 3.62　土壤水分含量对土壤 pH 的影响

3. 土壤颗粒大小对 Cd、Pb 固定效果影响

土壤粒径对有效态 Cd、Pb 的固定效果见图 3.63。有效态 Cd 的固定效果并不是随着土壤粒径减小而增大，其固定效果排序为 30 目>8 目>18 目≈4 目。18 目和 4 目土壤随着固定时间增加，对有效态 Cd 去除率呈现下降的趋势，其中 18 目的下降幅度较大。30 目和 8 目土壤对有效态 Cd 去除率呈现先上升后下降。对有效态 Pb 来说，土壤粒径越小越有利于其在土壤中的固定，但是 30 目、18 目和 8 目对有效态 Pb 的去除率相差不大。

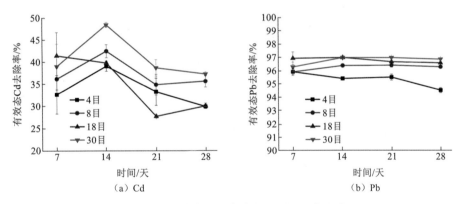

图 3.63　土壤粒径对有效态 Cd 和 Pb 的影响

土壤粒径对水溶态 Cd、Pb 固定效果影响见图 3.64。不同粒径大小对水溶态 Cd 与有效态 Cd 的固定效果影响一致，均以 30 目和 8 目的固定效果较好。21 天后 30 目、8 目和 4 目对水溶态 Cd 的去除率呈现下降的趋势，而 18 目土壤则波动上升。在 28 天时，30 目和 8 目土壤对水溶态 Cd 的去除率十分接近，分别为 77%和 78%。此外土壤粒径大小对水溶态 Pb 的固定影响不大，这 4 种粒径大小对水溶态 Pb 去除率均在 99.6%左右。

土壤粒径对土壤 pH 的影响见图 3.65。粒径大小对土壤 pH 几乎不产生影响。各粒径下的土壤 pH 相差不过 0.2，并且随着时间推移，不同粒径土壤的 pH 保持在 4.2～4.3。在土壤 pH 较稳定的情况下，有效态和水溶态 Cd 的去除率呈现波动变化，说明 Cd 的固定还受土壤中其他成分影响，如重金属的竞争吸附等。

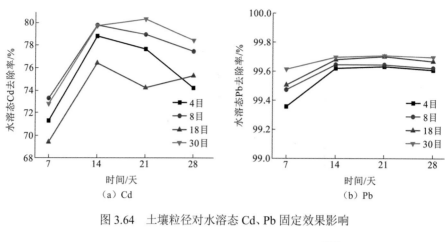

图 3.64　土壤粒径对水溶态 Cd、Pb 固定效果影响

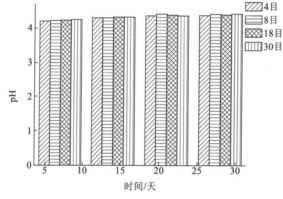

图 3.65　土壤粒径对土壤 pH 的影响

综上,30 目和 8 目土壤粒径对有效态和水溶态 Cd 固定效果差不多,为节约工程成本,采用 8 目为最佳的土壤粒径大小。

4. 反应时间对 Cd、Pb 固定效果及土壤 pH 的影响

随反应时间延长,水溶态和有效态 Cd 的固定效果不断增加(图 3.66),固定率分别从 70% 到 80%、39% 到 51%。这两者的固定率提升幅度都差不多,说明 Cd 主要从水溶态转变到活性较低的形态,从而使有效态的含量减少。水溶态和有效态 Pb 随时间固定效果变化不大,固定率分别在 99%~100%、93%~99%。可见土壤中 Pb 的固定速度快且相对稳定。与 Pb 相比,Cd 的固定效果要在 42 天以后才能相对稳定,说明在 Cd 与 Pb 同时存在的条件下,Pb 首先被 $Ca(H_2PO_4)_2$ 吸附且与之反应,随后 Cd 才不断地与之反应,这主要受到磷酸镉($Cd_3(PO_4)_2$)和磷铅矿物的溶度积影响。

反应时间对土壤 pH 的影响见图 3.67。随着固定时间增加,土壤 pH 逐渐缓慢地上升,从 4.36 上升至 4.83。说明 $Ca(H_2PO_4)_2$ 在缓慢溶解释放出其中的 PO_4^{3-},从而能够将土壤中重金属长期有效地固定。处理后的土壤 pH 比处理前提高了将近 1.0 个单位。理论上磷酸盐与重金属 Cd、Pb 反应,不会导致土壤 pH 的变化;但当磷酸盐过量的时候,过多的磷

酸盐溶解释放出 OH^-,比生成 $Cd_3(PO_4)_2$ 和氯(羟基)磷铅矿释放出来的 H^+ 多,导致土壤 pH 的上升。因此最佳的反应时间为 42 天。

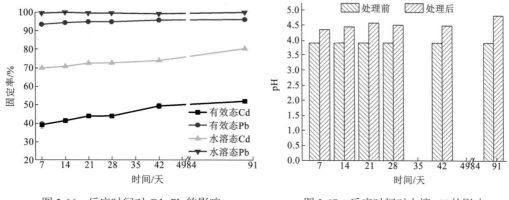

图 3.66　反应时间对 Cd、Pb 的影响　　　　　图 3.67　反应时间对土壤 pH 的影响

5. Fe$_2$(SO$_4$)$_3$ 用量对 Cd、Pb 和 As 固定效果及土壤 pH 的影响

Fe$_2$(SO$_4$)$_3$ 用量对有效态 Cd、Pb 和 As 的影响见图 3.68。随着 Fe$_2$(SO$_4$)$_3$ 用量的增加,有效态 As 和 Pb 的去除效果随之增强,有效态 As 去除率从 41%到 90%。当[As]/[Fe$_2$(SO$_4$)$_3$] 为 1:1 和 1:3 时,对有效态 Pb 没有固定效果。而比例达到 1:5 后,有效态 Pb 去除率达到 82%～87%。对有效态 Cd 来说,[As]/[Fe$_2$(SO$_4$)$_3$]在 1:1～1:5 时,随着用量增加,有效态 Cd 去除率逐渐上升,在比例为 1:5 时,去除率达到最大值 46%,之后逐渐下降;当比例达到 1:20 时,对有效态 Cd 完全没有固定效果。

Fe$_2$(SO$_4$)$_3$ 用量对土壤 pH 的影响见图 3.69。随着 Fe$_2$(SO$_4$)$_3$ 的加入,土壤 pH 不断下降。[As]/[Fe$_2$(SO$_4$)$_3$]为 1:1 与 1:10 相比,土壤 pH 相差 1.2 左右。土壤 pH 过低,不利于植物的种植。在[As]/[Fe$_2$(SO$_4$)$_3$]为 1:1～1:5 时,虽然土壤 pH 逐步下降,但是有效态 Cd 的固定率逐渐上升,说明 Fe^{3+} 对 Cd 有一定固定效果。土壤 pH 下降有利于有效态 As 固定:当 pH<2.5 时,有效态 As 去除率高达 77%～90%。随着用量增加,土壤 pH 降低,土壤中

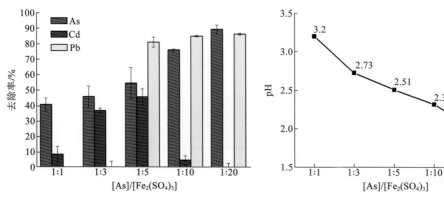

图 3.68　Fe$_2$(SO$_4$)$_3$ 用量对有效态 Cd、Pb 和 As 　　　图 3.69　Fe$_2$(SO$_4$)$_3$ 用量对土壤 pH
　　　　　去除率的影响　　　　　　　　　　　　　　　　　的影响

有效态 Pb 含量降低,这可能是因为 Fe^{3+} 水解形成胶体可有效吸附土壤中释放出来的 Pb^{2+} (徐仁扣 等, 2006)。

综上, [As]/[$Fe_2(SO_4)_3$]为 1:5 的比例较为合适,既不会影响 Cd、Pb 固定,也不会使土壤 pH 过度降低。

6. 固定剂复配对 Cd、Pb、As 固定效果及土壤 pH 的影响

1) 复配比对 Cd、Pb、As 固定效果及土壤 pH 的影响

$Ca(H_2PO_4)_2$ 以最佳用量加入,硫酸铁($Fe_2(SO_4)_3$)按磷酸根与三价铁的物质的量比 ([Fe^{3+}]/[PO_4^{3-}])为 0.72:1～7.2:1 的方式加入,其对有效态 Cd、Pb 和 As 的影响见图 3.70。不同 $Fe_2(SO_4)_3$ 与 $Ca(H_2PO_4)_2$ 复配比对有效态 Cd、Pb 和 As 的去除效果排序分别为 0.72:1>1.44:1>2.16:1>3.59:1>7.2:1, 7.2:1>0.72:1>1.44:1>2.16:1>3.59:1 和 7.2:1>3.59:1>2.16:1>1.44:1>0.72:1。有效态 As 去除率随复配比的增加而逐渐提高,从 8%提升至 56%(第 7 天),随时间增加而波动上升。有效态 Cd 去除率则是随复配比增加呈现下降的趋势,在 [Fe^{3+}]/[PO_4^{3-}]为 0.72:1～2.16:1 时,去除率下降幅度较小,从 41%降到 30%(第 7 天)。在 [Fe^{3+}]/[PO_4^{3-}]提高到 3.59:1 之后,固定效果急剧下降,对有效态 Cd 的固定几乎没有效果,

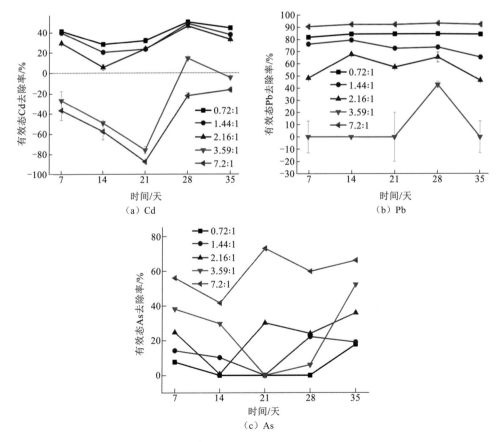

图 3.70　Fe^{3+} 与 PO_4^{3-} 的复配比对有效态 Cd、Pb 和 As 的影响

反而激活了土壤中的 Cd。对有效态 Pb 来说，$[Fe^{3+}]/[PO_4^{3-}]$ 在 0.72:1～3.59:1 内，固定效果呈现下降趋势，与有效态 Cd 相似，$[Fe^{3+}]/[PO_4^{3-}]$ 为 3.59:1 时，激活了土壤中的 Pb。当 $[Fe^{3+}]/[PO_4^{3-}]$ 比例继续增大到 7.2:1 时，有效态 Pb 固定效果达到最好，去除率为 90%。显然，$[Fe^{3+}]/[PO_4^{3-}]$ 为 2.16:1 的时候，对有效态 Cd 和 Pb 的去除率是个分水岭，综合考虑有效态 As、Cd 和 Pb 的固定效果，选择 $[Fe^{3+}]/[PO_4^{3-}]$=2.16:1 为最佳复配比。

$[Fe^{3+}]/[PO_4^{3-}]$ 复配比对土壤 pH 的影响见图 3.71，随着 $[Fe^{3+}]/[PO_4^{3-}]$ 比例的增大，土壤 pH 也逐渐降低。反应 7 天后，不同复配比下土壤的 pH 都提高 0.4～0.9 个单位不等，且在第 14 天以后土壤 pH 相对稳定。当 $[Fe^{3+}]/[PO_4^{3-}]$ 为 2.16:1 时，土壤 pH 降至 3.0 左右。虽然 $Fe_2(SO_4)_3$ 对有效态 Cd 有一定的固定效果，但是当土壤 pH 在小于 3 之后，在酸性较强条件下，会使土壤中的 Cd 活化以 Cd^{2+} 形式存在。而对有效态 Pb 来说，高添加量的 $Fe_2(SO_4)_3$ 对有效态 Pb 有固定效果，而 $[Fe^{3+}]/[PO_4^{3-}]$ 在 0.72:1～2.16:1 时，对有效态 Pb 还有一定的固定效果，说明在该比例范围内，主要是以 PO_4^{3-} 对 Pb 产生一定的固定作用，而随着 Fe^{3+} 含量增加，对有效态 Pb 固定起到一定抑制作用。但是当 Fe^{3+} 达到一定含量时，就以 Fe^{3+} 对 Pb 的固定为主导作用。

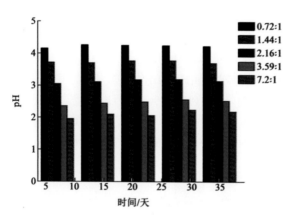

图 3.71　$[Fe^{3+}]/[PO_4^{3-}]$ 复配比对土壤 pH 的影响

2）添加方式对 Cd、Pb、As 固定效果及土壤 pH 的影响

$Ca(H_2PO_4)_2$ 与 $Fe_2(SO_4)_3$ 添加方式对有效态 Cd、Pb 和 As 及土壤 pH 影响见图 3.72。分步加入法比同时加入法对有效态 Cd、Pb、As 固定效果更好，其去除率分别提高了 13%、15% 和 18%，并且土壤 pH 也提高了 0.07 个单位。分步法比同时加入法效果更好是因为先加入 $Ca(H_2PO_4)_2$ 让其与土壤中 Cd、Pb 充分反应进行固定，并且多余的 PO_4^{3-} 使土壤中 As 以离子形态活化出来，而后加入 $Fe_2(SO_4)_3$ 就能快速捕集到土壤中的 As，并且 Fe^{3+} 还能对 Cd、Pb 起到一定的固定作用，减少了 $Ca(H_2PO_4)_2$ 与 $Fe_2(SO_4)_3$ 同时作用对 Cd、Pb 和 As 产生的拮抗作用。

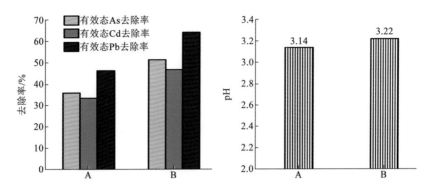

图 3.72　Ca(H$_2$PO$_4$)$_2$ 与 Fe$_2$(SO$_4$)$_3$ 的添加方式对有效态 Cd、Pb、As 和土壤 pH 的影响

A、B 各代表同时加入 Ca(H$_2$PO$_4$)$_2$ 与 Fe$_2$(SO$_4$)$_3$；Ca(H$_2$PO$_4$)$_2$、Fe$_2$(SO$_4$)$_3$ 分步加入

3.3.3　Ca(H$_2$PO$_4$)$_2$ 与 Fe$_2$(SO$_4$)$_3$ 复配修复效果

1. 固定前后 Cd、Pb 和 As 形态变化特征

1) 固定前后 Cd 的形态变化特征

不同固定处理土壤中 Cd 的形态分布见图 3.73。图 3.73～图 3.75 中 A、B、C、D 分别表示原土、Ca(H$_2$PO$_4$)$_2$ 单独处理、Ca(H$_2$PO$_4$)$_2$ 和 Fe$_2$(SO$_4$)$_3$ 同时加入法、Ca(H$_2$PO$_4$)$_2$ 和 Fe$_2$(SO$_4$)$_3$ 分步加入法。单独加入 Ca(H$_2$PO$_4$)$_2$ 与原土相比，Ca(H$_2$PO$_4$)$_2$ 能够减少弱酸溶解态和残渣态 Cd 的含量，分别降低 11%、14%，并且能够提高可还原态和可氧化态的含量，分别提高 2% 和 23%。Ca(H$_2$PO$_4$)$_2$ 能够吸附土壤表面的 Cd，并且将其转化为活性稍微降低的可氧化态，说明 Ca(H$_2$PO$_4$)$_2$ 能够促进磷酸盐矿物与 Cd 发生配位螯合作用。

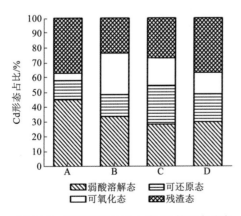
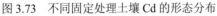

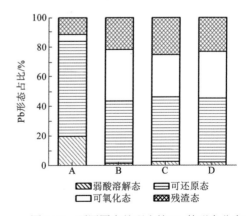

图 3.73　不同固定处理土壤 Cd 的形态分布　　　图 3.74　不同固定处理土壤 Pb 的形态分布

复合固定剂同时加入能够促进 Cd 弱酸溶解态、残渣态向可还原态和可氧化态的形态转化。可还原态和可氧化态均提高了 13% 左右。与 Ca(H$_2$PO$_4$)$_2$ 单独处理相比，Fe$_2$(SO$_4$)$_3$ 加入会水解生成铁的氢氧化物胶体，会增加对 Cd 的吸附或者产生共沉淀，因此可还原态提高了将近 1 倍左右，说明 Fe$_2$(SO$_4$)$_3$ 加入能够增强 Cd 在土壤中的稳定性。

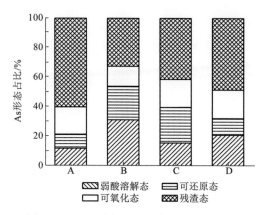

图 3.75　不同固定处理土壤 As 的形态分布

复合固定剂分步加入法中 Cd 主要以弱酸溶解态（30%）和残渣态（37%）的形式存在。与原土相比，其将弱酸溶解态向可还原态和可氧化态转化。与复合固定剂同时加入法相比，其弱酸溶解态的含量差不多，仅仅升高了 2%，而可还原态和可氧化态分别降低了 7% 和 5%，将其向更稳定的残渣态转变。这可能是因为在 Fe^{3+} 和 PO_4^{3-} 的作用下，提高土壤 pH 有利于残渣态的生成。因此，$Ca(H_2PO_4)_2$ 和 $Fe_2(SO_4)_3$ 分步加入法更有利于稳定土壤中 Cd 的形态。

2）固定前后 Pb 的形态变化特征

不同固定处理土壤 Pb 的形态分布见图 3.74，原土中 Pb 主要以可还原态（64%）的形式存在。不同固定处理后土壤中弱酸溶解和可还原态 Pb 含量都大大降低了，可氧化态和残渣态含量增加。

$Ca(H_2PO_4)_2$ 单独加入土壤中，Pb 主要以可还原态（42%）、可氧化态（35%）和残渣态（22%）的形式存在。$Ca(H_2PO_4)_2$ 加入分别使弱酸溶解态和可还原态的 Pb 降低了 19% 和 21%，并且有效提高可氧化态和残渣态含量，分别提高了 30% 和 10%。说明 $Ca(H_2PO_4)_2$ 能够降低土壤中 Pb 的活性，增加其稳定性。这主要是由于磷酸盐的存在使土壤中 $PbCO_3$ 和 $PbSO_4$ 转化为更加稳定的磷氯铅矿。复合固定剂同时加入法与单独加入 $Ca(H_2PO_4)_2$ 相比，其弱酸溶解态和残渣态含量稍微提高，但影响并不大。由于 $Fe_2(SO_4)_3$ 的加入使土壤 pH 降低，使 Pb 弱酸溶解态提高了 1.3%，但提高幅度不大，也反映出 Pb 在土壤中相对较为稳定。而残渣态提高了 4%，说明 $Fe_2(SO_4)_3$ 能促进磷酸二氢与其反应生成残渣态 Pb。在 Fe^{3+} 作用下主要是改变了土壤中的氧化还原电位，促进 Pb 的可氧化态向可还原态转化。复合固定剂分步加入法的 Pb 形态与同时加入法相似，说明复合固定剂的添加方式对 Pb 的形态影响不大。

3）固定前后 As 的形态变化特征

不同固定处理土壤 As 的形态分布见图 3.75。原土中 As 主要以残渣态形式存在（60%），经过不同处理后 As 弱酸溶解态不同程度的提高，并且降低了残渣态的含量。

$Ca(H_2PO_4)_2$ 单独加入大大提高了弱酸溶解态和降低残渣态的含量，这是由于磷酸盐和砷酸盐是同一族的元素，具有类似的化学性质，并且磷酸盐更有利于吸附在黏土矿物表面或者发生配位作用，增加了土壤中 As 的活性（王金翠 等，2011）。同时 $Ca(H_2PO_4)_2$ 使土壤 pH 升高，增强了土壤中的铁锰氧化物的活性，并且 Ca^{2+} 会与 As 形成钙型砷，因此增加了 As 可还原态的含量。

复合固定剂同时加入后，与单独加入 $Ca(H_2PO_4)_2$ 相比，大大降低了弱酸溶解态 As 含量，并提高了可还原态、可氧化态和残渣态的含量。这是由于 Fe 含量增加，Fe 对 As 的结合力较强，减少了 PO_4^{3-} 的抑制作用。

与同时加入相比，复合固定剂分步加入提高了残渣态 As 的含量，这是因为先加入的 $Ca(H_2PO_4)_2$ 与重金属 Cd、Pb 生成较稳定的矿物，土壤中游离态的 PO_4^{3-} 含量较少，减小了对 As 的抑制作用。之后加入 $Fe_2(SO_4)_3$ 有利于形成残渣态 As。而稍微提高了 As 的弱酸溶解态，是因为分步加入法的土壤 pH 比同时加入法高一些，会解吸土壤中的 As（王金翠 等，2011）。与原土相比，可氧化态 As 的含量差不多，这主要由土壤中的有机质、腐殖质含量来决定。虽然弱酸溶解态的含量稍微提高了 9%左右，但是土壤 pH 在 3~4，只要反应时间够长，As 就可缓慢地向较稳定的铁型砷形态转变（Anthimos et al.，2010）。

2. 模拟酸雨对 Cd、Pb、As 释放特征

1）模拟酸雨下土壤中 Cd 的释放特征

3 种不同固定处理后的土壤在酸雨条件（pH=4）下，Cd 的释放特征见图 3.76。淋溶初期，不同处理后的土壤和原土中的 Cd 都有相对较快的释放过程。到第 4 次淋溶以后，Cd 基本上很难再释放出来。3 种不同固定方式 Cd 的累积释放总量顺序为：同时加入法>分步加入法>单独加入法。不同固定方式后的土壤与原土相比，Cd 的累积释放总量均大幅度下降。与对照相比，同时加入法、分步加入法和单独加入法 Cd 的累积释放总量分别降低 78.8%、84.6%和 97.6%。说明单独加入法的土壤中，Cd 的存在形式更为稳定，在酸雨条件下，Cd 的固定效果基本不受影响。而分步加入法和同时加入法虽然能提高有效态 Cd 的固定率，但是其 Cd 与土壤中胶体的吸附结合力不够强，随着酸雨淋溶，土壤酸化，就会削弱胶体的结合力，因此会有少部分的 Cd 释放出来。

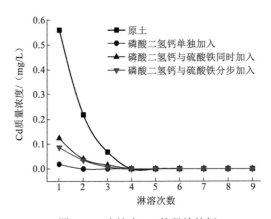

图 3.76　土壤中 Cd 的释放特征

2）模拟酸雨淋溶下土壤中 Pb 的释放特征

3 种不同固定处理后 Pb 随酸雨条件的淋溶特征见图 3.77。在淋溶初期，原土 Pb 的淋溶量呈现先上升后下降的趋势，淋溶后期，随淋溶次数增多，Pb 的淋溶量逐渐降低。在淋溶第 5 次以后，Pb 基本无法淋出，而 3 种方式固定后的土壤 Pb 的释放量非常低，淋溶液中 Pb 质量浓度分别为 0.006 6～0.063 0 mg/L（单独加入法）、0.013 0～0.026 5 mg/L（同时加入法）和 0.003 7 mg/L（分步加入法），并且释放速度十分平缓，在第 3 次淋溶后 Pb 基本无淋出。这可能是因为 3 种方式固定后的土壤中可交换态 Pb 的含量均很低。与对照相比，单独加入法、同时加入法和分步加入法的 Pb 的累积淋溶总量都大幅度降低，分别降低了 97.7%、99.1% 和 99.9%。可以看出，同时加入法与分步加入法，其 Pb 释放出来的总量差不多，而单独加入法的 Pb 释放总量稍稍高于其余两种方法，说明 $Fe_2(SO_4)_3$ 和 $Ca(H_2PO_4)_2$ 复配后土壤中 Pb 的稳定程度要优于单一 $Ca(H_2PO_4)_2$ 作用，这可能是因为 $Fe_2(SO_4)_3$ 加入后，残渣态 Pb 的含量稍稍增加，即使在酸雨条件下，也较难被淋溶出来。

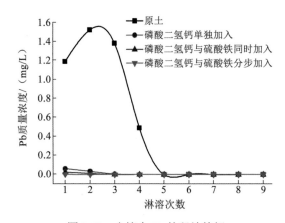

图 3.77　土壤中 Pb 的释放特征

3）模拟酸雨淋溶下土壤中 As 的释放特征

在酸雨条件下土壤中 As 的释放特征见图 3.78。原土中 As 的淋溶量随淋溶次数增加变化不大，单次淋溶量在 3.1～26.9 μg/L。这主要是因为原土中残渣态 As 含量超过总量的 60%。前 3 次淋溶过程中，3 种固定处理后土壤中的 As 释放速率较快，并且释放含量较高，单独法、同时加入法和分步加入法的 As 释放量分别为 2 084.98～2 800.83 μg/L、1 000.35～1 440.93 μg/L 和 936.83～1 203.92 μg/L。淋溶 4 次以后，其淋溶量迅速降低，并且逐步稳定在 486.85 μg/L、325.6 μg/L 和 194.3 μg/L。3 种固定方式后土壤 As 的累积淋溶总量均高于原土，其累积淋溶总量顺序为：单独加入法>同时加入法≈分步加入法。它们分别使 As 的淋溶量提高了 133.65%、64.33% 和 53.97%。这主要是因为 $Ca(H_2PO_4)_2$ 的存在，抑制土壤中 As 的吸附固定，使 As 在土壤中交换态含量高于原土。$Fe_2(SO_4)_3$ 的加入，可以缓解 PO_4^{2-} 的抑制效果。

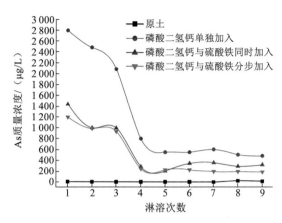

图 3.78　土壤中 As 的释放特征

4）模拟酸雨淋溶下土壤 pH 变化特征

在酸雨条件下土壤 pH 的变化特征见图 3.79（a）。酸雨淋溶后，同时加入法和分步加入法的土壤 pH 均明显低于对照，分别降低了 1.1、0.8 个单位左右，而单独加入法土壤 pH 高于对照，提高了 0.8 个单位左右。单独加入法和分步加入法随着淋溶次数增加，土壤 pH 略微下降，下降幅度不超过 0.1 个单位，并在第 4 次淋洗以后趋于稳定。同时加入法土壤 pH 呈现先下降后上升的趋势。

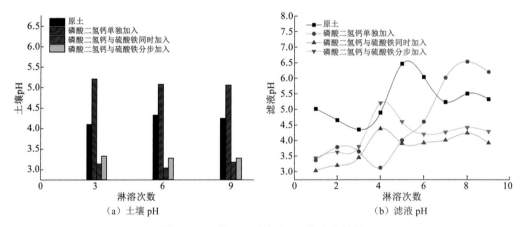

（a）土壤 pH　　　　　　　　（b）滤液 pH

图 3.79　土壤 pH 及滤液 pH 的变化特征

原土滤液 pH 在 4.35～6.46 波动变化［图 3.79（b）］。单独加入法的滤液 pH 在淋溶前 5 次 pH 在 3.12～4.0 波动变化，随着淋溶次数增加，滤液 pH 上升，最终 pH 稳定于 6.2 左右。这可能是因为在酸雨多次淋溶后，使土壤中剩余或者未反应完的 $Ca(H_2PO_4)_2$ 溶解，从而消耗了 H^+，使滤液 pH 升高。单独加入法淋滤液的 pH 略高于原土 pH，说明 $Ca(H_2PO_4)_2$ 的加入增加了土壤缓冲性能，这主要是因为 $Ca(H_2PO_4)_2$ 本身就是两性物质，既可水解释放出 OH^-，又可电离释放出 H^+。同时加入法和分步加入法的滤液 pH 均低于对照原土的 pH，并且同时加入法滤液 pH 略低于分步加入法滤液 pH。随着淋洗次数增加，同时加入法和分步加入法滤液 pH 缓慢上升,滤液 pH 分别为 3.03~4.38 和 3.43~5.20。这可能是因为多余的 Fe^{3+}迁移能力较强,并在酸性条件下发生水解,从而消耗了 OH^-,释放出 H^+,继续降低了滤液 pH,随着淋溶次数增加,酸雨中的 SO_4^{2-} 与土壤中氧化物表面的 OH^-进行配位交换,使得 pH 稍稍回升(张丽华 等,2008)。

3. 固定前后的土壤矿物学特征

对固定前后的土样物相进行分析(图 3.80),图中 A 表示加重 10 倍污染土壤;B 表示单独使用 $Ca(H_2PO_4)_2$ 固定;C 表示 $Ca(H_2PO_4)_2$ 与 $Fe_2(SO_4)_3$ 同时加入固定;D 表示 $Ca(H_2PO_4)_2$ 与 $Fe_2(SO_4)_3$ 分步加入固定。A 土壤样品主要物相有 SiO_2,并含有少量的磷酸盐矿物($Cu_5(PO_4)_2(OH)_4$)、石膏($Ca(SO_4)(H_2O)_2$)和铁、锰、镁、铝氧化物($(MgO)_{0.77}(FeO)_{0.23}$、$MnFe_2O_4$、$KAl_2Si_3AlO_{10}(OH)$),以及砷酸铅($PbAs_2O_6$)存在。

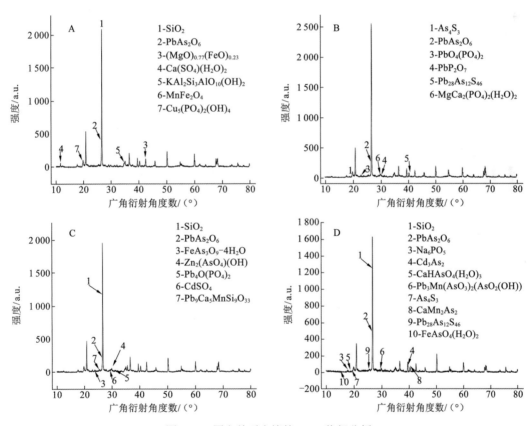

图 3.80 固定前后土壤的 XRD 物相分析

3 种固定方式处理后,原土中所存在的 $Ca(SO_4)(H_2O)_2$、$Cu_5(PO_4)_2(OH)_4$ 的峰都消失,说明了在固定药剂作用下,土壤中的 $CaSO_4$ 逐渐溶解,与其他土壤中离子发生离子交换,而 $Cu_5(PO_4)_2(OH)_4$ 与其他重金属(如 Pb)发生竞争,生成更为稳定的络合物。

单独加入 $Ca(H_2PO_4)_2$ 固定后反应生成了铅磷矿物($PbO_4(PO_4)$、PbP_2O_7),说明了通过 Pb 与 PO_4^{3-}反应生成铅磷矿物,以实现 Pb 的固定。在土壤的自身氧化还原状态下,As

能够与土壤中的 S 元素反应生成 As_4S_3（K_{sp}=4.454×10^{-4}），并且 Pb 还与土壤中 As 结合成 $Pb_{28}As_{12}S_{46}$，部分取代了 $PbAs_2O_6$ 的存在，说明土壤的氧化还原条件对 As 的固定影响很大并且 As 易于与 S 反应。这是因为 As 是一种亲 S 元素，在自然条件下，地壳中的 As 主要以硫砷矿（As_2S_3、As_4S_4）存在或者伴随 Pb、Cu 和 Zn 硫化物存在。

与单独加入 $Ca(H_2PO_4)_2$ 相比，同时加入固定后土壤中生成 $CdSO_4$，该物质是一种可溶物质（K_{sp}=76.6），移动性极强，说明了在 $Fe_2(SO_4)_3$ 作用下，促使原本吸附在土壤中的 Cd 形成了 $CdSO_4$。此外，$Fe_2(SO_4)_3$ 与 As 生成了 $FeAs_3O_9·4H_2O$，$FeAs_3O_9·4H_2O$ 是种较难溶物质，其 K_{sp}=1.47×10^{-9}，证明 $Fe_2(SO_4)_3$ 对土壤中的 As 固定是可行的。同时 As 还能与土壤中重金属（Zn）反应生成金属–配体络合物 $Zn_2(AsO_4)(OH)$。

与同时加入法相比，分步加入固定后土壤中含砷络合物明显增多，包括 Cd_3As_2、$CaHAsO_4(H_2O)_3$、$Pb_3Mn(AsO_3)_2(AsO_2(OH))$、$CaMn_2As_2$、$FeAsO_4(H_2O)_2$。分步加入法增强了锰氧化物、碱土金属对 As 的吸附，并且还能与金属结合生成三元络合物，增强了其在土壤中的稳定性，降低 As 的移动性。除此以外，As 还与 Cd 形成配位体，这可能是分步加入法作用下，土壤中的 Cd 部分游离出来，才得以与 As 反应。并且分步加入法中 $CdSO_4$ 物相消失，说明分步加入法能使溶解态 Cd 转化为吸附态 Cd，从而降低 Cd 的迁移性。

参 考 文 献

褚兴飞, 2011. 纳米羟基磷灰石、核桃壳与花生壳修复 Cd、Pb 污染土壤的效果评价. 青岛: 青岛科技大学.
范美蓉, 罗琳, 廖育林, 等, 2012. 不同改良剂对镉污染土壤的改良效果和对水稻光合特性的影响. 湖南农业大学学报(自然科学版)(4): 431-435.
冯琛, 高红兵, 张权峰, 2006. 陕西省有机肥料资源及利用现状研究. 陕西农业科学, 2: 70-71.
李倩, 2012. 镉锌污染土壤化学固定–土壤生物质改良耦合修复效应及生态安全评价. 长沙: 中南大学.
刘超, 袁建国, 王元秀, 等, 2010. 葡萄糖氧化酶的研究进展. 食品与药品, 12(7): 285-289.
华珞, 白铃玉, 韦东普, 等, 2002. 有机肥–镉–锌交互作用对土壤镉锌形态和小麦生长的影响. 中国环境科学, 22(4): 346-350.
施尧, 2011. 磷基材料钝化修复重金属 Pb、Cu、Zn 复合污染土壤. 上海: 上海交通大学.
吴瑞萍, 2014. 多羟基磷酸铁的制备及其在铅镉污染土壤修复中的应用. 长沙: 中南大学.
王金翠, 孙继朝, 黄冠星, 等, 2011. 土壤中砷的形态及生物有效性研究. 地球与环境, 39(1):32-36.
王镜岩, 朱圣庚, 徐长法, 2002. 生物化学(上册). 北京: 高等教育出版社.
吴宝麟, 2014. 铅镉砷复合污染土壤钝化修复研究. 长沙: 中南大学.
徐大地, 张文安, 肖厚军, 等, 2008. 磷石膏在酸性黄壤旱地上的应用. 贵州农业科学, 36(4): 126-127.
徐仁扣, 肖双成, 蒋新, 等, 2006. pH 对 Cu(Ⅱ)和 Pb(Ⅱ)在可变电荷土壤表面竞争吸附的影响. 土壤学报, 43(5): 871-874.
张丽华, 朱志良, 郑承松, 等, 2008. 模拟酸雨对三明地区受重金属污染土壤的淋滤过程研究. 农业环境科学学报, 27(1): 151-155.
张向军, 2009. 石灰、粉煤灰处理 Cd、Pb、Cr 污染土壤的试验研究. 重庆: 重庆大学.
张亚丽, 沈其荣, 姜洋, 2001. 有机肥料对 Cd 污染土壤的改良效应. 土壤学报, 38(2): 212-218.
周建斌, 邓丛静, 陈金林, 等, 2008. 棉秆炭对镉污染土壤的修复效果. 生态环境, 17(5): 1857-1860.
周世伟, 徐明岗, 2007. 磷酸盐修复重金属污染土壤的研究进展. 生态学报(7): 3043-3050.

ADRIANO D C, 1986. Trace elements in the terrestrial environment. New York: Springer.

ANTHIMOS X, CHRISTINA S, NYMPHODORA P, 2010. Stabilization of Pb and As in soils by applying combined treatment with phosphates and ferrous iron. Journal of Hazardous Materials, 177: 929-937.

HE M, SHI H, ZHAO X, et al., 2013. Immobilization of Pb and Cd in contaminated soil using nanocrystallite hydroxyapatite. Procedia Environmental Sciences, 18: 657-665.

HERMANN A, WITTER E, KATTERER T, 2005. A method to assess whether 'preferential use' occurs after 15N ammonium addition implication for the ^{15}N isotope dilution technique. Soil Biology &Biochemistry, 37: 183-186.

LEE H M, 1996. Applying fuzzy set theory to evaluate the rate of aggregative risk in software development. Fuzzy Sets and Systems, 79(3): 323-336.

REYES I, BERNIE L, SIMARD R R, et al., 1999. Effect of nitrogen source on the solubilization of different inorganic phosphates by isolate of Penicillium rugulosum and two UV-induced mutants. FEMS Microbiology Ecology, 28: 281-290.

VALIX M, TANG J Y, MALIK R, 2001. Heavy metal tolerance of fungi. Minerals Engineering, 14(5): 499-505.

XENIDIS A, STOURAITI C, PAPASSIOPI N, 2010. Stabilization of Pb and As in soils by applying combined treatment with phosphates and ferrous iron. Journal of Hazardous Materials, 177: 929-937.

第4章 砷污染土壤微生物氧化–化学固定修复

砷污染土壤修复常采用固定、淋洗、植物修复等方法。淋洗法通过注入化学药剂将污染物从土壤中溶解、分离出来，仅适用于渗透系数大的土壤，且淋洗药剂易造成二次污染；植物修复法利用植物来转移、容纳或转化污染物，但较小生长量难以满足重污染土壤修复需求，且修复周期长；而固定修复法能通过污染物形态转化有效降低其在土壤中的溶解性和可移动性，且操作方便、处理成本低，已成为广泛使用的土壤修复技术之一。但固定法在修复砷污染土壤仍面临挑战：①砷在土壤中存在多种价态，有–3、0、+3 和+5（主要为+3 和+5），其中 As(III)化学活性、迁移性和生物毒性均强于 As(V)，不易在土壤介质中固定，导致修复难度大；②目前常用含铁化合物固定剂存在修复效率低、土壤结构破坏和二次污染等问题。

砷在土壤中并非以单一形态存在，进入土壤后会与土壤中的不同组分结合形成不同形态，从而影响砷在土壤中的化学活性、迁移性及生物毒性等特性（谢正苗，1993）。土壤砷常以大量无机砷和很少量有机砷存在，无机砷则以砷酸盐 As(V)和亚砷酸盐 As(III)为主，两者之间可以通过氧化–还原反应发生相互转变（胡立刚 等，2009）。土壤中高污染、多形态的砷导致目前单一的修复技术很难有效地修复含砷废渣堆场土壤。从矿区土壤中筛选分离出具有氧化 As(III)功能的菌株，通过矿区砷污染土壤微生物氧化调控效应，将土壤中的 As(III)氧化为 As(V)，并联合利用微生物合成的次生铁矿物羟基硫酸铁作为固定剂修复砷污染土壤，形成微生物氧化–羟基硫酸铁固定修复技术。该技术具有修复效率高、环境友好、无二次污染、成本低的特点（廖映平，2015）。

4.1 砷污染土壤微生物氧化修复

为了减弱 As(III)的迁移能力，降低其毒性，可将土壤中 As(III)氧化为 As(V)以促进砷的固定。传统方法常使用化学氧化剂（如高锰酸盐、氯、臭氧）将 As(III)氧化为 As(V)，但成本高、易产生有害副产物。微生物氧化法利用土著或经驯化的微生物将 As(III)氧化成 As(V)，具有生态环境友好、成本低、可进行原位修复等优势，被认为是砷污染修复领域的潜在优势技术。

4.1.1 土壤砷氧化菌的分离、筛选和鉴定

1. 土壤砷氧化菌的分离、筛选

1）砷氧化菌的分离

按平板稀释法将混合微生物的培养物接种于含 100 mg/kg As(III)的平板上，基于 Ag$^+$

与 As(III)和 As(V)的定性反应,如果培养基中菌落边缘变褐色或者褐红色(砷酸银盐沉淀为褐色)(Krumova et al.,2008),则说明培养基平板中的 As(III)被氧化成 As(V),初步断定该菌落为抗砷氧化菌〔图 4.1(a)〕。

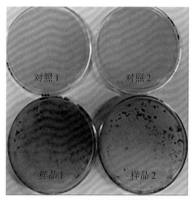 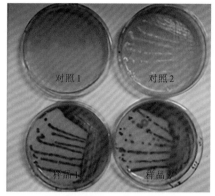

（a）2% AgNO₃ 溶液漫过菌落静置 2h　　　（b）经培养平板漫过 2% AgNO₃ 溶液

图 4.1　菌落 As 氧化 AgNO₃ 检验效果

从矿区土壤筛选出约 30 种抗砷菌株,经培养平板漫过 2% AgNO₃ 溶液呈现褐色或褐红色的大约有 6 种。将此 6 株菌经过连续纯化后,再用 AgNO₃ 溶液漫过菌落,观察其显色效果〔图 4.1(b)〕。从显色效果初步认为它们为具有砷氧化功能的菌株,其编号分别为 A、B、C、D、E、F。

2）砷氧化菌的筛选

高 As 土壤环境中生活的微生物,有些由于体内产生一些防御机制而有耐受高浓度 As(III)的能力,但不具有氧化 As(III)的能力,仅属于 As 耐受菌。而有些微生物不仅是 As 耐受菌还能氧化 As(III),属于 As 氧化菌。为进一步确定从 As 污染土壤中分离出的 6 种

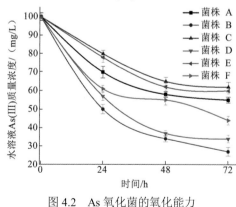

图 4.2　As 氧化菌的氧化能力

菌株是否为 As 氧化菌,分析了各菌株的 As(III)氧化能力（图 4.2）,在初始 As(III) 100 mg/L 的液体培养基中,3 天内菌株 A、B、C、D、E、F 对 As(III)的氧化率分别达到 45%、73%、38%、67%、40%、56%,其中菌株 B 和 D 对 As(III)的氧化率相对较高。菌株 B 在 24 h 以内对 100 mg/L As(III)的氧化率为 50%,72 h 以内将 73 mg/L 的 As(III)氧化完全。菌株 D 在 72 h 以内对 100 mg/L As(III) 的氧化率达到 67%。

3）As 氧化菌的产碱特性

细菌培养过程中培养液的 pH 变化是微生物代谢活动非常重要的环境条件之一。对细菌的生长及 As(III)的氧化有很大的影响。同时 pH 也直接影响 As 的存在形态及其迁移

状态，如从亚砷酸解离常数：$H_2AsO_3^{3-}$(pKa=9.1)、$HAsO_3^{2-}$(pKa=12.1)、AsO_3^{3-}(pKa=13.4)，当 pH<9.1 时，As(III)主要以 H_3AsO_3 的形式存在。当 9.1<pH<12.1 时，As(III)主要以 $H_2AsO_3^-$ 的形式存在。

　　氧化效率较高的两株氧化菌株 B 和 D 在初始 pH 7.1 浓度 100 mg/L 的 As(III)培溶液中的生长繁殖过程中，培养液 pH 发生了明显的变化（图 4.3）。菌株 B 和 D 培养液 pH 变化呈现相似规律，随着培养时间的延长，培养液 pH 升高，但菌株 D 培养液 pH 变化更为显著。菌株 B 在培养 24 h 后培养液 pH 由初始值 7.1 升高到 8.2，在随后的 48 h 内培养液 pH 增加到 9.0。菌株 D 在培养 24 h 时培养液 pH 升高到 9.8，升高了 2.7 个单位；在培养 72 h 后培养液 pH 大约增加到 11.0。这说明从雄黄矿区土壤分离出来的两株氧化效率较高的菌株都是产碱细菌。目前已发现的氧化 As(III)效率较高的多为产酸菌，如王营茹等（1998）利用氧化亚铁硫杆菌氧化和产酸特性，氧化浸出预处理崇阳含 As 难浸金矿，5 天后 As 氧化率为 94.3%，pH 维持在 1.5 左右。Michel 等（2007）用火山灰培养出的 *Thiomonas arsenivorans* 有较好的氧化 As(III)的能力，也是一种产酸菌，反应后的 pH 为 5～6。一般从土壤和底泥中分离出来的 As 氧化菌，多为产

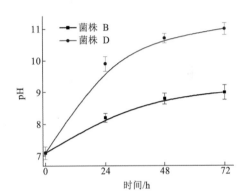

图 4.3　As 氧化菌培养过程中 pH 变化

碱菌，如杨孝军等（2014）报道，从农田水稻土中分离出的 As 氧化菌侧胞短芽胞杆菌是一种产碱菌。目前对 As 氧化菌的产碱机制研究不足，可能在细菌的生长繁殖过程中有其独特的自主调控环境酸碱度机制，产碱细菌特有的 Na^+/H^+离子泵，通过排出体内的 Na^+ 而吸收培养液中的 H^+，导致外部溶液环境酸度降低，pH 升高。

2. 砷氧化菌株形态特征

　　在 LB 培养基上菌株 B 的单克隆菌落表面光滑且非常湿润，呈乳白色。通过扫描电镜（SEM）观察其呈杆状，其长度约为 1 μm 以上［图 4.4（a）］。采用透射电镜观察了细菌 B 在有无 As(III)的环境中的形貌变化，无 As 培养基中生长的细菌 B 表面非常完整，呈杆状，尾部无鞭毛［图 4.4（b）］。在 200 mg/L As(III)培养基中生长的细菌 B，其细胞形态仍然完整，没有破裂和穿孔，但细胞壁有轻微程度的损伤，说明 200 mg/L As(III)对细菌 B 造成的毒害作用非常小［图 4.4（c）］。

　　菌株 D 单克隆菌落表面粗糙且干燥，呈米黄色，圆形且中间隆起。采用扫描电镜（SEM）观察其呈杆状，长度约 500 nm 左右，短小且无鞭毛［图 4.5（a）］。在无 As 培养基中生长的细菌 D 表面非常完整［图 4.5（b）］。细菌 D 在 200 mg/L As(III)培养基中生长，有些细胞形态完整，有些有少许破裂和穿孔［图 4.5（c）］，说明此浓度 As(III)对细菌 D 已造成一定的毒害。相同浓度 As(III)对不同 As 氧化菌造成的毒害强度不同，说明不同的微生物抗毒能力存在差异。

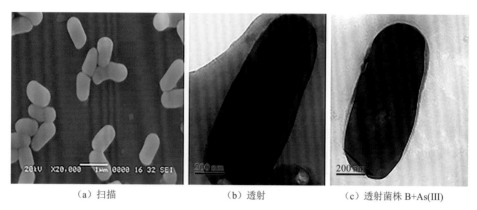

（a）扫描　　　　　　　　　（b）透射　　　　　　　　（c）透射菌株 B+As(III)

图 4.4　菌株 B 的扫描电镜和透射电镜图

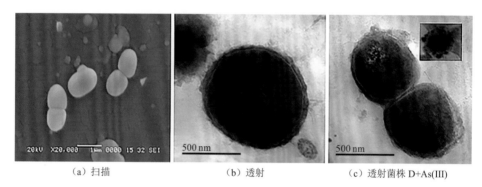

（a）扫描　　　　　　　　　（b）透射　　　　　　　　（c）透射菌株 D+As(III)

图 4.5　菌株 D 的扫描电镜和透射电镜图

3. 砷氧化菌株的鉴定

1）16S rDNA 测序

提取已筛选出的 As 氧化细菌菌株 B 和 D 单克隆 DNA［图 4.6（a）］，以菌株 B 和 D 总 DNA 为模版,使用引物 F27 和 R1492 对菌株 16S rDNA 进行 PCR 扩增,获得约 1 500 bp PCR 扩增产物［图 4.6（b）］,这表明该扩增产物是目的 DNA 片段。

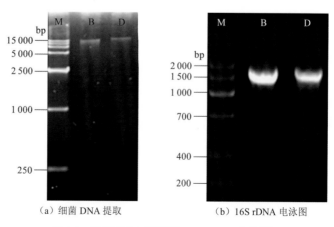

（a）细菌 DNA 提取　　　　　　　　　（b）16S rDNA 电泳图

图 4.6　细菌 DNA 提取和 16S rDNA 电泳图

2）菌株 16S rDNA 序列分析结果

将 PCR 扩增产物和引物进行序列测序，菌株 B 16S rDNA 测序结果如下：
CGACGGCTCCCCCCACAAGGGTTGGGCCACCGGCTTCGGGTGTTACCGACTTTCGT
GACTTGACGGGCGGTGTGTACAAGGCCCGGGAACGTATTCACCGCAGCGTTGCTG
ATCTGCGATTACTAGCGACTCCGACTTCACGTAGTCGAGTTGCAGACTACGATCCG
AACTGAGATCGGCTTTCTGGGATTCGCTCCACCTCACGGTCTCGCCACCCTTTGTAC
CGACCATTGTAGCATGCGTGAAGCCCAAGACATAAAGGGCATGATGATTTGACGTC
ATCCCCACCTTCCTCCGAGTTGACCCCGGCAGTCTCCTATGAGTTCCCACCATCACG
TGCTGGCAACATAGAACGAGGGTTGCGCTCGTTGCGGGACTTAACCCAACATCTCA
CGACACGAGCTGACGACAACCATGCACCACCTGTACACCAGCCCAAAAAGGCTGA
ACCATCTCTGGCACATTCCAGTGTATGTCAAGCCTTGGTAAGGTTCTTCGCGTTGCA
TCGAATTAATCCGCATGCTCCGCCGCTTGTGCGGGCCCCCGTCAATTCCTTTGAGTT
TTAGCCTTGCGGCCGTACTCCCCAGGCGGGGCACTTAATGCGTTAGCTGCGGCGCG
GAACTCGTGGAATGAGCCCCACACCTAGTGCCCAACGTTTACGGCATGGACTACCA
GGGTATCTAATCCTGTTCGCTCCCCATGCTTTCGCTCCTCAGCGTCAGTTACAGCCC
AGAGTCCCGCCTTCGCCACCGGTGTTCCTCCTGATATCTGCGCATTTCACCGCTACA
CCAGGAATTCCAGACTCCCCTACTGCACTCTAGTCCGCCCGTACCCACTGCACGCG
CAAGGTTGAGCCTTGCGTTTCCACAGCAGACGCGACGAACCGCCTACGAGCTCTTT
ACGCCCAATAATTCCGGACAACGCTTGTACCCTACGTATTACCGCGGCTGCTGGCAC
GTAGTTAGCCGGTACTTCTTCTGCAGGTACCGTCACCCGAAGGCTTCTTCCCTACTG
AAAGAGGTTTACAACCCGAAGGCCGTCATCCCTCACGCGGCGTCGCTGCATCAGG
GTTTCCCCCATTGTGCAATATTCCCCACTGCTGCCTCCCGTAGGAGTCTGGGCCGTG
TCTCAGTCCCAGTGTGGCCGGTCGCCCTCTCAGGCCGGCTACCCGTCGTCGCCTTG
GTAGGCCATTACCCCACCAACAAGCTGATAGGCCGCGAGCCCATCCCCAACCGAAA
AACTTTCCACACTCAGACCATGCGGCCAAGTGTCATATGCGGTATTAGACCCAGTTT
CCCGGGCTTATCCCGCAGTCAGGGGCAGGTTACTCACGTGTTACTCACCCGTTCGC
CACTAATCCACCCTGCAAGCAGGGCTTCATCGTTCGA

菌株 D 16S rDNA 测序结果如下：
GGCGGCTGGCTCCCGTAAGGGTTACCCCACCGACTTCGGGTGTTGCAAACTCTCGT
GGTGTGACGGGCGGTGTGTACAAGACCCGGGAACGTATTCACCGCGGCATGCTGAT
CCGCGATTACTAGCGATTCCGGCTTCATGCAGGCGAGTTGCAGCCTGCAATCCGAA
CTGGGAACGGTTTTGTGGGATTGGCTCCCCCTCGCGGGTTTGCAGCCCTCTGTACC
GTCCATTGTAGCACGTGTGTAGCCCAGGTCATAAGGGGCATGATGATTTGACGTCAT
CCCCACCTTCCTCCGGTTTGTCACCGGCAGTCACCTTAGAGTGCCCAACTGAATGC
TGGCAACTAAGATCAAGGGTTGCGCTCGTTGCGGGACTTAACCCAACATCTCACGA
CACGAGCTGACGACAACCATGCACCACCTGTCACTCTGTCCCCCGAAGGGGAAAG
CCCTGTCTCCAGGGTGGTCAGAGGATGTCAAGACCTGGTAAGGTTCTTCGCGTTGC

TTCGAATTAAACCACATGCTCCACCGCTTGTGCGGGTCCCCGTCAATTCCTTTGAGT
TTCAGCCTTGCGGCCGTACTCCCCAGGCGGAGTGCTTAATGCGTTAGCTGCAGCAC
TAAGGGGCGGAAACCCCCTAACACTTAGCACTCATCGTTTACGGCGTGGACTACCA
GGGTATCTAATCCTGTTTGCTCCCCACGCTTTCGCGCCTCAGCGTCAGTTACAGACC
AGAAAGCCGCCTTCGCCACTGGTGTTCCTCCACATCTCTACGCATTTCACCGCTACA
CGTGGAATTCCGCTTTCCTCTTCTGCACTCAAGTCTCCCAGTTTCCAATGACCCTCC
ACGGTTGAGCCGTGGGCTTTCACATCAGACTTAAGAAACCGCCTGCGCGCGCTTTA
CGCCCAATGATTCCGGACAACGCTTGCCACCTACGTATTACCGCGGCTGCTGGCAC
GTAGTTAGCCGTGGCTTTCTGGTAAGGTACCGTCAGGGCGCCGGCAGTTAACCGGC
GCTTGTTCTTCCCTTACAACAGAGCTTTACGACCCGAAGGCCTTCTTCGCTCACGC
GGCGTTGCTCCGTCAGACTTTCGTCCATTGCGGAAGATTCCCTACTGCTGCCTCCCG
TAGGAGTCTGGGCCGTGTCTCAGTCCCAGTGTGGCCGATCACCCTCTCAGGTCGGC
TACGCATCGTTGCCTTGGTGGGCCGTTACCCCACCAACTAGCTAATGCGCCGCGGG
CCCATCTGTAAGTGACAGCCGAAACCGTCTTTCCGCCTTCCTCCATGCGGAGGAAG
GAACCATCCGGTATTAGCCCCGGTTTCCCGGAGTTATCCCGATCTTACAGGCAGGTT
GCCCACGTGTTACTCACCCGTCCGCCGCTGAATCAGGGGAGCAAGCTCCCCGTCAT
CCGCTCGACTTGCATG

将菌株 B 和 D 分别命名为 YZ-1、YZ-2。将两菌株的 16S rRNA 基因序列与 GenBank 中序列进行比对，然后与其相似度较高的序列利用 Clustalx1.8 软件进行全序列比对，并用 MEGA4 构建系统发育树（图 4.7）。YZ-1 与 *Brevibacterium yomogidense* 聚在一簇，相似度达到 99%，与 *Brevibacterium* sp. JC43 的相似度达到了 100%，因此，可以确定 YZ-1 归属于短杆菌属。YZ-2 与 *Bacillus beijingensis* strain YMD-2 聚在一簇，并且相似度达到了 99%，与 *Bacillus* sp. SSCS36 的相似度也达到了 99%，因此，可以确定 YZ-2 归属于芽孢杆菌属。

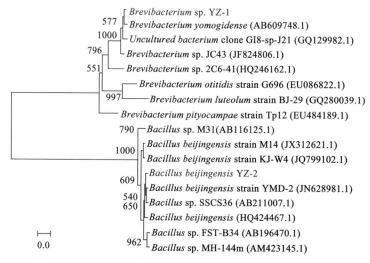

图 4.7　与菌株 YZ-1 和 YZ-2 亲缘关系相近菌株的 16S rDNA 序列的无根系统发育树

4. 菌株对 As(III)的耐受性

长期生存在高 As 土壤环境中的微生物为适应恶劣的环境，其体内会产生防御机制，成为能耐受高浓度 As 的微生物。环境中过多的 As 会对微生物产生很大的毒害作用，因此在利用微生物法氧化修复 As 污染土壤时，必须考虑微生物本身对 As(III)的耐受性。

As(III)对菌株 YZ-1 和 YZ-2 的抑制作用明显（图 4.8），随着培养液 As(III)浓度的逐渐增加，菌株 YZ-1 和 YZ-2 在 24 h 内的生长繁殖量相对于初始菌株量（$OD_{600}=0.125$）逐渐降低。当 As(III)质量浓度增加为 1 200 mg/L 时，其对菌株 YZ-1 的生长产生明显的抑制作用，而 As(III)质量浓度为 1 000 mg/L 以下时，菌株 YZ-1 的生长量增加较多，对 As(III)有很强的耐受性。而对于菌株 YZ-2，当 As(III)质量浓度增加为 1 000 mg/L 时，其生长繁殖明显受到抑制；而在 800 mg/L 以下时，其生长较好，耐受性较强。菌株 YZ-1 和 YZ-2 的 As(III)耐受能力分别为 1 000 mg/L 和 800 mg/L。

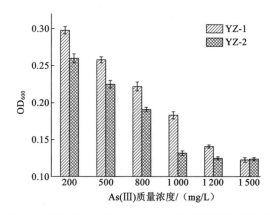

图 4.8　菌株 YZ-1 和 YZ-2 对 As(III)的对砷的耐受性

5. 菌株 YZ-1 和 YZ-2 去除 As(III)的影响因素

1）温度影响

不同 As 氧化菌株生长繁殖所要求的最适温度不同，依据最适温度可将细菌分为高温菌、中（常）温菌和低温菌，在自然界中大部分微生物属中温菌。

当培养温度在 30℃左右，菌株 YZ-1 和 YZ-2 对溶液中 As(III)浓度影响程度最大，能使 As(III)溶液质量浓度从 100 mg/L 分别降低到 27 mg/L 和 34 mg/L（图 4.9）。温度对菌株 YZ-1 和 YZ-2 去除 As(III)效率的影响非常明显（图 4.10），当温度在 20~30℃时，随着温度的升高，菌株的 As(III)去除率逐渐增加；在 30~45℃，随着温度的不断升高，菌株的 As(III)去除率不断降低；在温度为 30℃时去除率最高。说明菌株 YZ-1 和 YZ-2 都为中温菌，它们的最适去除 As(III)的温度为 30℃，在此温度下其去除率分别达到 72%和 66%。目前所发现的 As(III)氧化菌大多是同菌株 YZ-1 和 YZ-2 这样的常温菌，但也发现有高温或嗜热 As(III)氧化菌。嗜热菌一般从火山口及其周围区域、温泉和沙漠等温度较高的环境中分离出来，如 Connon 等（2008）在美国俄勒冈州东南部的阿尔沃德温泉中分离出砷氧化菌株 A03C 是水生嗜热菌,其最适氧化砷的温度为 69.5~78.2℃。不同类型 As(III)氧化菌对生长温度的要求存在差异,嗜热 As(III)氧化菌一般需要在高温环境下其体内的 As(III)氧化酶才能被激活,发生氧化 As 的功能行为（Campos et al.,2009）。而中温菌一般在常温环境中就可以生长良好。

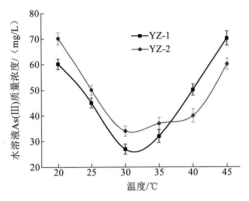

图 4.9　不同温度下菌株对 As(III)浓度的影响

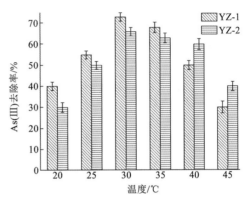

图 4.10　温度对菌株 As(III)去除率的影响

2）pH 影响

菌株的生命活动、物质能量代谢与 pH 密切相关,不同菌株要求不同的 pH,过高或过低的 pH 都不利于菌株生长繁殖。培养液初始 pH 对菌株 YZ-1 的 As(III)氧化率影响较大（图 4.11）。当培养液初始 pH 为 6~8 时,随着 pH 的增加,菌株氧化 As(III)效率明显增加;当初始 pH 为 8~10 时,As(III)氧化率有所降低,但 pH 为 9 和 10 时氧化率相差较小。当 pH 为 8 时,菌株 YZ-1 氧化活性最强,在 72 h 内 As(III)去除率达到 63.5%。推测菌株 YZ-1 在 pH 为 8 的情况下,其氧化酶活性较高,菌体氧化 As(III)需要在一个偏碱性条件下进行（图 4.12）。

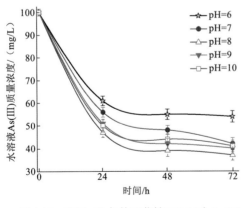

图 4.11　不同 pH 条件下菌株 YZ-1 对 As(III)浓度的影响

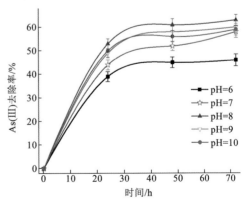

图 4.12　pH 对菌株 YZ-1 的 As(III)去除率的影响

3）菌株对 As(III)的去除效果

随着菌株 YZ-1 培养时间的延长，液体培养基中 As(III) 浓度逐渐降低，而溶液中 As(V)浓度不断增加［图 4.13（a）］。在 0～48 h 内，培养基中的 As(III)由 100 mg/L 降低到 30.1 mg/L，降低了 69.9 mg/L；而培养基中 As(V)增加到 64.6 mg/L，即被菌株氧化为 As(V) 的 As(III)质量浓度为 64.6 mg/L。As(III)减少量和新生的 As(V)含量之间存在差值，说明溶液中的 As(III)并没有全部被菌株 YZ-1 氧化,有少量 As(III)可能与培养基中有机质结合形成了有机 As 未被检测,也可能被菌株的甲基化作用形成甲基化胂,或通过微生物团聚体的吸附作用而去除。李媛等（2009）从对微生物 As 代谢机制的研究中发现，微生物的 As 甲基化及对 As 的氧化作用都可以将毒性较高的 As(III)转化为毒性较低的有机砷或 As(V)。菌株 YZ-1 在 0～24 h 内对 As(III)的去除率达到 56.7%，而对 As(III)的氧化率为 52.6%［图 4.13（b）］，说明砷氧化菌株 YZ-1 除了通过氧化作用去除 As(III)，还能通过其他途径如菌株的吸附作用去除 As(III)。微生物经过生长繁殖代谢旺盛,且数量众多,比表面积大,带电荷多,容易与溶液中的 As(III)发生络合,微生物细胞壁表面的–OH、–COOH、–NH$_2$ 和–SH 等基团可与–AsO$_3^{3-}$结合，形成络合物吸附在微生物表面（Fan et al.，2008）。

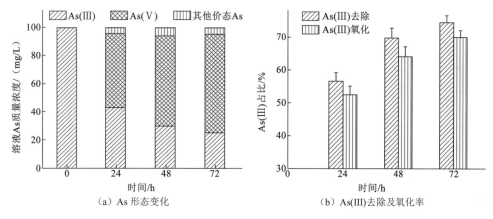

图 4.13　菌株 YZ-1 对 As(III)的去除能力

与菌株 YZ-1 相似,随着 As(III)氧化菌株 YZ-2 培养时间的延长,液体培养基中 As(III) 含量逐渐降低,而溶液中 As(V)浓度不断增加［图 4.14（a）］。菌株 YZ-2 在 0～48 h 内，培养基中的 As(III)质量浓度降低了 62.2 mg/L；而培养基中因微生物的氧化作用使 As(V) 含量增加了 53.3 mg/L，根据质量守恒定律，未被氧化的 As(III)的质量浓度为 8.9 mg/L。图 4.14（b）也显示菌株 YZ-2 在 0～24 h 内对 As(III)的去除率达到 48.9%,其中 As(III) 的氧化率为 40.6%，另外 8.3%的 As(III)通过微生物的甲基化和吸附作用得到去除。对比两株菌，菌株 YZ-2 对 As 的吸附去除能力比菌株 YZ-1 强。可能是菌株 YZ-2 代谢旺盛，数量更多,比表面积大,细胞壁表面所带电荷更多,更易于与溶液中的 As 发生吸附作用。

但是短杆菌 YZ-1 的氧化 As(III)效率明显高于芽孢杆菌 YZ-2。短杆菌 YZ-1 在 0～24 h 内 As(III)的氧化率达到 52.6%,As 氧化速率为 2.19 mg/(L·h)。芽孢杆菌 YZ-2 在 0～24 h 内 As(III)的氧化率达到 40.6%,As 氧化速率为 1.69 mg/（L·h）。

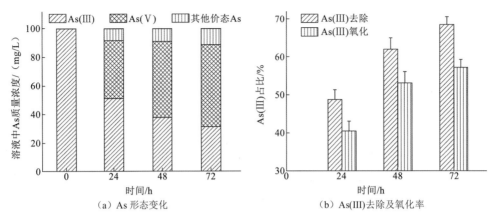

图 4.14　菌株 YZ-2 对 As(III)的去除能力

4.1.2　修复工艺参数

利用筛选出的砷氧化菌 *Brevibacterium* sp. YZ-1（YZ-1），通过添加营养物质，接种活化 As 氧化菌，对雄黄矿区 As 污染土壤进行修复。为获得较好的修复效果，需要优化工艺条件，包括营养物质、微生物接种量等。

1. 碳源

碳源为微生物生长提供必要的营养物质。As 氧化菌对碳源利用方式的不同，分为自养型 As 氧化菌和异养型 As 氧化菌。自养型 As 氧化菌能以 CO_2 为碳源提供能量供自身生长，同时利用无机态 As(III)为电子供体，以 NO_3^- 或者 O_2 作为电子受体，将 As(III)氧化为 As(V)。而绝大多数 As 氧化菌属于异养型 As 氧化菌，在新陈代谢过程中通过亚砷酸盐氧化酶将进入细胞的 As(III)氧化为毒性较低的 As(V)（Zouboulis et al.，2005）。

葡萄糖作为碳源时菌株 YZ-1 对土壤 As(III)去除效果明显高于蔗糖，二者对土壤水溶性 As(III)的去除率分别达 74.4%和 68.4%（图 4.15）。而在不加碳源的对照中，土壤水溶性 As(III)只在前 3 天稍呈现降低趋势。因此添加外源碳源，有利于 YZ-1 繁殖生长，促进氧化反应的进行。而添加葡萄糖的处理比蔗糖效果要好，可能是因为葡萄糖可以直接被微生物分解利用，而蔗糖必须先经过水解转化才能产生葡萄糖，然后才能被微生物利用产生能量（王镜岩 等，2002）。

外源添加葡萄糖用量对土壤 As(III)氧化效果的影响见图 4.16。随着葡萄糖添加量的增加，土壤水溶性 As(III)氧化反应速率增加。当葡萄糖添加量在 5～12 g/kg 时，菌株 YZ-1 对 As(III)氧化效果明显比葡萄糖添加量为 3 g/kg 时高。葡萄糖添加量为 5～12 g/kg 时，土壤中水溶性 As(III)去除率在 7 天后都达到了 75%以上。综合考虑经济因素和修复效果，用 *Brevibacterium* sp. YZ-1 氧化修复 As(III)污染土壤时，葡萄糖添加量以 5 g/kg 为宜。

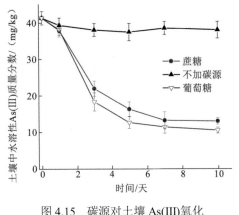
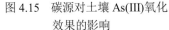

图 4.15　碳源对土壤 As(III)氧化
效果的影响

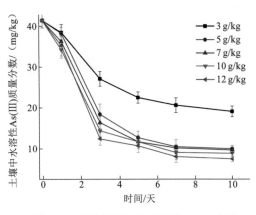

图 4.16　葡萄糖添加量对土壤 As(III)氧化
效果的影响

2. 氮源

氮源对土壤 As(III)氧化效果的影响见图 4.17。添加酵母浸膏明显比添加 NH₄NO₃ 对土壤水溶性 As(III)的去除效果更好，处理 7 天后其去除率分别达到 72.93%和 50.22%。而不加氮源的对照土壤在 0～3 天内土壤水溶性 As(III)有所降低，但幅度较小，去除率仅为 18.8%。说明外源添加氮源，有利于 YZ-1 菌对土壤 As(III)的氧化修复。外源添加有机氮（酵母浸膏）比无机氮（NH₄NO₃）好，可能是因为酵母浸膏含丰富的蛋白质、氨基酸和少量糖类，利于 YZ-1 菌生长繁殖并维持其氧化反应。

酵母浸膏添加量对土壤 As(III)氧化效果的影响见图 4.18。从酵母浸膏用量来看，添加 3 g/kg 酵母浸膏的处理修复效果不佳，7 天后土壤中水溶性 As(III)只有 34.5%得到去除。酵母浸膏添加量为 7～12 g/kg 时，10 天后土壤水溶性 As(III)去除率较高，明显高于添加 3～5 g/kg 酵母浸膏对水溶性 As(III)去除率。综合考虑经济因素和修复效果，用 YZ-1 菌氧化修复 As(III)污染土壤时，外源添加酵母浸膏以 7 g/kg 为宜。

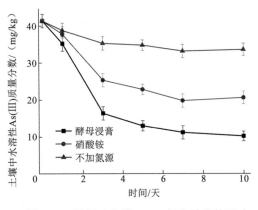

图 4.17　氮源对土壤 As(III)氧化效果的影响

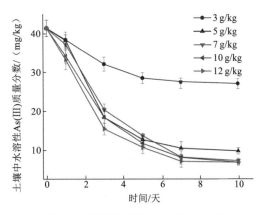

图 4.18　酵母浸膏量对土壤 As(III)氧化
效果的影响

3. 培养基 pH

pH 是影响微生物在土壤中发生氧化还原作用的重要因素之一,因此土壤环境 pH 直接影响微生物对 As(III)的去除效果。不同培养基初始 pH 对土壤 As(III)去除效果的影响见图 4.19。当初始 pH 为 6~8 时,随着 pH 的增大,土壤水溶性 As(III)的去除率明显增大;当 pH=8 时,其去除率达到最大为 82.6%;当 pH 大于 8,其去除率有一定程度的降低,但减低幅度较小。当培养基菌液初始 pH 为 9~10 时,土壤水溶性 As(III)的去除率有一定程度的降低,主要原因是修复过程中土壤的 pH 逐渐增大,土壤胶体表面正电荷逐渐减少,对 As 的吸附能力减弱,使 As 的可溶性增大,造成土壤水溶性 As(III)有一定程度的增加(李道林 等,2000)。因此,利用 YZ-1 菌氧化修复 As(III)污染土壤时,初始培养基菌液 pH 为 8 左右为宜。

4. 土壤水分

当菌液加入土壤中,随着修复时间的延长,土壤水溶性 As(III)去除率呈现增加趋势,在 0~3 天内去除速率最大(图 4.20)。随着水土比的逐渐增大,土壤水溶性 As(III)的去除率明显增加。当水土比为 5:1 时,处理 10 天后土壤水溶性 As(III)的去除率达到 92.27%。因此利用 YZ-1 菌氧化修复 As 污染土壤时,水土比 5:1 较为适宜。

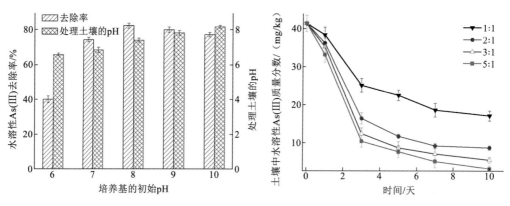

图 4.19　不同培养基初始 pH 对土壤 As(III)　　　图 4.20　水土比对微生物去除土壤水溶态
　　　　去除效果的影响　　　　　　　　　　　　　　　　As(III)的影响

5. 无机盐的影响

无机盐 NaCl 是微生物维持正常生理活动必需的营养物质,但是浓度过高会增加溶液渗透压,导致细菌发生质壁分离、脱水,抑制生长。NaCl 浓度对 As 氧化菌 YZ-1 去除土壤中水溶性 As(III)的影响见图 4.21,未加无机盐处理的土壤水溶性 As(III) 的去除率均随培养时间的增加而增加,10 天后去除率达到 58.7%。未加无机盐处理的土壤自身含有一定量的无机盐,YZ-1 菌在有足够的外源碳源和氮源时能利用自身的无机盐营养物质,进行生长繁殖和维持氧化修复。当无机盐 NaCl 加入土壤中后,随着 NaCl 添加量的增加,土壤水溶性 As(III) 的去除率先增加后降低。当 NaCl 添加量为 2~3 g/kg 时其去除率达到最大；当 NaCl 添加量大于 3 g/kg 时，其去除率明显低于 2～3 g/kg NaCl 添加量时的去除率。因此合适的无机盐添加量有利于土壤水溶性 As(III) 的去除，添加过量反而不利于氧化修复的进行。可能是过量的无机盐导致细菌脱水，影响其新陈代谢，使细菌的氧化活性受到抑制，从而影响了 As(III) 的氧化效果。综合考虑用 YZ-1 菌氧化修复 As(III) 污染土壤时，外源添加 NaCl 以 2 g/kg 比较合适。

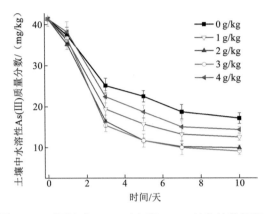

图 4.21　不同浓度 NaCl 对土壤 As(III) 氧化效果的影响

4.1.3　土壤砷（III）的氧化修复效果

1. 水溶性砷的修复效果

YZ-1 菌氧化修复后土壤中水溶性 As(III) 的含量随处理时间的延长呈现明显降低的趋势（图 4.22）；水溶性 As(V) 含量有所增加。而土壤水溶性总 As 含量明显减少。YZ-1 菌氧化处理 7 天后，土壤水溶性 As(III) 的去除率达到 87.7%；10 天后去除率达到 92.3%；水溶性 As(V) 仅增加了 4.8 mg/kg；水溶性总 As 降低了 31.46 mg/kg。土壤水溶性 As 的去除是由于 YZ-1 菌的氧化作用使水溶性 As(III) 氧化为 As(V) 所致。有报道利用砷氧化菌 *Stenotrophomonas* sp. MM-7 修复 As 污染土壤，土壤 As(III) 去除率达到 70% 以上（Bahar et al., 2012）。因此，As 氧化微生物 YZ-1 菌将毒性强的 As(III) 氧化为毒性较低的 As(V) 可实现 As 污染土壤的修复。

2. 有效态砷的修复效果

As 的生物有效性和毒性主要取决于 As 的存在形态。有效态 As 包括水溶态 As 和可交换态 As，易被植物吸收和利用，危害性大。同时有效态 As 中既含 As(III) 也有 As(V)。未处理土壤有效态 As 质量分数为 205.84 mg/kg，其中有效态 As(III) 质量分数为 60.96 mg/kg，经过 YZ-1 菌氧化处理 7 天后土壤有效态总 As 和 As(III) 去除率分别达到 32.1% 和 83.7%，10 天后有效态 As(III) 去除率达到 84.4%（图 4.23）。而有效态 As(V) 有轻微增加。YZ-1 氧化修复的优势在于土壤毒性大、活性强的 As(III) 被 YZ-1 菌氧化转变成为毒性小、活性相对较弱的 As(V)，土壤有效态 As(III) 含量的大幅度降低，明显减少了土壤 As 的环境风险。

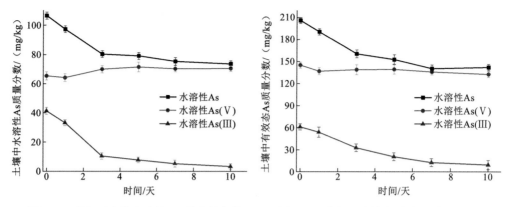

图 4.22　修复后土壤水溶性 As 的含量变化　　　图 4.23　修复后土壤有效态 As 的含量变化

3. 结合态砷的修复效果

土壤中 As 的赋存形态决定土壤中 As 环境活性、生物有效性、迁移性和毒性。土壤 As 形态的含量变化见图 4.24。YZ-1 菌氧化处理 10 天后，土壤不稳定的非专性吸附态和

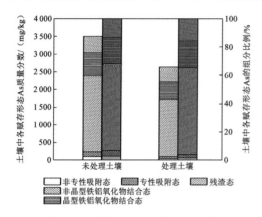

图 4.24　土壤 As 形态的含量变化

专性吸附态 As 含量降低幅度较大，分别降低 58.5 mg/kg 和 77.84 mg/kg。弱结晶型铁铝氧化物结合态 As 含量也明显减少；而最稳定的结晶型铁铝氧化物结合态 As 和残渣态 As 含量在 YZ-1 菌氧化处理前后变化不大。因此 YZ-1 菌氧化修复 As 污染土壤主要减少活性大和迁移性强的不稳定态 As（非专性吸附态和专性吸附态）及弱结晶型铁铝氧化物结合态 As 的含量，其原因可能是 YZ-1 菌为产碱杆菌，在生长繁殖过程中会产生一些活性较强的碱性物质，土壤中游离羟基增多，与砷氧阴离子发生激烈的竞争吸附，使土壤 As 从固相中得到解吸。

4.2　砷污染土壤化学合成羟基硫酸铁固定修复

酸性矿山废水外排过程中存在明显的重（类）金属"自然钝化"现象，究其原因主要是施氏矿物等次生铁矿的形成。施氏矿物（$Fe_8O_8(OH)_{8-2x}(SO_4)_x$，$1 < x < 1.75$）是一种结晶度较差的亚稳态次生羟基硫酸铁矿物，具有较高比表面积，富含羟基、硫酸根等基团，对重（类）金属有强吸附及共沉淀作用，是这些有毒元素的重要沉淀库。基于酸性环境中施氏矿物"自然钝化"有毒元素这一现象，羟基硫酸铁在砷污染土壤的修复中也具有应用潜力。

4.2.1　羟基硫酸铁化学合成及条件优化

H_2O_2 氧化 Fe^{2+} 合成羟基硫酸铁的方法是一种合成速度快的化学合成法，而沉淀的生成是一个复杂的化学过程。反应过程的溶液中 Fe^{3+} 与 SO_4^{2-} 结合形成（$-Fe-O-Fe-SO_2-O-Fe-$）复合体，物质表面吸附了大量的 SO_4^{2-} 和 OH 基团。

1. 氧化剂滴定速率

1）H_2O_2 滴加速率对羟基硫酸铁合成的影响

随着 H_2O_2 滴加速率的减慢，羟基硫酸铁合成量缓慢增加（图 4.25）。体系中合成物的质量增幅很小，从 5.37 g 上升到 5.91 g。以 $FeSO_4 \cdot 7H_2O$ 计，即 1 g $FeSO_4 \cdot 7H_2O$ 约产生 $0.121 \sim 0.133$ g 羟基硫酸铁，表明合成时 H_2O_2 滴加速度缓慢时，羟基硫酸铁的生成量虽然增加，但是增加幅度不大。

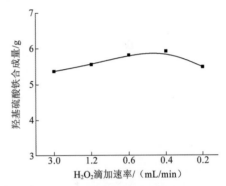

图 4.25　羟基硫酸铁合成量随 H_2O_2 滴加速率的变化

不同 H_2O_2 滴加速率下合成的羟基硫酸铁 XRD 图谱见图 4.26（a），不同 H_2O_2 滴加速率下合成物的 XRD 图谱宽峰出现的位置与标准物质峰的位置相一致，说明不同 H_2O_2 滴加速率下合成的物质均为羟基硫酸铁。同时，XRD 谱线都具有很多毛刺，表明合成物均为一种结晶度较差的物质。对应的合成样品红外图谱（FTIR）[图 4.26（b）]，表明所有吸收峰均可归于羟基硫酸铁（表 4.1）。而且随着 H_2O_2 滴加速率的减慢，3 200 cm^{-1} 附近的 OH 伸缩峰向高波数移动，这能说明 OH 之间的键力常数变大，键强增强。

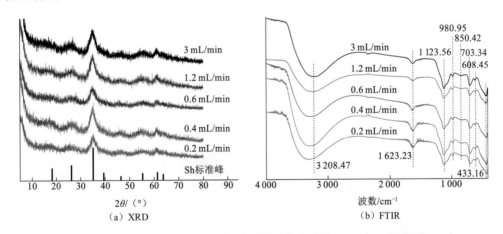

(a) XRD

(b) FTIR

图 4.26　不同 H_2O_2 滴加速率下合成的羟基硫酸铁 XRD 和 FTIR 图谱

随着 H_2O_2 滴加速率的减慢，合成的羟基硫酸铁团聚度降低，颗粒之间更松散。羟基硫酸铁的形貌随着合成过程中 H_2O_2 滴加速率减缓会发生明显变化（图 4.27，图 4.28）。

表 4.1　合成的 FeOS 红外特征峰　　　　　　　　　　　　（单位：cm^{-1}）

物质	OH 特征峰			H$_2$O 特征峰	SO$_4$			FeO$_6$
					v_4	v_1	v_3	
报道的 FeOS（Paikaray et al., 2011；Regenspurg et al., 2004）	700	860	3 300	1 630	610	985	1 120	420
合成的 FeOS	703	850	3 208	1 623	608	980	1 123	433

当滴加速率为 3 mL/min 时，合成产物基本呈现球状，表面光滑。而随着滴加速率降低至 1.2 mL/min 时，合成物的粒径有了明显减小，表面仍是光滑的。随着 H$_2$O$_2$ 滴加速率的继续减慢，合成物颗粒不再呈现规则的球状。

（a）3 mL/min　　　　　　（b）1.2 mL/min　　　　　　（c）0.6 mL/min

（d）0.4 mL/min　　　　　　（e）0.2 mL/min

图 4.27　不同 H$_2$O$_2$ 滴加速率下合成的羟基硫酸铁 SEM 图

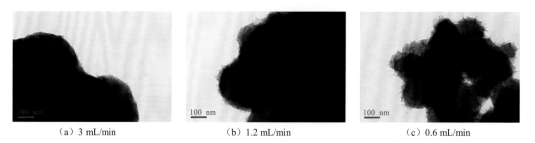

（a）3 mL/min　　　　　　（b）1.2 mL/min　　　　　　（c）0.6 mL/min

图 4.28　不同 H$_2$O$_2$ 滴加速率下合成的羟基硫酸铁 TEM 图

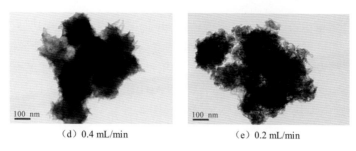

（d）0.4 mL/min　　　　　（e）0.2 mL/min

图 4.28　不同 H_2O_2 滴加速率下合成的羟基硫酸铁 TEM 图（续）

经过粒度分析（图 4.29）可得，3 mL/min 滴速下的合成物中直径（D_{50}）为 1.79 μm，粒径主要分布在 1.35～3.50 μm；1.2 mL/min 滴速下的合成物 D_{50} 为 1.47 μm，粒径主要分布在 1.28～2.39 μm。显然，1.2 mL/min 滴速下的合成物粒度明显小于 3 mL/min 滴速下的合成物。

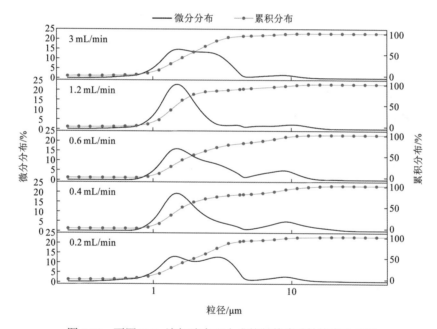

图 4.29　不同 H_2O_2 滴加速率下合成的羟基硫酸铁粒度分布图

当滴加速率较慢时，合成物表面开始出现毛刺，刚出现毛刺时的合成物 D_{50} 比球状颗粒合成物大，这可能是因为样品已经不是圆球形颗粒和颗粒表面存在毛刺。H_2O_2 滴加速率控制在 0.6 mL/min、0.4 mL/min 和 0.2 mL/min 时，合成物的 $D(3,2)$ 分别为 1.88 μm、1.77 μm 和 1.73 μm，粒径主要分布在 1.11～2.89 μm、1.11～2.39 μm 和 1.35～3.5 μm。此时合成物的粒度不会随着滴速的减慢出现急剧减小的现象。然而，颗粒表面毛刺越多，样品的比表面积随着 H_2O_2 滴加速率的降低由 4.5 m^2/g 增大到 27 m^2/g 左右。

2）土壤中 As 的固定效果

随 H_2O_2 滴加速率的减慢，合成的羟基硫酸铁对土壤水溶态 As 和有效态 As 的固定率明显上升。其中,土壤水溶态 As 和有效态 As 的固定率都呈现类似的增长趋势(图 4.30)。固定效果显著增强很可能是因为羟基硫酸铁在合成过程中,颗粒显著减小的同时颗粒表面形成毛刺致使比表面积增大,增大矿物的吸附能力。在 H$_2$O$_2$ 滴加速率由 3 mL/min 降至 1.2 mL/min 时,固定效果急剧增强,水溶态 As(III)的固定率从 94.07%增至 97.3%,而水溶态 As(V)的固定率从 94.03%增至 97.95%(图 4.31);对于有效态 As,As(III)和 As(V)的固定率分别增加了 23%和 19%。H$_2$O$_2$ 滴速<1.2 mL/min 时,土壤中水溶态 As 的固定率虽然一直在上升,但是上升幅度很小,基本趋于稳定。有效态 As(III)的固定率在 H$_2$O$_2$ 滴加速率小于 1.2 mL/min 后几乎不再增长;而有效态 As(V)的固定率仍旧缓慢增加直至最大值 72.95%,此时 H$_2$O$_2$ 滴加速率为 0.4 mL/min。因此,以 0.4 mL/min 为最佳的 H$_2$O$_2$ 滴加速率。不同 H$_2$O$_2$ 滴加速率合成的羟基硫酸铁加入土壤中后,土壤酸化程度基本一致,都使土壤 pH 降至 7.05 左右(图 4.31)。

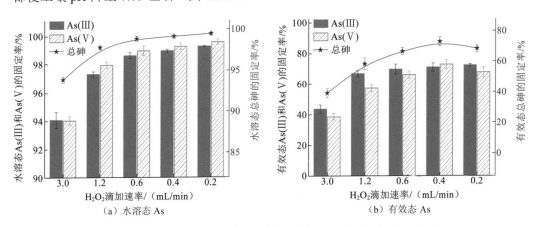

(a)水溶态 As　　　　　　　　　　(b)有效态 As

图 4.30　不同 H$_2$O$_2$ 滴加速率合成的羟基硫酸铁对土壤砷的固定效果

2. 陈化时间

1)陈化时间对羟基硫酸铁合成的影响

羟基硫酸铁的合成量随着陈化时间的延长而增加(图 4.32)。且化学合成的羟基硫

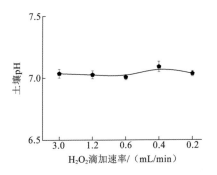

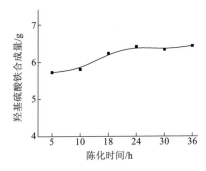

图 4.31　不同 H$_2$O$_2$ 滴加速率合成的羟基硫酸铁　　图 4.32　羟基硫酸铁合成量随陈化时间
　　　　对土壤 pH 的影响　　　　　　　　　　　　　　　的变化

酸铁矿物在 18 h 后矿物产量基本稳定。因此,为保证溶液体系反应完全和获得最大的羟基硫酸铁矿物合成量,陈化时间应不低于 18 h。

不同陈化时间获得的羟基硫酸铁的 XRD 和 FTIR 图谱见图 4.33。生成产物均为羟基硫酸铁物质,并且物质晶形较差,且陈化时间的变化对合成物的结构无显著影响。

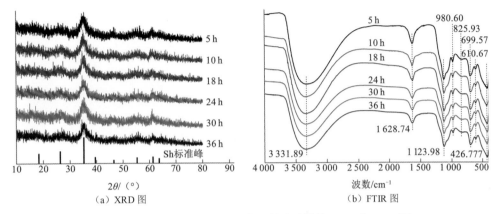

(a) XRD 图　　　　　　　　　(b) FTIR 图

图 4.33　不同陈化时间下合成的羟基硫酸铁的 XRD 和 FTIR 图

不同陈化时间段颗粒形貌和粒径之间无明显差异 (图 4.34)。羟基硫酸铁在陈化时间 5～36 h 内形貌方面没有明显差异,且观察不到明显的产物粒径变化。不同陈化时间获得的羟基硫酸铁的粒度分布见图 4.35,各条件下合成物的粒径主要分布在 1.11～2.89 μm,还有一部分较大颗粒的粒径集中在 6.21～16.11 μm。

(a) 5 h　　　　　　　(b) 10 h　　　　　　　(c) 18 h

(d) 24 h　　　　　　　(e) 30 h　　　　　　　(f) 36 h

图 4.34　不同陈化时间下合成的羟基硫酸铁的 SEM 图

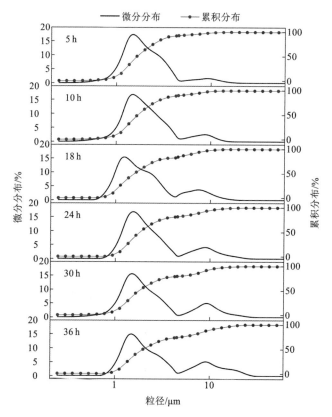

图 4.35　不同陈化时间下合成的羟基硫酸铁的粒度分布图

2）土壤中砷的固定效果

羟基硫酸铁合成过程中的陈化时间对土壤 As 的水溶态和有效态的固定率基本不产生影响。土壤中水溶态总 As、As(III)和 As(V)的固定率都在 99%以上，并且波动幅度都在 0.5 个百分点以内（图 4.36）。对于有效态 As，土壤中总 As、As(V)和 As(III)的固定率都

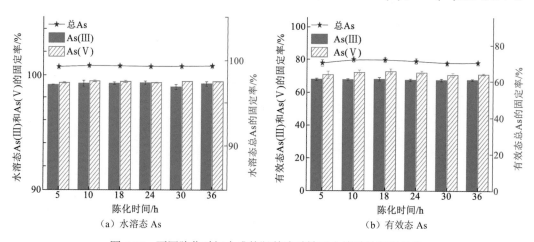

图 4.36　不同陈化时间合成的羟基硫酸铁对土壤砷的固定效果

在 70%左右。合成过程中的陈化时间对羟基硫酸铁结构几乎无影响，仅微影响其颗粒大小。虽然羟基硫酸铁颗粒大小对固定率没有明显影响，但是考虑合成产量，在合成过程中陈化时间不应低于 18 h。不同陈化时间下获得的羟基硫酸铁加入土壤后，其对土壤 pH 影响几乎没有差别（图 4.37）。

3. 合成温度

1）合成温度对羟基硫酸铁合成的影响

合成溶液体系温度维持在 20～50℃，羟基硫酸铁的生成量几乎不变，保持在 1 g FeSO$_4$·7H$_2$O 约产生 0.146 g 产物（图 4.38）。当合成温度达到 60℃时，产物的生成量急剧降低至 1 g FeSO$_4$·7H$_2$O 约生成 0.108 g。合成过程中，反应体系温度越高，生成黄棕色羟基硫酸铁的时间越短。过滤收集产物的时候，温度越高产物的黏性越低，过滤速度越快。

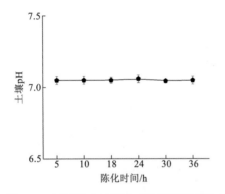

图 4.37　不同陈化时间合成的羟基硫酸铁对　　图 4.38　羟基硫酸铁合成量随合成温度的变化
　　　　土壤 pH 的影响

溶液体系温度控制在 10～50℃，合成的羟基硫酸铁的 XRD 峰出现的位置与标准物质峰的位置相一致，说明此温度范围内获得的物质均为羟基硫酸铁，同时谱线具有很多毛刺，表明物质结晶度较差。合成温度为 60℃时，合成物的 XRD 峰发生变化，表明羟基硫酸铁部分转化为针铁矿 [图 4.39（a）]。羟基硫酸铁转化为针铁矿的过程可用下式表示（Bigham et al.，1996）：

$$Fe_8O_8(OH)_{8-2x}(SO_4)_{x(s)} + H_2O_{(1)} \longrightarrow FeOOH_{(s)} + H^+_{(aq)} + SO^{2-}_{4(aq)} \qquad (4.1)$$

环境温度升高会促进矿物向针铁矿转变，所以，环境温度对羟基硫酸铁的稳定性存在较大影响。

10～50℃温度内合成物的红外吸收峰与标准物质相一致，且不同温度下合成的羟基硫酸铁的红外光谱无明显差异，所有吸收峰均可归于羟基硫酸铁 [图 4.39（b）]。而 60℃下合成物的红外光谱的变化发生在 822 cm^{-1} 处的–OH 伸缩振动峰转化成 889 cm^{-1} 的 δ-OH 伸缩振动峰和 793 cm^{-1} 的 γ-OH 弯曲振动峰，这两个峰均属于针铁矿的红外吸收峰（Boily et al.，2010）。

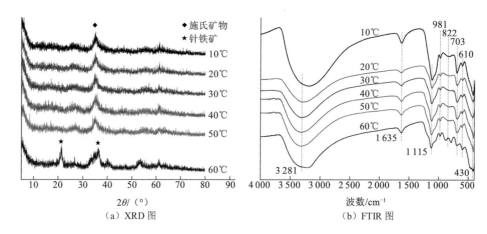

(a) XRD 图　　　　　　　　(b) FTIR 图

图 4.39　不同温度下合成的羟基硫酸铁的 XRD 和 FTIR 图

溶液体系温度分别为 10℃、20℃、30℃、40℃、50℃、60℃时，形成的羟基硫酸铁矿物的形貌见图 4.40。溶液温度为 10℃和 20℃时，生成的羟基硫酸铁沉淀物为均匀的球形颗粒，直径约为 0.6 μm，颗粒之间相互黏接。合成温度高于 30℃后，形成的矿物颗粒为球形粒子，但是其间的黏结越发紧密，团聚也更为严重。

(a) 10℃　　　　　　(b) 20℃　　　　　　(c) 30℃

(d) 40℃　　　　　　(e) 50℃　　　　　　(f) 60℃

图 4.40　不同温度下合成的羟基硫酸铁的 SEM 图

各温度下合成的羟基硫酸铁的粒度分布见图 4.41，粒径主要分布在 1.11～2.89 μm。除此之外，还有一部分较大颗粒的粒径集中在 6.21～19.50 μm。随着温度升高，粒径在

6.21～19.50 μm 范围的比例逐渐增加，各合成温度下对应的比例分别为 4.32%、7.45%、12.30%、18.49%、21.42%和 23.56%。同时随着反应温度增大到 30℃，比表面积由 2.09 m²/g 升至 27.0 m²/g 左右，随后比表面积逐渐减小，这可能跟高温下颗粒高度团聚有关。

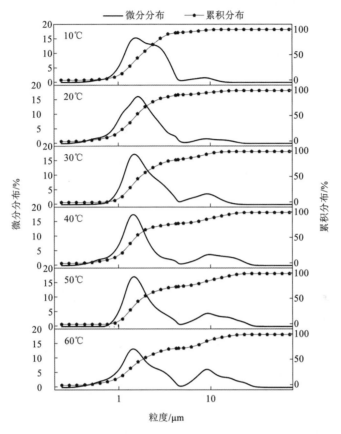

图 4.41　不同温度下合成的羟基硫酸铁的粒度分布图

2）对土壤中砷固定效果的影响

适当提升合成过程中溶液体系的温度，有利于提高合成物对土壤中砷的固定效果（图 4.42）。当溶液体系温度控制在 20～60℃时，土壤中水溶态 As 的固定率达到 98%左右；然而当溶液温度低至 10℃时，水溶态 As 的固定率为 90%左右。在合成温度为 10℃时，有效态 As 的固定率仅为 40%左右；随着合成温度上升至 40℃，有效态总 As 的固定率增加到 68%；随后，合成温度的进一步升高导致固定率降低。因此，羟基硫酸铁合成温度控制在 30℃左右时，能获得最佳的固定率。

不同温度下合成羟基硫酸铁加入土壤中后，土壤酸化程度基本一致（图 4.43）。虽然合成温度为 60℃时，部分羟基硫酸铁物相发生变化，转变为针铁矿，但是其加入土壤后对土壤 pH 影响不大。

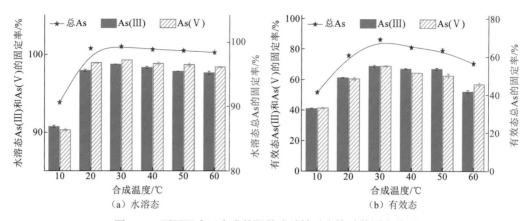

（a）水溶态　　　　　　　　　（b）有效态

图 4.42　不同温度下合成的羟基硫酸铁对土壤砷的固定效果

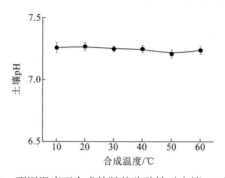

图 4.43　不同温度下合成的羟基硫酸铁对土壤 pH 的影响

4. H_2O_2/Fe^{2+} 物质的量比

1）H_2O_2/Fe^{2+} 物质的量比对羟基硫酸铁合成的影响

羟基硫酸铁的生成量不受 H_2O_2/Fe^{2+} 物质的量比影响，产量维持在 4.2 g 左右，也即 1 g $FeSO_4·7H_2O$ 约产生 0.15 g 合成物（图 4.44）。说明化学合成过程中 H_2O_2 的添加量只要满足 Fe^{2+} 的氧化需求即可。

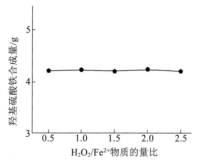

图 4.44　羟基硫酸铁合成量随 H_2O_2/Fe^{2+} 物质的量比的变化

不同 H_2O_2/Fe^{2+} 物质的量比合成得到的羟基硫酸铁 XRD 峰与标准物质峰相一致,说明不同 H_2O_2/Fe^{2+} 物质的量比合成得到的物质均为羟基硫酸铁（图 4.45）。且 XRD 谱线都具有很多毛刺，表明合成物均为一种结晶度较差的物质（图 4.46）。且不同 H_2O_2/Fe^{2+} 物质的量比条件下合成的羟基硫酸铁的红外光谱无差异，说明物质结构基本没发生改变。

不同 H_2O_2/Fe^{2+} 物质的量比条件下合成的颗粒均为球形颗粒,粒径大约在 600 nm,且颗粒之间存在黏结,表明合成过程中 H_2O_2/Fe^{2+} 物质的量比不影响合成物的形貌和尺寸（图 4.47）。不同 H_2O_2/Fe^{2+} 物质的量比条件获得的羟基硫酸铁的粒径主要分布在 2.39～5.13 μm。

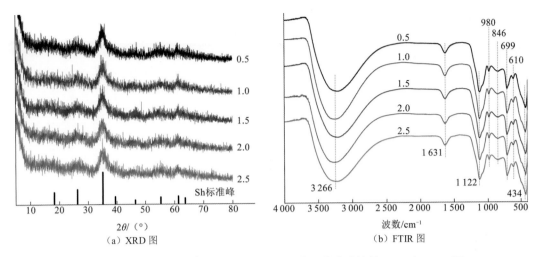

图 4.45　不同 H_2O_2/Fe^{2+}物质的量比下合成的羟基硫酸铁的 XRD 和 FTIR 图

图 4.46　不同 H_2O_2/Fe^{2+}物质的量比下合成的羟基硫酸铁的 SEM 图

2）土壤中砷的固定效果

羟基硫酸铁合成时 H_2O_2/Fe^{2+}物质的量比对土壤 As 的水溶态和有效态的固定率基本无影响（图 4.48）。土壤中水溶态的总 As、As(III)和 As(V)的固定率都在 99%左右，对于土壤中有效态 As，固定率几乎维持在 55%。不同 H_2O_2/Fe^{2+}物质的量比条件下合成的羟基硫酸铁应用于土壤中，对土壤 pH 影响小（图 4.49）。

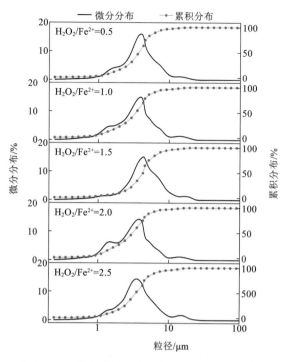

图 4.47　不同 H_2O_2/Fe^{2+} 物质的量比下合成的羟基硫酸铁的粒度分布图

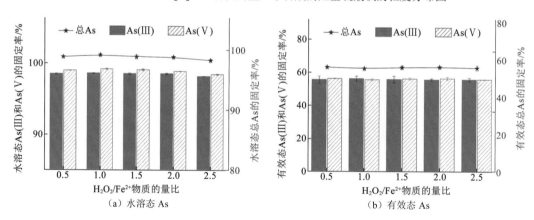

（a）水溶态 As　　　　　　　　　　　（b）有效态 As

图 4.48　不同 H_2O_2/Fe^{2+} 物质的量比下合成的羟基硫酸铁对土壤砷的固定效果

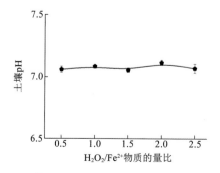

图 4.49　不同 H_2O_2/Fe^{2+} 物质的量比下合成的羟基硫酸铁对土壤 pH 的影响

5. 羟基硫酸铁化学组成与固定效果的关系

羟基硫酸铁矿物结构与正方针铁矿（β-FeOOH）类似，都是由正八面体 $FeO_3(OH)_3$ 基本单元组成，8 个正八面体两两以棱相连，中间形成一个空腔（管道）（图 4.50）。空腔内可附着离子，其中结构内的 SO_4^{2-} 是以二齿双核形式与 Fe 结合形成（–Fe–O–Fe–SO$_2$–O–Fe–）复合体，同时矿物表面吸附有大量 SO_4^{2-} 和–OH 基团，结构（管道）内部结合的和表面上吸附的 SO_4^{2-} 比例约为 3:1。

```
      OH   OH  OH                    OH   OH
     |    |    |    |    |    |    |    |
   -Fe-O-Fe-O-Fe-O-Fe-O-Fe-O-Fe-O-Fe-O-Fe-OH→
     |    |    |    |    |    |    |    |
    SO4   O    O   SO4  SO4   O    O   SO4
     |    |    |    |    |    |    |    |
   -Fe-O-Fe-O-Fe-O-Fe-O-Fe-O-Fe-O-Fe-O-Fe-OH→
     |    |    |    |    |    |    |    |
      OH   OH  OH   OH                 OH
```

图 4.50　羟基硫酸铁内部结构图

羟基硫酸铁的化学式可表示为 $Fe_8O_8(OH)_{8-2x}(SO_4)_x$（$1<x<1.75$）。羟基硫酸铁矿物管道结构内 SO_4^{2-} 含量相对较低，而若其 SO_4^{2-} 含量较高则是由于表面外层吸附了大量的 SO_4^{2-}（Antelo et al.，2012）。若是矿物中 SO_4^{2-} 含量较高使得颗粒间更易团聚，易导致比表面积变小。矿物中 SO_4^{2-} 含量是不定的，故–OH 含量随着 SO_4^{2-} 变化，一般用 Fe/S 物质的量比来比较合成物的化学组成变化情况。

H_2O_2/Fe^{2+} 物质的量比和陈化时间对羟基硫酸铁中 Fe/S 物质的量比影响不大，合成物的固砷率也无明显变化，同时合成物的等电点、比表面积变化也不大（图 4.51）。但是随着 H_2O_2 滴速的减慢，羟基硫酸铁 Fe/S 物质的量比增大，说明羟基硫酸铁中 SO_4^{2-} 含量减小而–OH 含量增大，其比表面积由 4.5 m^2/g 增至 27 m^2/g 左右，等电点些微增大这可能是–OH 含量增加所致，同时 As 固定率也呈增加趋势，说明羟基硫酸铁固砷能力与其比表面积和表面–OH 含量有关。随着溶液体系温度的升高，合成物中 SO_4^{2-} 含量明显降低，而在温度为 60℃时 Fe/S 物质的量比急剧增大，这是因为此时部分矿物发生转变导致 SO_4^{2-} 基团从矿物结构中溶出。SO_4^{2-} 含量的降低表明表面–OH 基团增加，且 SO_4^{2-} 含量变低使得

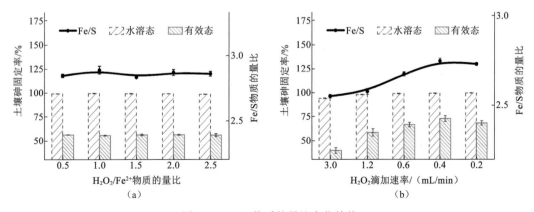

图 4.51　Fe/S 物质的量比变化趋势

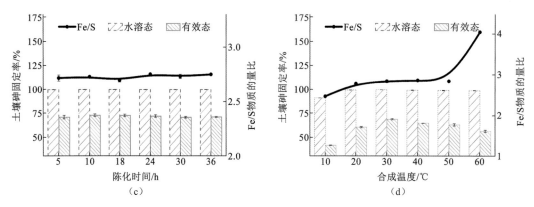

图 4.51　Fe/S 物质的量比变化趋势（续）

颗粒间的黏性减小,以及比表面积的增大,但是过高的温度使得颗粒高度团聚而最终导致合成物比表面积减小,同时,土壤中 As 的固定率随温度的升高先增加再减小。

综上,合成条件能影响羟基硫酸铁的表面基团的数量、等电点和比表面积等,从而影响合成物的固砷能力。

4.2.2　羟基硫酸铁修复砷污染土壤的固定工艺条件

1. 固定剂用量对土壤砷固定效果的影响

固定剂对土壤中水溶态和有效态 As 都有较好的固定效果,且对 As(III)和 As(V)固定率基本相同。其中,当固定剂投加量达到 10%,土壤中水溶态和有效态总 As 的固定率分别为 99.7% 和 89.9%。对于水溶态 As,当固定剂添加量超过 4% 后,固定率不再随着固定剂用量增加而升高,基本稳定在 99% 以上［图 4.52（a）］。而对于有效态 As,当添加 4% 固定剂时,固定率达到 77.4%,其随着固定剂的增加依旧缓慢增加至 89.9%［图 4.52（b）］。土壤中的水溶态 As 几乎全部被固定,土壤中水溶态 As 比碳酸氢钠提取态 As 更容易固定,这可能是由于水溶态 As 移动性更大,但大部分有效态 As 得以固定,表明羟基硫酸铁具有良好的固砷效果。

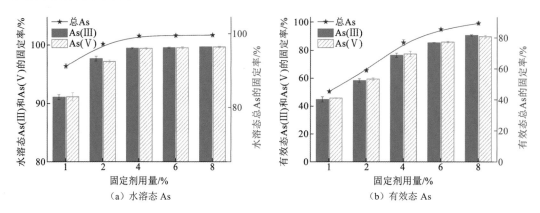

图 4.52　固定剂用量对土壤水溶态 As 和有效态 As 固定率的影响

随着固定剂投加量从 1%增至 8%，土壤 pH 从 7.5 降至约 6.8（图 4.53）。而投加 8% 羟基硫酸铁至土壤中，土壤 pH 仍能维持在一个相当高的水平，这可能是由于羟基硫酸铁 具有较高的等电点（5.5）。

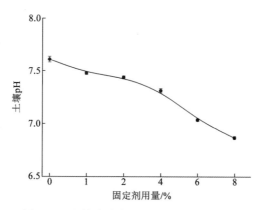

图 4.53　羟基硫酸铁用量对土壤 pH 的影响

2. 土壤粒径对土壤砷固定效果的影响

土壤化学固定主要是通过固定剂与污染元素之间的吸附、沉淀等作用，达到降低污染 物的移动性和毒性，故土壤粒径是影响其与固定剂充分接触的因素之一。不同粒级的土 壤对污染物的吸附力不同，其理化性质也存在差异。As 的生物有效性及迁移特性受其在 土壤颗粒表面的环境行为影响。

土壤粒径对 As 固定率的影响见图 4.54，不论水溶态 As 还是有效态 As，其固定率都 随着土壤粒径的减小而降低。土壤水溶态总 As 的固定率在土壤粒径为 2.000 mm 时为 98.5%，当土壤粒径小至 0.150 mm 时固定率降低了 2.3 个百分点。有效态 As 固定率从 61.1% 降至 45.1%。土壤粒径在 2.000～0.600 mm 时对水溶态总 As 的固定率几乎不影响，而土 壤粒径＜0.850 mm 时，土壤有效态总 As 的固定率明显下降（图 4.55）。说明有效 As 的 固定率更易受土壤粒径的影响。其中，As(III)有效态的固定率随土壤粒径的减小下降幅度 不大；而 As(V)的固定效果更易受土壤粒径的影响。

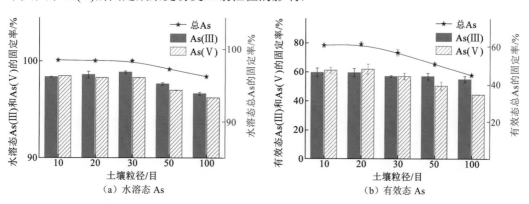

图 4.54　土壤粒径对水溶态 As 和有效态 As 固定率的影响

目数与筛孔尺寸对应关系：10 目（2.00 mm），20 目（0.850 mm），30 目（0.600 mm），50 目（0.300 mm），100 目（0.150 mm）

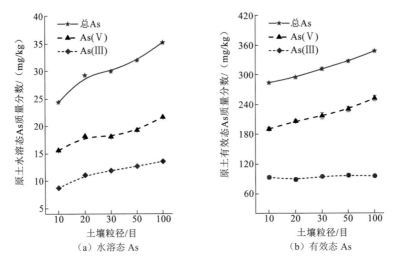

图 4.55 不同粒径土壤含 As 量

随着土壤粒径减小，未处理土壤的 pH 从 7.33 升高至 7.71 后基本保持不变（图 4.56）。比表面积大的细小土壤颗粒与 As 的接触面大，并且有更多的位点可以对 As 进行吸附，所以土壤的 As 释放量随粒径减小而增加（李士杏 等，2011）。

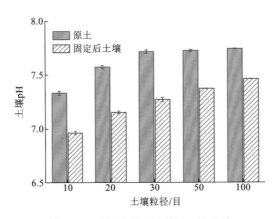

图 4.56 土壤粒径对土壤 pH 的影响

3. 土壤含水量对土壤固定效果的影响

固定修复时水分的添加量几乎不影响水溶性 As 的固定效果，固定率都维持在 99%以上 [图 4.57（a）]。当土壤水分含量为田间持水量的 30%、150%和 200%时，土壤中有效态 As 的固定率出现下降，尤其是土壤含水量低于 50%时，固定率降低至 57%[图 4.57（b）]。这可能由于水量过少，不利于羟基硫酸铁与土壤中的 As 充分接触，从而影响固定效果。土壤含水量在 50%~100%，有效态 As 的固定率都保持在 63%左右。各水分条件下，固定后土壤的 pH 均在 7.25~7.30（图 4.58）。因此，田间最大持水量的 50%~100%可以作为合适的用水量。

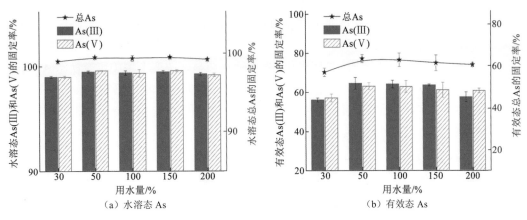

图 4.57　土壤含水量对土壤水溶态 As 和有效态 As 固定率的影响

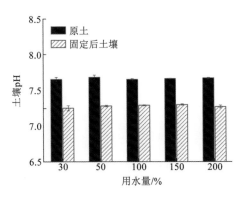

图 4.58　土壤含水量对土壤 pH 的影响

4. 土壤 pH 对土壤砷固定效果的影响

土壤 pH 对水溶态 As［包括总 As、As(III)和 As(V)］的固定效果影响不明显，其固定率均在 98%以上（图 4.59）。但是土壤 pH 的变化对有效态 As 含量影响较为明显，在 pH 为 7.6 时，有效态 As 的固定率最低，调节土壤 pH 降低或者升高，都利于土壤有效态 As 的固定。

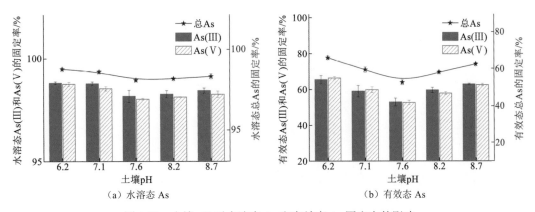

图 4.59　土壤 pH 对水溶态 As 和有效态 As 固定率的影响

土壤中各浸提态的 As 含量随土壤 pH 的变化见图 4.60。当土壤酸度或碱性增加时，未处理土壤中的水和碳酸氢钠提取态 As 含量都升高，尤其是土壤碱性增强，其水溶态 As 和有效态 As 含量急剧增加，表明土壤 pH 的变化会显著改变土壤中可交换态 As 含量（图 4.61）。土壤对酸化具有一定的抗干扰性，但是碱液的添加对土壤影响较大。因此，固定过程中可以考虑对土壤进行适当的酸化调节，如施用酸性化肥等，要避免向土壤中投加碱性物质。

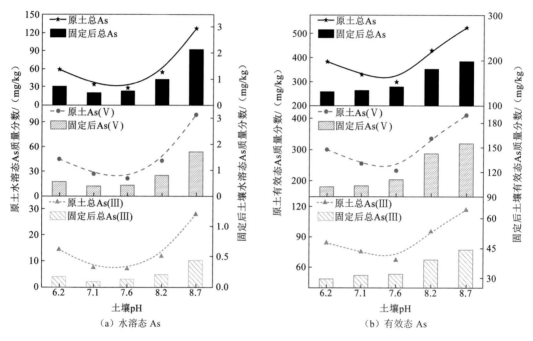

图 4.60　不同 pH 土壤中的 As 含量

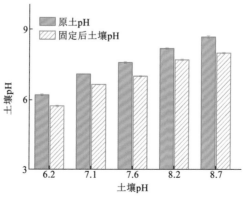

图 4.61　土壤 pH 的变化

5. 固定时间对土壤砷固定效果的影响

当固定剂添加量为 4%时，在 1～21 天的反应时间内，水溶态 As 的固定率没有显著变化（图 4.62）。固定剂用量为 1%时固定稳定所需的时间明显长于用量为 2%时。对于土壤中有效态 As 的固定，在固定 21 天后，固定剂投加量为 4%的土壤中有效态 As 的固定率达到稳定（72.5%左右）。但是，施用 1%固定剂修复的土壤在 14 天后固定率才达到稳定。当固定剂用量相等时，水溶态 As 的固定率比有效态 As 先达到稳定。而且不论是水溶态 As 还是有效态 As 的固定，固定剂用量越多，反应稳定所需的时间越短。这可能是由于随着羟基硫酸铁的增加，增大了土壤中 As 与固定剂的接触面积。添加等量固定剂时，As(III)固定稳定耗时比 As(V)短，这应该跟 As(III)具有较高移动性有关。水溶态 As 在 7 天后固定达到平衡，有效态 As 在 14 天后固定达到平衡。

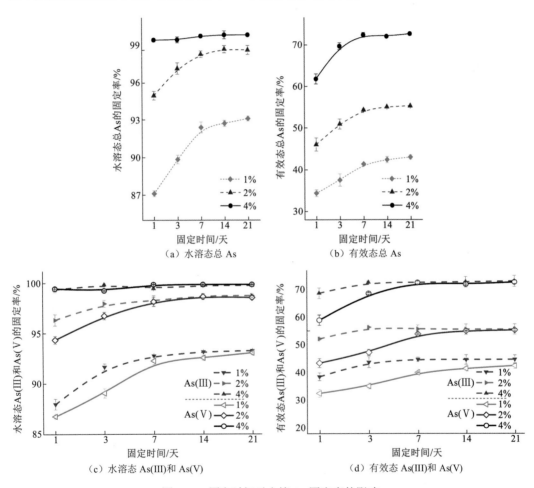

图 4.62　固定时间对土壤 As 固定率的影响

6. 固定工艺条件正交试验

对羟基硫酸铁投加量、土壤粒径和固定时间等影响因素进行正交试验，通过水和碳酸氢钠浸提态 As 的固定率评价土壤中 As 的固定效果（表 4.2）。

表 4.2　固定工艺条件正交试验表 $L_{16}(4^5)$

试验号	A 固定剂量 /%	B 土壤 pH	C 土壤粒径 /目	D 土壤水分 /%	E 固定时间 /天	水溶态 As 固定率/%	有效态 As 固定率/%
1	1	1	1	1	1	90.89	46.12
2	1	2	2	2	2	91.61	47.26
3	1	3	3	3	3	92.14	35.29
4	1	4	4	4	4	92.01	43.09
5	2	1	2	3	4	98.03	58.82
6	2	2	1	4	3	97.41	53.19
7	2	3	4	1	2	95.69	36.89
8	2	4	3	2	1	95.61	45.98
9	3	1	3	4	2	99.53	70.87
10	3	2	4	3	1	98.35	62.73
11	3	3	1	2	4	99.52	63.17
12	3	4	2	1	3	99.90	66.64
13	4	1	4	2	3	99.82	70.99
14	4	2	3	1	4	99.89	75.57
15	4	3	2	4	1	99.06	61.93
16	4	4	1	3	2	99.57	72.15

		A 固定剂量	B 土壤 pH	C 土壤粒径	D 土壤水分	E 固定时间		
水溶态砷	k_1	91.663	97.068	96.848	96.593	95.978		
	k_2	96.685	96.815	97.150	96.640	96.600		
	k_3	99.325	96.603	96.793	97.023	97.318		
	k_4	99.585	96.773	96.468	97.003	97.363		
	R	7.923	0.465	0.683	0.430	1.385		
有效态砷	k_1	42.940	61.700	58.658	56.305	54.190		
	k_2	48.720	59.688	58.663	56.850	56.793		
	k_3	65.853	49.320	56.928	57.248	56.528		
	k_4	70.160	56.965	53.425	57.270	60.163		
	R	27.220	12.380	5.238	0.965	5.973		

注：k_1 表示"1"水平所对应的试验指标的数值之和，k_2 表示"2"水平所对应的试验指标的数值之和，k_3 表示"3"水平所对应的试验指标的数值之和，k_4 表示"4"水平所对应的试验指标的数值之和，R 为极差

对水溶态 As 固定率的极差分析结果为：$R_A > R_E > R_C > R_B > R_D$，最佳土壤砷固定效果的因素条件是：$A_4B_1C_2D_3E_4$。对有效态 As 固定率的极差分析结果为：$R_A > R_B > R_E > R_C > R_D$，最佳土壤 As 固定效果的因素条件是：$A_4B_1C_2D_2E_4$。因此固定剂的添加量对土壤中 As 固定率起着决定性的影响，而修复过程中用水量对 As 固定效果的影响最微弱。对土壤水溶态 As 而言，其次影响固定率的因素是固定时间。就有效态 As 的固定率而言，土壤 pH 是位居第二的影响因素，这是因为土壤环境的 pH 会影响 As 在土壤中的化学行为，

土壤 pH 的降低有利于降低 As 的移动性和活性，而获得较高的固定率。土壤粒径对土壤 As 固定率有一定的影响，这主要是因为 As 在土壤各粒径的分布存在差异。

综合考虑水溶态和有效态 As 的固定率，因为水溶态 As 含量很低，故主要考虑有效态 As 固定率的优化方案组合 $A_4B_1C_2D_2E_4$。

4.2.3　土壤砷化学合成羟基硫酸铁固定修复效果

1. 水溶态和 $NaHCO_3$ 提取态砷含量的变化

污染土壤与固定后土壤中水溶态 As 和 $NaHCO_3$ 提取态（有效态）As 含量的变化见图 4.63。经羟基硫酸铁修复后，污染土壤中水溶态 As 和有效态 As 含量大幅度下降，其中水溶态 As 质量分数从 39.5 mg/kg 减少至 0.53 mg/kg，有效态 As 质量分数降低了 240 mg/kg。几乎所有的土壤水溶态 As 都被固定在土壤中，有效态 As 大幅度降低。

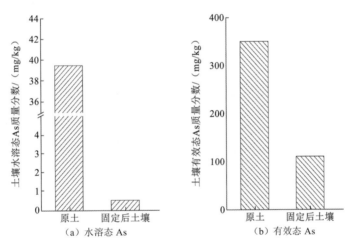

图 4.63　固定前后土壤 As 含量的变化

2. 固定前后土壤 As 形态变化特征

As 在土壤中的移动性及生物有效性等很大程度上取决于其存在形态。土壤中的 As 主要以无机 As 为主，一般而言，以水溶态 As、交换态 As 等存在于土壤中的这类松散结合态 As 易发生移动，迁移至周围环境中，并且易被植物吸收，因而危害性较大；然而难溶性砷酸盐（铁铝结合态 As 等）和闭蓄型 As 不易被生物利用吸收也不易随雨水流入水体，故其危害性相对较低。因此，土壤中 As 的存在形态是评估 As 污染土壤修复效率的重要参数，其对预防和治理 As 污染土壤有重要的指导意义。

基于 As 在土壤中的阴离子特性，采用 Wenzel 等（2002）提出的砷分级方法（表 4.3）分析土壤中 As 的形态。对比两种不同污染程度下的固定效果（表 4.4）和固定前后土壤中 As 的形态分布（图 4.64）。虽然低浓度 As 污染土壤的水溶态和有效态 As 的固定率都比高浓度污染土壤略微低些，但是羟基硫酸铁在这两种浓度土壤中都表现出了较高的固定率。

表 4.3　土壤中砷形态

步骤	提取形态	移动性/生物可否利用
1	非特异性吸附态砷	容易移动/可利用
2	特异性吸附态砷	较易移动/可利用
3	无定型或低结晶度铁、铝氧化物结合态砷	难移动/可利用
4	晶态铁、铝氧化物结合态砷	难移动/可利用
5	残渣态砷	不可利用

表 4.4　两种污染程度土壤的砷固定效果

土壤	固定率/%		固定前 As 质量分数/(mg/kg)		固定后 As 质量分数/(mg/kg)		总 As 质量分数/(mg/kg)
	水溶态	有效态	水溶态	有效态	水溶态	有效态	
低污染土壤	97.8	66.9	6.81	62.51	0.15	20.69	716
高污染土壤	98.2	68.4	39.50	350.20	0.71	110.66	3 196

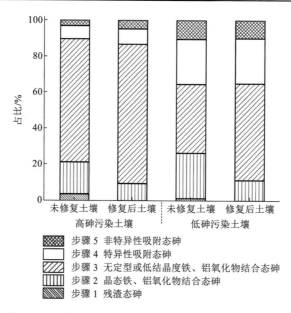

图 4.64　羟基硫酸铁固定修复前后土壤中 As 的形态变化

　　As 在这两种污染程度的土壤中存在形态差异：低污染土壤中无定型或低结晶度铁铝结合态 As 的含量显著低于高污染土壤，而其残渣态 As 含量明显高于高污染土壤。但是无论低污染还是高污染土壤，处理后土壤中非特异性吸附态 As 和特异性吸附态 As 的含量都显著减小，低污染土壤中非特异性吸附态和特异性吸附态的 As 质量分数分别减小至0.02%和 11.33%，高污染土壤中非特异性吸附态 As 质量分数降低了 3.6%并且特异性吸附态 As 降低了 8.23%。固定后土壤中无定型或低结晶度铁铝氧化物结合态 As 含量大幅度增加。几乎所有的具有高移动性的 As 和大部分较易移动的 As 都转变成难移动性 As，即与羟基硫酸铁盐形成稳定的复合物。

　　土壤中的 As 通常与铁铝锰氧化物、黏土矿物和有机物质紧密结合，如土壤中普遍存在的针铁矿和水铁矿等铁基矿物对 As 的流动性有非常重要的影响。砷酸盐和亚砷酸盐离子与铁基矿物吸附亲和力的强弱依赖于 pH（Srivastava et al.，2006）。羟基硫酸铁属于铁基矿物，将其加入土壤中利于降低 As 的移动性和生物有效性。羟基硫酸铁矿物吸附 As 的机制包括与矿物表面铁羟基发生络合反应和与矿物结构内 SO_4^{2-} 的交换作用。羟基硫酸铁矿物表面富含–OH 等活性基团，使其具有较高的吸附能力。且羟基硫酸铁还具有特殊的管状结构（直径 0.5 nm），管道内存在 SO_4^{2-}（离子直径 0.46 nm）。AsO_4^{3-} 与 SO_4^{2-} 半径相当，但 AsO_4^{3-} 与 Fe 亲和性更强，因此管道内的 SO_4^{2-} 易被其取代（Čerňanský et al.，2009）。因此在土壤修复中，可以利用羟基硫酸铁改变 As 的存在形态，以达到减小 As 污染土壤对生物毒害作用的目的。

3. 模拟酸雨淋溶

1）模拟酸雨对土壤 As 释放的影响

　　酸雨淋溶对土壤 As 释放特征的影响如图 4.65 所示。淋溶初期，As 的淋溶量随淋溶体积的增大逐渐升高，当淋溶 3 L 后，未处理土壤淋滤液中 As 质量浓度达最大值 21.7 mg/L。此时，经羟基硫酸铁固定后的土壤淋滤液中 As 质量浓度也达到最大值（0.4 mg/L）。在淋溶 8 L 模拟酸雨之后，修复前后土壤中 As 的释放量达到平稳，其中修复前土壤中 As 释放量约为 3 mg/L，修复后土壤中 As 的释放量约为 0.03 mg/L。修复前土壤中 As 单独释放量呈先增大后减小的趋势。修复前后土壤中 As 累积释放量的变化见图 4.65（b）。淋溶 17 L 模拟酸雨，也即相当模拟了 10 年的酸雨降水量，此时未经过固定处理的污染土壤中 As 的累积释放量为 98.4 mg（相当于 246 mg/kg），而修复后土壤中 As 的累积释放量为 1.2 mg（相当于 3 mg/kg），As 累积释放量分别占土壤全砷的 7.69%和 0.09%，说明羟基硫酸铁对土壤中 As 的固定效果显著，能显著减少土壤中 As 的释放量。

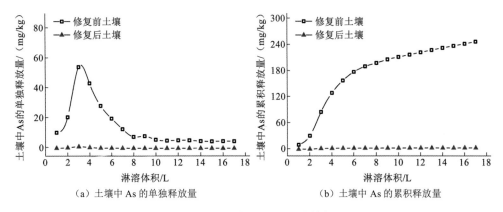

（a）土壤中 As 的单独释放量　　　　　（b）土壤中 As 的累积释放量

图 4.65　土壤中 As 的释放特征

2）模拟酸雨对土壤 pH 的影响

　　首次模拟酸雨淋洗土壤后，淋滤液的 pH 为 6.46，明显高于模拟酸雨的 pH（pH=4），这一现象可能是因为土壤中的物质吸附、拦截或者消耗了溶液中部分的 H^+，这也说明土壤具有较高的酸性缓冲能力（图 4.66）。且随着淋溶体积的增加（1～3 L），滤液 pH 逐渐增大。淋溶液 pH 稍微回升，是由于酸雨中的 SO_4^{2-} 与土壤中氧化物表面的 OH^- 发生配位交换，OH^- 由土壤表面进入淋溶液中（Lebrun et al.，2003），使得淋溶液中 H^+ 被消耗；淋溶液 pH 升高还可能与淋溶液中砷浓度逐渐升高有关。酸雨淋溶后，固定前后土壤的 pH 分别下降了 0.5 和 0.4 个单位左右，表明土壤缓冲性能较好。

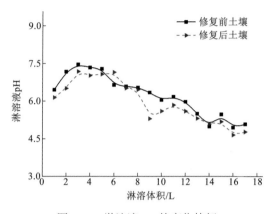

图 4.66　淋溶液 pH 的变化特征

4.3　砷污染土壤生物合成羟基硫酸铁固定修复

羟基硫酸铁的合成方法主要包括 $FeSO_4$ 的 H_2O_2 化学氧化合成（化学成因）和 Fe(II) 氧化细菌的生物合成（生物成因）。化学成因施氏矿物比表面积相对较低，通常为 4～14 m^2/g（Jones et al.，2009），而生物成因施氏矿物颗粒均匀、分散性好，且比表面积大（40～80 m^2/g），对砷的吸附性能显著优于化学成因施氏矿物（Chai et al.，2016）。更为重要的是，生物成因施氏矿物可以通过微生物对 Fe(II) 氧化形成，以次生铁矿物形式广泛存在于酸性矿山废水和酸性硫酸盐土壤中。我国有上万座矿山，许多矿区土壤富含 Fe(II) 和 SO_4^{2-}，且 Fe(II) 氧化细菌（如 *Acidithiobacillus ferrooxidans*）广泛存在于矿山排水、酸性硫酸盐土等酸性环境。由此为施氏矿物在这些区域的原位形成并有效固定砷提供了可能。

4.3.1　羟基硫酸铁的生物合成及表征

1. 羟基硫酸铁的生物合成条件

以 $FeSO_4$ 为原料，通过氧化亚铁硫杆菌（*A. ferrooxidans*）的催化氧化，收集沉淀产物，并对沉淀产物进行熟化改性，制得一种适用于砷污染土壤修复的固定剂——羟基硫酸铁（图 4.67）。

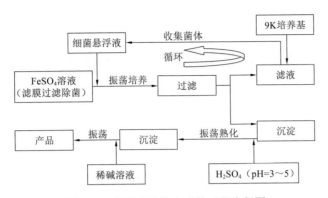

图 4.67　羟基硫酸铁合成的工艺流程图

1）*A. ferrooxidans* 菌接种量

A. ferrooxidans 具有较高的氧化能力，$FeSO_4$ - *A. ferrooxidans*-H_2O 体系中的 Fe^{2+} 很快能被 *A. ferrooxidans* 氧化生成 Fe^{3+}，Fe^{3+} 在富含 SO_4^{2-} 的溶液中水解形成羟基硫酸铁盐沉淀。此过程可用下列反应式表示（España et al., 2007）：

$$Fe^{2+} + H^+ + 1/4\ O_2 \longrightarrow Fe^{3+} + 1/2\ H_2O \tag{4.2}$$

$$8Fe^{3+} + xSO_4^{2-} + (16-2x)H_2O \longrightarrow Fe_8O_8(OH)_{8-2x}(SO_4)_x + (24-2x)H^+ \tag{4.3}$$

$FeSO_4$ - *A. ferrooxidans*-H_2O 体系中，微生物是重要的参与者。在[Fe^{2+}]浓度为 8.06 g/L 的溶液中，当 *A. ferrooxidans* 接种量为 1%、2%、4%、6%和7%时，羟基硫酸铁质量分别为 1.61 g、2.25 g、2.81 g、2.93 g 和 3.05 g。当 *A. ferrooxidans* 接种量小于 4%以下，羟基硫酸铁产量随接种量的增加而明显增加；当接种量大于 4%时，产物质量增加幅度比较小（图 4.68）。从产物合成速率来看，*A. ferrooxidans* 接种量分别为 6%和 7%时，Fe^{2+}氧化速率相差很小，反应至 36 h 时溶液中的 Fe^{2+}氧化已接近完全。当接种量为 4%时，Fe^{2+}氧化速率有所降低，在反应至 48 h 时氧化完全。当接种量分别为 1%和 2%时，Fe^{2+}氧化速率明显变慢（图 4.69）。综合考虑 Fe^{2+}氧化速率和产物量，*A. ferrooxidans* 菌接种量至少为 4%（细菌浓度为 10^7 cfu/mL）。*A. ferrooxidans* 菌在羟基硫酸铁合成过程中除了催化氧化，还可能起羟基硫酸铁成核的模板作用。

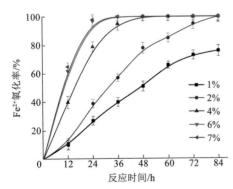

图 4.68　*A.ferrooxidan* 接种量对 Fe^{2+}氧化
速率的影响

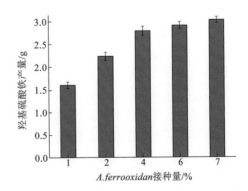

图 4.69　*A.ferrooxidan* 接种量对羟基硫酸铁
产量的影响

2) Fe^{2+}浓度

当羟基硫酸铁合成体系中 *A. ferrooxidan* 菌浓度一定时，加入 Fe^{2+}的量将决定细菌催化合成羟基硫酸铁产物的效率及产量。当初始 Fe^{2+}质量浓度为 4.03 g/L、8.06 g/L、12.09 g/L、16.12 g/L、24.17 g/L 时，溶液中的 Fe^{2+}分别在 30 h、42 h、60 h、99 h、168 h 被完全氧化，得到 Fe^{2+}生物氧化速率分别为 0.134 g/（L·h）、0.192 g/（L·h）、0.202 g/（L·h）、0.163 g/（L·h）、0.144 g/（L·h）（图 4.70）。当[Fe^{2+}]＜12.09 g/L 时，*A. ferrooxidan* 菌对 Fe^{2+}氧化速率与 Fe^{2+}浓度增大呈正相关，且[Fe^{2+}]=8.06～12.09 g/L 时，*A. ferrooxidan* 菌对 Fe^{2+}氧化速率达到最快，当[Fe^{2+}]＞16.12 g/L 时，其氧化速率明显降低。当 Fe^{2+}被完全氧化后，合成产物质量与初始 Fe^{2+}浓度呈明显正相关。当初始 Fe^{2+}浓度为 4.03 g/L、8.06 g/L、12.09 g/L、16.12 g/L、24.17 g/L 时，得到的羟基硫酸铁矿物质量分别为 1.8 g、2.9 g、3.7 g、4.5 g、5.7 g（图 4.71）。综合考虑 Fe^{2+}氧化速率和合成产物质量，*A. ferrooxidan* 菌浓度为 10^7 cfu/mL 时，初始 Fe^{2+}质量浓度以 8～12 g/L 较为适合。

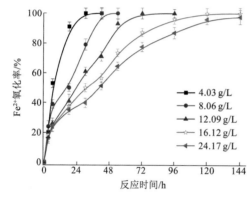

图 4.70　不同初始 Fe^{2+}浓度反应体系中 Fe^{2+}
氧化程度

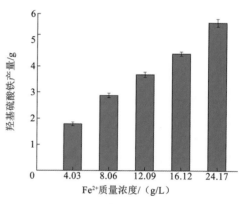

图 4.71　初始 Fe^{2+}质量浓度对羟基硫酸铁
产量的影响

3) 反应时间

缩短生物合成时间是快速、高效合成羟基硫酸铁的一个重要途径。当初始 Fe^{2+}质量浓度为 8.06 g/L 和 12.09 g/L 时，溶液中的 Fe^{2+}分别在 48 h 和 72 h 被完全氧化（图 4.72）。当初始 Fe^{2+}质量浓度为 12.09 g/L 时，反应时间为 12 h、24 h、48 h、72 h 时，得到的羟基硫酸铁分别为 1.12 g、1.68 g、2.94 g、3.71 g（图 4.73）。随着反应的进行，Fe^{2+}被不断氧化，生成的 Fe^{3+}水解形成的羟基硫酸铁质量逐渐增加。

8.06 g/L 的 Fe^{2+}被 *A. ferrooxidans* 菌完全氧化的反应时间为 48～60 h，体系中形成的羟基硫酸铁约为 2.86 g；之后随着反应时间的延长，形成的羟基硫酸铁质量基本保持不变，反应 144 h 时，形成的羟基硫酸铁质量为 2.98 g，仅比反应 60 h 时的产物质量增加 4.2%（图 4.73）。当 Fe^{2+}被完全氧化后，反应时间的延长对增加羟基硫酸铁质量几乎无影响。当 Fe^{2+}被完全氧化，合成反应结束时，反应溶液中的铁质量浓度为 4.88 g/L，计算得到反应体系中铁沉淀率为 39.45%。比周顺桂等人合成的次生铁矿物中铁的沉淀率高出 24.35%（周顺桂 等，2007）。

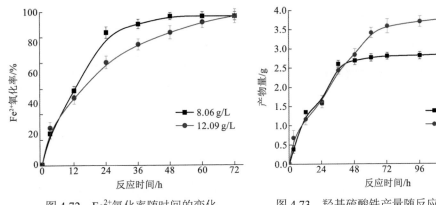

图 4.72　Fe^{2+} 氧化率随时间的变化　　　图 4.73　羟基硫酸铁产量随反应时间的变化

4）pH

Fe^{2+} 氧化过程中需要消耗 H^+，而羟基硫酸铁的形成过程伴随 H^+ 的产生，因此，溶液 pH 会直接影响 Fe^{2+} 的氧化速率和羟基硫酸铁产量。*A. ferrooxidan* 菌是一种嗜酸菌，其最适宜生长繁殖的 pH 为 2.0~2.5。pH 在 2.0~3.5 范围内，体系中 Fe^{2+} 的生物氧化速度较快，在 42 h 内基本被完全氧化成 Fe^{3+}（图 4.74）。由于羟基硫酸铁矿物的形成过程伴随 H^+ 的产生，而初始 pH 的提高促使合成反应正向进行，有利于氧化生成的 Fe^{3+} 快速水解沉淀，从而减少溶液中的 Fe^{3+} 对 Fe^{2+} 生物氧化的抑制作用，进而促使 Fe^{2+} 的氧化作用。反应体系的初始 pH 对羟基硫酸铁产量的影响比较小，当 Fe^{2+} 质量浓度为 8.06 g/L，*A. ferrooxidans* 接种量为 4%时，初始 pH 为 2.0、2.5、3.0、3.5 时，最终产物量分别为 2.77 g、2.82 g、2.88 g、2.95 g（图 4.75）。

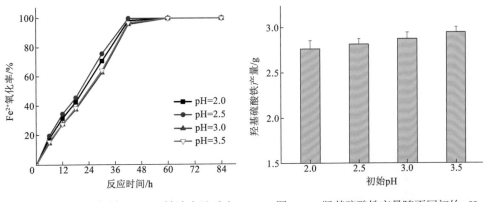

图 4.74　不同初始 pH 下亚铁浓度随反应　　　图 4.75　羟基硫酸铁产量随不同初始 pH
　　　　　时间的变化　　　　　　　　　　　　　　　的变化

初始 Fe^{2+} 质量浓度为 8~12 g/L 时，$FeSO_4$ 溶液自身的 pH 一般低于 3.5。若提高溶液 pH 至 3.5 以上，需加入碱性物质调节 pH，从而导致体系中碱性阳离子（Na^+ 或 K^+）存在，容易生成黄铁矾类物质如黄钠铁矾或黄钾铁矾，产物非羟基硫酸铁（Egal et al., 2009）。而且，当 pH>3.5 时，Fe^{2+} 易自发水解产生氢氧化亚铁（$Fe(OH)_2$），而 $Fe(OH)_2$ 极易在空气中转变成氢氧化铁（$Fe(OH)_3$）沉淀，从而影响羟基硫酸铁矿物的生物合成。

2. 羟基硫酸铁的理化性能

1）形貌特征

A. ferrooxidan 生物合成的羟基硫酸铁呈密集的网状结构。EDS 能谱显示，矿物主要由 Fe、S 和 O 组成（图 4.76）。羟基硫酸铁矿物 Fe/S 物质的量比为 5.68，化学组成可表示为 $Fe_{16}O_{16}(SO_4)_{2.81}(OH)_{10.38} \cdot nH_2O$（表 4.5）。

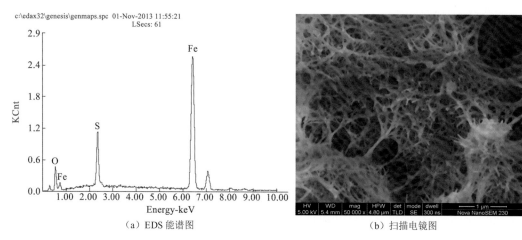

（a）EDS 能谱图　　　　　　　　　　　（b）扫描电镜图

图 4.76　羟基硫酸铁的 SEM-EDS 图

表 4.5　羟基硫酸铁性质

颜色	Fe/S 物质的量比	化学组成	比表面积/（m²/g）
黄棕色（深）	5.68	$Fe_{16}O_{16}(SO_4)_{2.81}(OH)_{10.38} \cdot nH_2O$	74.99

羟基硫酸铁矿物具有明显的"针棒"结构，且"针棒"长而密集，交织成网状（图 4.77）。管状针须结构内部呈现真空，表面有些部位向内凹陷，这种特殊结构更增加了矿物的比表面积。采用 BET 氮气吸附法测得多羟基硫酸铁的比表面积为 74.99 m^2/g。

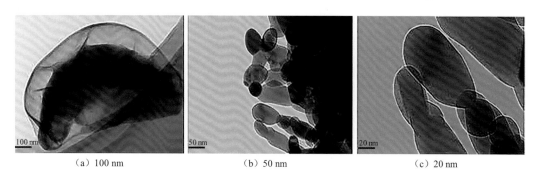

（a）100 nm　　　　　　　　（b）50 nm　　　　　　　　（c）20 nm

图 4.77　羟基硫酸铁的 TEM 图

2）物相特征

参考化合物 XRD 标准卡片库（PDF47-1775），对比样品衍射峰的位置和峰强，得出所有峰形和宽峰出现的位置与标准物质多羟基硫酸铁的峰谱基本上相一致，表明合成样品为弱结晶型的羟基硫酸铁（图 4.78）。

3）功能团

在羟基硫酸铁的红外吸收光谱图中（图 4.79），3 318 cm^{-1} 和 3 385 cm^{-1} 为–OH 伸缩振动吸收峰；1 635 cm^{-1} 的吸收峰由水分子变形所致；1 124 cm^{-1} 为 SO_4^{2-} 的 v_3 振动吸收峰；980 cm^{-1} 为 SO_4^{2-} 的 v_1 振动吸收峰，波数 600～700 cm^{-1} 处的吸收峰代表 –Fe–O– 的振动。波数为 3 000～3 500 cm^{-1}

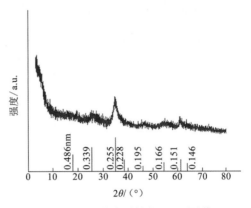

图 4.78　羟基硫酸铁的 XRD 图谱

处的吸收峰较强较宽，这是由羟基硫酸铁中与 Fe 相连的–OH 基团和吸附水分子中的–OH 基团的伸缩振动所致。羟基硫酸铁矿物内部的羟基较为复杂，主要由分子间缔合的羟基和部分分子内螯合的羟基连接，而 Fe^{3+} 与 SO_4^{2-} 结合可生成 OH–Fe–SO_4，也可水解生成 OH–Fe–O 的结构单元。

羟基硫酸铁的拉曼吸收光谱图（图 4.80）中，570 cm^{-1} 为–OH 吸收峰；225 cm^{-1}、300 cm^{-1}、351 cm^{-1}、430 cm^{-1} 四处吸收峰代表 Fe–O 的特征吸收峰；625 cm^{-1}、1005 cm^{-1} 两处吸收峰分别为 SO_4^{2-} 的 v_1 和 v_4 振动吸收峰；1 103 cm^{-1}、1 154 cm^{-1} 处的两个振动吸收峰为 SO_4^{2-} 的 v_3 振动吸收峰；456 cm^{-1} 处吸收峰为 SO_4^{2-} 的 v_2 振动吸收峰。

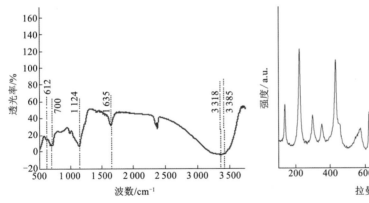

图 4.79　羟基硫酸铁的红外吸收光谱图

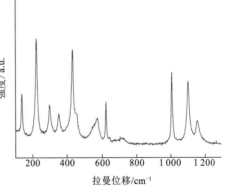

图 4.80　羟基硫酸铁的拉曼吸收光谱图

Regenspurg 等（2004）通过 XRD 和 FTIR 推测羟基硫酸铁中的其中一种矿物施威特曼矿中的羟基和硫酸根基团活性强，–OH 可与 As(III) 和 As(V) 发生交换吸附，形成内圈络合物；而结构内的硫酸根可以被与其离子半径相当、但与 Fe 亲和能力更强的砷酸根、亚砷酸根和磷酸根所取代，形成砷酸铁、亚砷酸铁和磷酸铁等溶解度较低的矿物。

4.3.2　砷污染土壤固定修复工艺条件

1. 固定时间

土壤 As 的固定主要通过外源固定剂对土壤中 As 的吸附、沉淀等作用,使 As 转化成难溶态停留在土壤中或吸附在外源物质表面或内部(Michael et al.,2013)。固定反应达到平衡也需要一定的时间,土壤中水溶态 As 的去除率随固定时间的延长先增加而后一段时间内趋于平稳再呈略显降低趋势,21～35 天这段时间内 As 去除率稳定,达到最大值;水溶态 As 去除率为 97.3%～99.1%。

土壤有效态 As 受固定时间的影响相对较大,随反应时间延长先缓慢降低后增加再趋于平稳[图 4.81(a)]。在反应的前 21 天,有效态 As 的去除率有所增加,从 3 天后的 75.1%增加到 21 天后的 75.9%;21 天后去除率降低,随反应时间的进一步延长,有效态 As 去除率稳定地维持在 74.0%左右。因此,土壤 As 固定时间 21 天以上比较合适 [图 4.81(b)]。

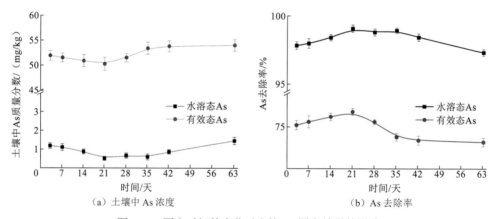

图 4.81　固定时间的变化对土壤 As 固定效果的影响

羟基硫酸铁刚加入土壤时吸附能高,矿物表面吸附处于低饱和状态,土壤 As 的吸附量随固定时间的延长而增加;之后吸附反应慢慢趋于平衡,吸附达到饱和,吸附量不再增加。As 在羟基硫酸铁表面的吸附反应分为慢反应和快反应两个阶段,固定初期属于快反应阶段,As 吸附量随时间变化很大,吸附量相对较大;随后反应属于慢反应,因为矿物表面负电荷(砷氧负离子)的增加及吸附能的降低使吸附反应逐渐趋于平衡(刘学,2009;Oreilly et al.,2001)。

2. 固定剂用量

固定剂对土壤中 As 的吸附和沉淀等作用都有一定的容量限制,固定剂施加过少,会导致土壤中的部分 As 不能与固定剂接触发生反应或被吸附,影响 As 的固定效果。而固定剂添加过多,不但会导致资源浪费,对环境造成二次污染,也可能会造成土壤结构的破坏(Kim et al.,2012)。羟基硫酸铁用量为土壤质量的 0.5%～3.0%时,水溶态 As 固定率呈线性增加,变化范围为 68.5%～96.1%。当固定剂用量大于 4%时,水溶态 As 固定率趋于平稳,固定率高达 99.5%(图 4.82)。

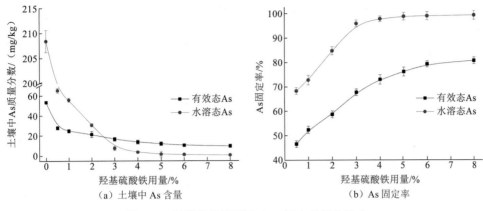

图 4.82　羟基硫酸铁用量对 As 固定效果的影响

当固定剂用量为土壤质量的 0.5%～5.0%时,有效态 As 固定率呈线性增加,变化范围为 46.8%～76.4%。当固定剂用量高于 6%时,有效态 As 固定率增长缓慢,固定率在 79.5%左右趋于平稳。综合考虑土壤水溶态 As 和有效态 As 的固定率,固定剂的最佳用量为土壤质量 4%～5%。

当羟基硫酸铁用量低于 6%时,土壤有效态 As 固定率随羟基硫酸铁投加量的增加而明显增加,但增加幅度越来越小;当羟基硫酸铁用量高于 6%时,固定率不再增加。表明羟基硫酸铁有一定的吸附容量,当羟基硫酸铁未达到饱和吸附容量之前,As 固定率会不断增加;当达到饱和吸附容量之后,固定剂用量的增加也不会提高土壤 As 的固定率。

3. 土壤湿度

羟基硫酸铁对土壤水溶态 As 的固定效果受土壤水分含量的影响很小,随着土壤湿度的增加,土壤水溶态 As 固定率基本趋于稳定,变化范围为 97.8%～99.0%(图 4.83)。水溶态 As 最大去除(99.0%)出现在含水量为田间最大持水量的 100%处。而土壤含水量对有效态 As 的固定效果影响相对较大,有效态 As 的最佳去除率出现在田间最大持水量的 60%～100%。当土壤水分含量超过 100%后,土壤有效态 As 固定率有轻微的降低。

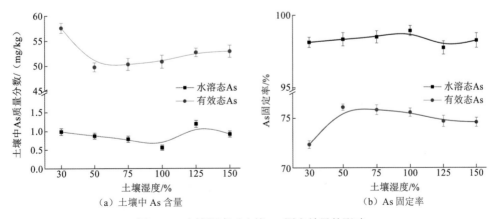

图 4.83　土壤湿度对土壤 As 固定效果的影响

当羟基硫酸铁加入土壤中,需要一定数量的水分使土壤与固定剂充分混合接触发生固定 As 反应,反应达到平衡后无需添加多余的水分。当土壤水分含量>田间最大持水量 100%时,出现淹水状态,土壤氧化还原电位降低,砷酸盐可被还原为亚砷酸盐,使 As 在土壤中的溶解度增大(曾希柏 等,2010)。

4. 土壤粒径

由于土壤 As 的固定修复是基于固定剂与土壤中 As 之间的吸附、沉淀等反应,固定剂能否与土壤中的 As 充分接触会直接影响固定效果(塞丽 等,2010)。土壤粒径大小对羟基硫酸铁固定修复土壤有效态和水溶态 As 的效果有一定影响,总体上随着土壤粒径的减小,有效态和水溶态 As 固定率先趋于平稳而后呈明显减小的趋势(图 4.84)。当粒径为 1 mm 时有效态 As 质量分数由处理前的 208.46 mg/kg 降低到 12.92 mg/kg;水溶态 As 质量分数由处理前的 53.84 mg/kg 降低到 1.73 mg/kg。当粒径小于 1 mm 时,有效态和水溶态 As 的固定率随粒径的增加而增加。有效态 As 固定率由 65.00%(0.15 mm)升高到 76.01%(1.0 mm);水溶态 As 固定率由 96.10%(0.15 mm)升高到 99.17%(1.0 mm)。而当粒径为 1.0~4.0 mm 时,有效态 As 和水溶态 As 固定率变化很小。综合考虑修复效果和修复成本,土壤粒径选择 2.0 mm 为宜。

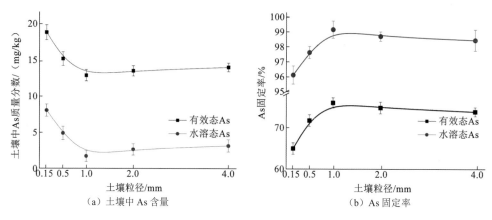

图 4.84　土壤粒径对 As 固定效果的影响

4.4　砷污染土壤微生物氧化–羟基硫酸铁固定联合修复

4.4.1　微生物–化学联合修复工艺路线

As 污染土壤采用"破碎–过筛–微生物氧化 As(III)–羟基硫酸铁固定–回填"修复工艺进行修复,土壤中 As(III)通过 *Brevibacterium* sp. YZ-1 转化成 As(V),并通过羟基硫酸铁的吸附与沉淀作用,实现 As 的高效固定(图 4.85)。

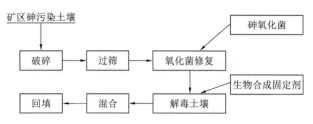

图 4.85　As 污染土壤微生物–化学联合修复工艺流程图

4.4.2　微生物–化学固定修复砷污染土壤效果

1. 修复前后土壤 pH 变化特征

各处理下土壤 pH 高低顺序为：微生物氧化修复>联合修复>对照>化学固定修复（图 4.86）。且微生物氧化修复土壤 pH 显著高于化学固定修复、对照和联合修复。相比于对照，联合修复土壤 pH 有一定程度地增加，但增加幅度比较小。以土壤 2 为例，与对照（pH=7.37）相比，联合修复、微生物氧化修复后土壤 pH 分别增加了 0.38 和 1.02 个单位，而化学固定修复土壤 pH 降低了 0.49 个单位。

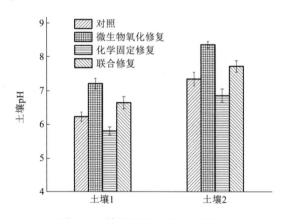

图 4.86　修复前后土壤 pH 的变化

2. 土壤水溶态砷的修复效果

土壤水溶态 As 容易被植物吸收和利用,其主要包括水溶态 As(V) 和 As(III),而 As(III) 的毒性和迁移性远大于 As(V),且 As(III) 活性更强,不易被固定。因此在含 As(III) 的污染土壤修复过程中,将 As(III) 氧化为 As(V) 是实现 As 污染土壤彻底修复的重要途径,而 As(III) 的微生物氧化技术具有的环境友好型和成本较低等优势,受到广大学者的关注。

与未处理土壤相比,*Brevibacterium* sp. YZ-1 氧化修复（微生物氧化修复）、羟基硫酸铁固定修复（化学固定修复）和微生物氧化–羟基硫酸铁固定联合修复（联合修复）的土壤水溶态总 As 含量都显著降低,其降低幅度大小顺序：微生物–化学联合修复>化学固定修复>微生物氧化修复,其对应的去除率分别为 99.3%、85.6% 和 31.0%,微生物–化学联合修复对水溶态总 As 的去除率明显大于单一微生物氧化修复和单一化学固定修复。

微生物氧化修复的土壤水溶态 As(V)含量略有升高趋势，而化学固定修复和微生物–化学联合修复的土壤水溶态 As(V)含量均有显著降低，其降低幅度分别为87.6%和98.8%。土壤水溶态 As(III)含量的降低幅度大小顺序：微生物–化学联合修复>微生物氧化修复>化学固定修复，其质量分数分别比对照降低了 41.38 mg/kg、38.18 mg/kg 和 34.08 mg/kg；微生物氧化修复对 As(III)去除率达 92.3%，显著降低了土壤水溶态 As(III)带来的风险。微生物–化学联合修复法对 As(III)去除率比单一化学固定修复高出 17.6 个百分点，且去除率达 100%。比较发现微生物氧化修复的优势在于去除土壤水溶态 As(III)；而化学固定修复的优势在于去除水溶态总 As 和 As(V)，微生物–化学联合修复能有效结合微生物氧化修复和化学固定修复的优势，使水溶态总 As、As(V)和 As(III)同时去除（图 4.87）。

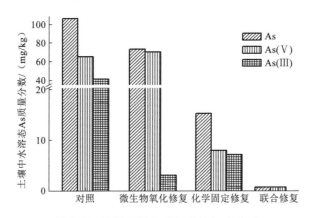

图 4.87　修复前后土壤水溶态 As 的变化

3. 土壤有效态砷的修复效果

微生物–化学联合修复、化学固定修复和微生物氧化修复后土壤的有效态总 As 去除率分别达到了 82.63%、67.79%和 30.97%。土壤有效态 As(III)含量的降低幅度大小顺序：微生物–化学联合修复>微生物氧化修复>化学固定修复，其相应的去除率分别达到了 100%、84.45%和 64.24%，微生物–化学联合修复比化学固定修复的去除率高出约 36 个百分点（图 4.88）。微生物氧化修复对土壤有效态 As(V)含量变化影响非常小，其质量分数

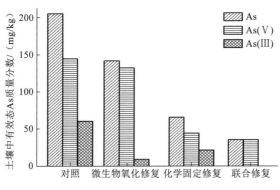

图 4.88　修复前后土壤有效态 As 的变化

只降低了 12.26 mg/kg；但化学固定修复和微生物–化学联合修复后土壤的有效态 As(V) 含量都显著降低，其去除率分别达到了 69.28% 和 75.32%，微生物–化学联合修复比微生物氧化修复对有效态 As(V) 去除率高出 69 个百分点。综上所述，微生物–化学联合修复对土壤有效态 As 的去除效果明显优于单一化学固定修复和单一微生物氧化修复。

4.4.3　修复机理

1. 修复土壤中各形态砷的转化

土壤 As 形态分为非专性吸附态、专性吸附态、无定形和弱结晶铁铝氧化物结合态、结晶铁铝氧化物结合态和残渣态（Wenzel et al., 2002）。非专性吸附态和专性吸附态 As 不稳定，与介质结合程度较弱，容易发生迁移，对环境风险较大，是 As 污染土壤修复过程中重点关注的形态；其他三种形态的 As 都较稳定，残渣态 As 最稳定（王文成 等, 2007）。通过对修复后土壤 As 形态变化研究发现，不同修复处理对土壤 As 各结合形态的含量变化影响存在明显差异（图 4.89）。与对照相比，变化最为明显的是非专性吸附态 As 和专性吸附态 As，其含量在化学固定修复和微生物–化学联合修复土壤中都显著降低。化学固定修复后土壤非专性吸附态 As 和专性吸附态 As 两者占比总和降低了 5.4%，而无定形和弱结晶铁铝氧化物结合态占比增加了 6.1%。说明羟基硫酸铁主要是通过吸附作用及形成无定形铁铝氧化物结合态 As 而固定除 As。

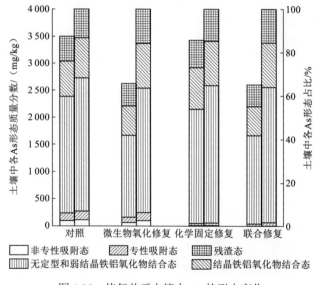

图 4.89　修复前后土壤中 As 的形态变化

微生物氧化修复主要指微生物通过氧化酶的催化作用将进入菌体内的 As(III) 氧化为 As(V)，或者通过细菌代谢产物的氧化、吸附和共沉淀作用处理 As，从而降低土壤 As 带来的风险（Lebrun et al., 2003）。微生物氧化修复的土壤总 As 含量降低明显，各形态 As 含量都有不同程度的降低。与对照相比，微生物–化学联合修复后土壤中不稳定态 As（非专性吸附态和专性吸附态）含量降低了 5.49%，较稳定态 As（无定形和弱结晶铁铝氧化物结合态）含量增加了 3.8%，稳定态 As（结晶铁铝氧化物结合态和残渣态）含量增加了 1.69%。说明经过微生物–化学联合修复处理，土壤不稳定态 As 向更稳定态 As 转变，增加了土壤 As 的稳定性，减少了土壤 As 的生物有效性和迁移性。

2. 修复前后土壤微观形貌特征

未处理土壤颗粒大部分以层叠的片状结构存在并团聚在一起，形状大小不一，无规则，轮廓粗糙。单一 *Brevibacterium* sp.YZ-1 修复后的土壤颗粒微观形貌发生明显变化，表面变得光滑，片状结构棱角减少，轮廓由处理前的粗糙变光滑，土壤紧实度增加。单一固定修复后的土壤结构稀疏，块状大颗粒变成小颗粒。经微生物–次生矿物联合修复的土壤结构变得疏松，孔隙增加，土壤大颗粒变成细小无规则的颗粒，土壤颗粒表面有类似针状矿物存在（图 4.90）。

　　　　（a）未处理土壤　　　　　　　　　　　　（b）微生物氧化修复的土壤

　　　　（c）固定修复的土壤　　　　　（d）微生物–次生矿物联合修复的土壤

图 4.90　修复前后土壤 SEM 图

3. 修复土壤中砷物相转化

对 *Brevibacterium* sp. YZ-1-羟基硫酸铁联合修复前后的土壤进行 XRD 物相分析（图 4.91）。

修复前后土壤中都富含 SiO_2，并含有少量的钠、铁、镁、铝的氧化物或者氢氧化物，如 $NaFeO_2$、$AlPO_4$ $K_{0.93}Na_{0.07}Al_{1.66}Fe_{0.18}Mg_{0.16}(Al_{0.182}Si_{3.18}O_{10})(OH)_2$、$KAl_2(Si_3Al)O_{10}(OH,F)_2$、$K(AlFeLi)Si_3AlO_{10}(OH)F$、$(MgO)_{0.841}(MnO)_{0.159}$、$(MgO)_{0.593}(FeO)_{0.407}$。　未处理土壤中发现存在的 As 的物相有 Ca_4As_2O、$Na_3Al_2(AsO_4)_3$、As_4S_3，*Brevibacterium* sp. YZ-1-羟基硫酸铁联合修复后的土壤中 Ca_4As_2O 消失，出现 $FeAs_3O_9·4H_2O$ 物相。可能由于 As 氧化菌使 Ca_4As_2O 中的 As 被氧化，或修复过程中的其他化学反应将其分解转化生成了其他矿物相。土壤中的 As 可能与羟基硫酸铁反应形成了 $FeAs_3O_9·4H_2O$。处理后土壤还新生成了羟砷铜矿物，可能是由于土壤中的 As 和 Cu 与加入的羟基硫酸铁形成的络合物。

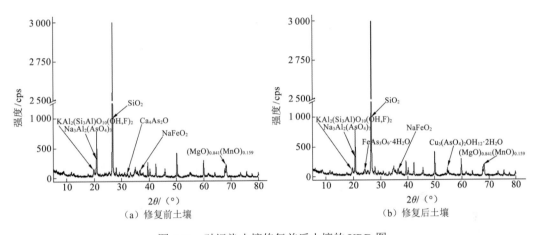

图 4.91　砷污染土壤修复前后土壤的 XRD 图

因此砷污染土壤微生物氧化–化学固定联合修复的机理为：土壤中 As(III)通过 *Brevibacterium* sp. YZ-1 转化成 As(V)，并通过次生铁矿物的吸附沉淀作用，将不稳定的非专性吸附态和专性吸附态 As 转变为较稳定的无定形和弱结晶铁铝氧化物结合态 As、结晶型铁铝氧化物结合态 As 和残渣态 As。

参 考 文 献

胡立刚, 蔡勇, 2009. 砷的生物地球化学. 化学进展, 21(2): 458-466.

蹇丽, 黄泽春, 刘永轩, 等, 2010. 采矿业污染河流底泥及河漫滩沉积物的粒径组成与砷形态分布特征. 环境科学学报, 30(9): 1862-1870.

李媛, 郭华明, 2009. 应用微生物除砷的研究现状及前景. 环境科学与技术, 32(B06): 144-149.

李道林, 程磊, 2000. 砷在土壤中的形态分布与青菜的生物学效应. 安徽农业大学学报, 27(2): 131-134.

李士杏, 骆永明, 章海波, 等, 2011. 红壤不同粒级组分中砷的形态: 基于连续分级提取和 XANES 研究. 环境科学学报, 31(12): 2733-2739.

廖映平, 2015. 微生物与生物合成的次生铁矿物联合修复砷污染土壤研究. 长沙: 中南大学.

刘学, 2009. 砷在棕壤中的吸附–解吸行为及赋存形态研究. 沈阳: 沈阳农业大学.

王镜岩, 朱圣庚, 徐长法, 2002. 生物化学(上册). 北京: 北京高等教育出版社.

王文成, 吴德礼, 马鲁铭, 2007. 天然铁基矿物修复土壤的机制. 江苏环境科技, 2.

王营茹, 魏以和, 1998. 细菌氧化-炭浸法处理含砷难浸金矿. 武汉化工学院学报, 20(4): 41-45.

谢正苗, 1993. 浙江省土壤中砷的赋存和估算初探.科技通报, 4: 14.

杨孝军, 黄怡, 邱宗清, 等, 2014. 农田高效砷氧化侧胞短芽胞杆菌的分离, 鉴定及其对水稻砷毒害的修复作用. 福建农林大学学报(自然科学版), 43(2): 172-177.

周顺桂, 周立祥, 陈福星, 2007. 施氏矿物的微生物法合成, 鉴定及其对重金属的吸附性能. 光谱学与光谱分析, 27(2): 367-370.

曾希柏, 和秋红, 李莲芳, 等, 2010. 淹水条件对土壤砷形态转化的影响. 应用生态学报, 21(11): 2997-3000.

ANTELO J, FIOL S, GONDAR D, et al., 2012. Comparison of arsenate, chromate and molybdate binding on schwertmannite: Surface adsorption vs anion-exchange. J. Colloid Interf Sci, 386(1): 338-343.

BAHAR M M, MEGHARAJ M, NAIDU R, 2012. Arsenic bioremediation potential of a new arsenite-oxidizing bacterium Stenotrophomonas sp. MM-7 isolated from soil. Biodegradation, 23(6): 803-812.

BIGHAM J M, SCHWERTMANN U, TRAINA S J, et al., 1996. Schwertmannite and the chemical modeling of iron in acid sulfate waters. Geochimica et Cosmochimica Acta, 60(12): 2111-2121.

BOILY J F, GASSMAN P L, PERETYAZHKO T, et al., 2010. FTIR spectral components of schwertmannite. Environ. Sci. Technol., 44(4): 1185-1190.

CAMPOS V L, ESCALANTE G, Yañez J, et al., 2009. Isolation of arsenite-oxidizing bacteria from a natural biofilm associated to volcanic rocks of Atacama Desert, Chile. Journal of Basic Microbiology, 49(S1): S93-S97.

CHAI L, TANG J, LIAO Y, et al., 2016. Biosynthesis of schwertmannite by Acidithiobacillus ferrooxidans and its application in arsenic immobilization in the contaminated soil. J. Soils Sediments, 16:2430-2438.

CONNON S A, KOSKI A K, NEAL A L, et al., 2008. Ecophysiology and geochemistry of microbial arsenic oxidation within a high arsenic, circumneutral hot spring system of the Alvord Desert. FEMS Microbiology Ecology, 64(1): 117-128.

ČERŇANSKÝ S, KOLENČÍK M, ŠEVC J, et al., 2009. Fungal volatilization of trivalent and pentavalent arsenic under laboratory conditions. Bioresource Technology, 100(2): 1037-1040.

EGAL M, CASIOT C, MORIN G, 2009. Kinetic control on the formation of tooeleite, schwertmannite and jarosite by Acidithiobacillus ferrooxidans strains in an As (III)-rich acid mine water. Chemical Geology, 265(3): 432-441.

ESPAÑA J S, PAMO E L, PASTOR E S, 2007. The oxidation of ferrous iron in acidic mine effluents from the Iberian Pyrite Belt (Odiel Basin, Huelva, Spain): Field and laboratory rates. Journal of Geochemical Exploration, 92(2): 120-132.

FAN H, SU C, WANG Y, et al., 2008. Sedimentary arsenite-oxidizing and arsenate- reducing bacteria associated with high arsenic groundwater from Shanyin, Northwestern China. Journal of Applied Microbiology, 105(2): 529-539.

JONES A M, COLLINS R N, Rose J, 2009. The effect of silica and natural organic matter on the Fe(II)-catalysed transformation and reactivity of Fe(III) minerals. Geochim. Cosmochim. Acta, 73: 4409-4422.

KIM K R, LEE B T, KIM K W, 2012. Arsenic stabilization in mine tailings using nano-sized magnetite and zero valent iron with the enhancement of mobility by surface coating. Journal of Geochemical Exploration, 113: 124-129.

KRUMOVA K, NIKOLOVSKA M, GROUDEVA V, 2008. Isolation and identification of arsenic-transforming bacteria from arsenic contaminated sites in Bulgaria. Biotechnology & Biotechnological Equipment,

22(2): 721-728.

LEBRUN E, BRUGNA M, BAYMANN F, 2003. Arsenite oxidase, an ancient bioenergetic enzyme. Molecular Biology and Evolution, 20(5): 686-693.

MICHEL C, JEAN M, COULON S, et al.,2007. Biofilms of As (III)-oxidising bacteria: formation and activity studies for bioremediation process development. Applied Microbiology and Biotechnology, 77(2): 457-467.

MICHAEL K, ALES V, VOJTECH E, 2013. Chemical stabilization of metals and arsenic in contaminated soils using oxides-A review. Environmental Pollution, 172: 9-22.

OREILLY S E, STRAWN D G, SPARKS D L, 2001. Residence time effects on arsenate adsorption/desorption mechanisms on goethite. Soil Science Society of America Journal, 65(1): 67-77.

PAIKARAY S, GTTLICHER J, PEIFFER S, 2011. Removal of As(III) from acidic waters using schwertmannite: Surface speciation and effect of synthesis pathway. Chem. Geol., 283(3-4): 134-142.

REGENSPURG S, BRAND A, PEIFFER S, 2004. Formation and stability of schwertmannite in acidic mining lakes. Geochimica et Cosmochimica Acta, 68(6): 1185-1197.

SRIVASTAVA M, MA L Q, SANTOS J A G, 2006. Three new arsenic hyperaccumulating ferns. Science of the Total Environment, 364(1): 24-31.

WENZEL W W, BRANDSTETTER A, WUTTE H, 2002. Arsenic in field‐collected soil solutions and extracts of contaminated soils and its implication to soil standards. Journal of Plant Nutrition and Soil Science, 165(2): 221-228.

WENZEL W W, KIRCHBAUMER N, PROHASKA T, et al., 2001. Arsenic fractionation in soils using an improved sequential extraction procedure. Anal. Chim. Acta, 436(2): 309-323.

ZOUBOULIS A I, KATSOYIANNIS I A, 2005. Recent advances in the bioremediation of arsenic-contaminated groundwaters. Environment International, 31(2): 213-219.

第 5 章　铅锌冶炼污染场地修复工程案例

5.1　工 程 概 况

5.1.1　项目信息

项目名称：湖南某地区铅锌冶炼污染土壤 240 亩①治理工程。

建设内容与规模：项目为污染场地治理工程，主要为受污染土壤的修复，无废渣。工程建设内容如下：

（1）用化学固定剂对污染场址土壤进行原位修复，修复面积 240 亩，处理工程量为 80 004 m³；

（2）对极强污染区域（10 亩场地）进行种植土回填，回填厚度 20 cm，回填量为 1 333 m³。对污染场址进行土壤培肥和植被恢复，施加有机复合肥 48 t，播撒草籽 1 920 kg，种植灌木种苗 84 200 株、乔木种苗 39 200 株。

5.1.2　项目背景

长期以来，该地区涉重金属企业含重金属工业粉尘、废气、废水无序、超标排放，产生废渣随意堆积。废渣中重金属随雨水径流进入地表水体，导致地表水和部分土壤、河流底泥重金属超标。加之含重金属工业粉尘、废气无序或超标排放，其中的重金属在沉降作用下，长年累月富集在土壤中，致使土壤受到了重金属的严重污染，Pb、Cd、As、Cu、Zn 等重金属超标严重，对区域内居民的身体健康造成了严重威胁。

5.1.3　污染状况

该区域内 62.8 km² 面积有 91.8% 的土壤已受到不同程度的污染，主要重金属污染元素为 Pb、Cd、As、Zn，其中 Cd 超标尤为严重，最高超标 110.13 倍（图 5.1）。

参照当地环境监测站于 2014 年 8 月对项目所在地进行的环境质量调查结果，土壤 Cd、Pb、Zn、As 污染较重，具体如表 5.1 所示。

对土壤样品水浸毒性结果见表 5.2，pH、Cd、Pb、Zn、As 均存在不同程度超过了《地下水质量标准》（GB/T 14848—1993）III 类标准限值。

依据土壤浸出毒性检测数据，采用内梅罗污染指数，划定污染等级。内梅罗污染指数土壤污染评价标准如表 5.3 所示。

---

① 1 亩=666.67 m²

图 5.1　修复前场地污染状况

表 5.1　土壤污染情况表

元素	最大值/(mg/kg)	平均值/(mg/kg)	标准值[①]/(mg/kg)	超标率/%
Cd	271.0	35.6	1	100.0
Pb	15 056.4	3 494.5	500	95.5
Zn	9 260.0	2 682.1	500	95.5
Cu	392.1	225.0	400	0.0
As	1 932.0	387.4	30	95.5

①《土壤环境质量标准》三级标准

表 5.2　土壤水浸毒性

指标	pH	Cd/(mg/L)	Pb/(mg/L)	Zn/(mg/L)	Cu/(mg/L)	As/(μg/L)
最大值	5.89	0.036	3.112	1.78	0.182	471
平均值	6.41	0.007	0.68	0.82	0.06	76.3
标准值	6.5~8.5	0.01	0.05	1	1	50
超标率/%	50.00	23.30	96.70	33.30	0	50.00

表 5.3　土壤内梅罗污染指数评价标准

等级	内梅罗污染指数	污染级别	污染程度
I	0<PN≤1	0	无污染
II	1<PN≤2	1	轻度污染
III	2<PN≤3	2	中度污染

续表

等级	内梅罗污染指数	污染级别	污染程度
IV	3<PN≤4	3	重度污染
V	PN>4	4	极强污染

项目污染情况统计如表 5.4 所示。

表 5.4　污染情况统计表

序号	名称	面积/m²
1	极重度	6 700
2	重度	62 990
3	中度	55 140
4	轻度	35 170
合计		160 000

5.1.4　修复目标

项目污染土壤修复目标如下：

（1）污染农田土壤修复后按《固体废物浸出毒性浸出方法　水平振荡法》（HJ 557—2009）方法进行毒性浸出，浸出液中 pH 及重金属离子浓度（Cu、Zn、Pb、Cd、As）达到《地下水质量标准》（GB/T 14848—1993）Ⅲ类标准限值；

（2）场地客土质量达到《土壤环境质量标准》三级标准。

5.2　修　复　技　术

5.2.1　技术路线

以铁基、钙基工业固体废弃物为原料，搭配一定数量的磷酸盐，制备得到富含羟基功能团的铅镉固定剂——多羟基磷酸铁；搭配一定数量的硫酸盐和氧化剂，制备得到富含羟基功能团的砷固定剂——多羟基硫酸铁。固定剂中羟基与重金属阳离子（Cd、Pb、Cu、Zn 等）通过表面吸附与配合，与磷酸根进一步沉淀，对铅镉等重金属阳离子固定。而羟基硫酸铁特殊孔道结构内部硫酸根与砷酸根交换形成 $FeAs_3O_9·4H_2O$，实现砷的固定。铅镉固定剂和砷固定剂复配，可使多种重金属同时固定。与传统的重金属固定/稳定化技术相比，该技术具有明显的优势：①铁基与钙基固定剂来自于一般工业固体废弃物，以废治废；②对多种重金属如 Cd、Pb、Cu、Zn、As 具有稳定固定效果，实现多种重金属的同时固定，克服单一重金属固定的不足。工艺流程如图 5.2 所示。

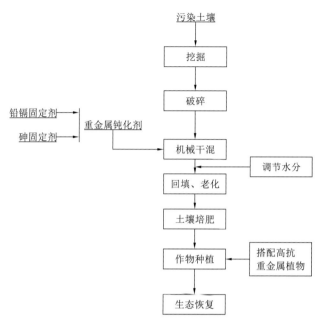

图 5.2　铅锌冶炼污染场地土壤修复技术路线

5.2.2　固定剂及工艺参数

根据场地污染现状分析,除 10 亩污染场地表层 20 cm 土壤为极强污染外,其余区域 50 cm 深度内土壤为重度污染。故对极强污染土壤进行清运后,对 240 亩污染场地内 50 cm 深度的土壤进行化学固定,故化学固定治理区域为 240 亩,治理深度为 50 cm,治理工程量为 80 004 m³。

治理工程量: 240 亩×666.7 m²/亩×0.5 m=80 004 m³。

1. 化学固定剂使用量核算

根据土壤污染情况,选用两种化学固定剂,固定剂使用量根据各区域受污染土壤量及程度而定。药剂比例如下所示。

铅镉固定剂:土壤(质量比)=0.015:1;

砷固定剂:土壤(质量比)=0.009:1。

2. 化学试剂的使用

固定剂经装载机运往修复区域,人工拆封,通过装载机往复装料和卸料把试剂混合均匀,运往划定区域均匀铺撒。

3. 固定剂的破碎、混匀

待固定剂全部均匀铺撒在被处理土壤区域后,用旋耕机横向旋耕 3 次、纵向旋耕 3 次以上,直到大块土壤破碎以及土壤和试剂充分混合均匀为止。

4. 土壤水分调节

根据土壤最大持水量的 70%计算需要的用水量,通过水管将工程用水施入修复区域,使固定剂与土壤重金属充分反应 15 天以上。

5. 工艺参数

主要工艺参数见表 5.5。

表 5.5　铅锌冶炼污染场地化学固定修复工艺参数

名称	参数
土壤筛分斗/cm	土壤粒径<3
土壤水分含量/%	60~80
陈化时间/h	36~48

6. 主要设备

主要设备见表 5.6。

表 5.6　铅锌冶炼污染场地化学固定修复主要设备一览表

序号	名称	规格及型号	单位	数量	备注
1	回用水池	24 m^3,钢混结构	个	2	
2	加水泵	Q=3 m^3/h,扬程 18 m,功率 1.5 kW,进出口口径 25 mm	台	2	一用一备
3	移动式破碎筛分设备	DH3-23 X75	台	2	

5.2.3　污染场址生态恢复

污染场址治理后,先对清运表层土壤区域进行种植土回填,再对整个区域土壤进行培肥,再进行植被恢复,拟采用草本植物、灌木、乔木三位一体的生态恢复方案。

1. 种植土回填

对清运表层重度污染土壤后的场地(约 10 亩)进行种植土回填,回填厚度为 20 cm,回填种植土的量为 1 333 m^3。

2. 土壤培肥

为了给种植的植物提供养分,需对土壤进行培肥。基肥可用有机肥、熟化处理后的生活垃圾肥、氮磷钾复合肥等,采用 PVC 管在区域内铺设供水管网系统,为干旱时修复植被生长提供水源。

处理后的土壤待自然蒸发到 50%的田间持水量时,用旋耕机配合人工旋耕 0~50 cm 表层土,土壤粒径控制在 50 mm 以下,使土壤尽量呈疏散状态。将土壤平整为坡度 2°~3°

的缓坡地。平整后的土壤施有机肥（当地猪粪、牛粪）1 500 kg/亩，增加土壤中有机质含量，改善土壤通透性，促进根际微生物活动，使土壤中难溶性矿质元素变为可给态的养料，起到培肥地力的效果；施复合肥料作基肥，复合肥使用量为 200 kg/亩，复合肥各营养成分比例为 15:15:15，表示该复合肥料含有 N、P_2O_5、K_2O 各 15%。

3. 恢复植被选择原则

1）草种选择使用的原则

（1）生态适应性原则，必须适应当地的生态环境；

（2）稳定性原则，必须保证有 2～3 种草能够长期竞争共存；

（3）地方性原则，尽可能使用已有的或与当地草种相近的草种，使其具有较好的生存能力；

（4）低管护原则，应该在成坪后自然条件下可以正常生长，而不需要大量投入管护费用。

2）草种的组合原则

（1）优势互补原则，草种的组合搭配要兼顾，尽量采用生态位互补的原则、优势种原则，如豆科草与禾本科草互相组合；

（2）草种组合的数量原则，以 3～5 种为宜，过多容易出现被排斥的弱势种而消失，太少则不能体现优势互补的功能；

（3）色彩原则，草种组合的颜色应该与周围环境色相一致；

（4）质地原则，要与周围植物群落的质地相匹配。

3）绿化树种选择原则

修复土壤生态恢复一般选择的绿化树种有：悬铃木、毛白杨、垂柳、雪松、水杉、银杏、冷杉、马尾松、桑树、构树、牡丹、玉兰、香樟、梧桐、蔷薇、月季、女贞、海棠、合双、槐树、紫藤、黄杨、木槿、紫薇、石榴、丁香、流苏、金银木、梓树、棕榈等。

4）生态恢复植物的选择原则

（1）四季长青；

（2）具有一定的重金属耐性；

（3）与当地环境相适应；

（4）具有景观作用。

4. 恢复植被类型选择

选择樟树、夹竹桃、竹子、四季海棠作为主要修复植物，在苗木移栽后撒播苜蓿、三叶草或狗牙根等草籽，起到在植被完全成活前覆盖表土和绿化作用。该项目播撒草籽1 920 kg，种植灌木种苗 84 200 株、乔木种苗 39 200 株。

5.2.4　工程现场

工程现场如图 5.3 所示。

（a）工程实施前场地

（b）化学稳定剂施用

（c）机械混匀

（d）生态恢复

图 5.3　240 亩铅锌冶炼污染场地修复现场

5.3　实施效果及推广应用

　　240 亩铅锌冶炼污染场地修复后,经第三方检测,修复后土壤 Pb、Cd、Cu、Zn、As 等重金属浸出浓度均低于《地下水质量标准》(GB/T 14848—1993)中表 5.1 的 III 类标准限值,所有重金属元素达标率为 100%。修复后减轻了污染场地土壤中重金属对周边土壤、地表水、地下水的污染,保障居民安全与身体健康;同时改善了当地的生态环境,消除了对湘江的威胁。

　　该技术已在 10 多个有色金属冶炼污染场地修复工程中推广应用,如湘江新区 285 亩重金属污染场地修复工程、株洲清水塘 210 亩重金属污染土壤景观生态修复工程、郴州资兴铅锌矿山废弃地 30 亩重金属污染土壤生态修复示范工程、湖南水口山有色金属集团有限公司 30 亩铅锌冶炼废弃地重金属污染土壤生态修复工程。技术成果获 2015 年中国有色金属工业科学技术奖一等奖。